中国建设教育发展报告（2020—2021）

China Construction Education Development Report（2020—2021）

中国建设教育协会　组织编写

刘　杰　王要武　主　编

中国建筑工业出版社

图书在版编目（CIP）数据

中国建设教育发展报告 . 2020-2021 = China Construction Education Development Report（2020—2021）/ 中国建设教育协会组织编写；刘杰，王要武主编 . — 北京：中国建筑工业出版社，2022.7

ISBN 978-7-112-27536-6

Ⅰ. ①中… Ⅱ. ①中… ②刘… ③王… Ⅲ. ①建筑学—教育事业—研究报告—中国—2021-2021 Ⅳ. ① TU-4

中国版本图书馆 CIP 数据核字（2022）第 105244 号

责任编辑：赵云波
责任校对：党 蕾

中国建设教育发展报告（2020—2021）

China Construction Education Development Report（2020—2021）

中国建设教育协会 组织编写

刘 杰 王要武 主 编

*

中国建筑工业出版社出版、发行（北京海淀三里河路 9 号）

各地新华书店、建筑书店经销

北京点击世代文化传媒有限公司制版

北京君升印刷有限公司印刷

*

开本：787 毫米 × 1092 毫米 1/16 印张：18½ 字数：316 千字

2022 年 7 月第一版 2022 年 7 月第一次印刷

定价：**75.00** 元

ISBN 978-7-112-27536-6

（39609）

序

  由中国建设教育协会组织编写，刘杰、王要武同志主编的《中国建设教育发展报告》伴随着住房和城乡建设领域改革发展的步伐，从无到有，应运而生，是我国最早编写发布的建设教育领域发展研究报告。从策划、调研、收集资料与数据，到研究分析、组织编写，全体参编人员集思广益、精心梳理，付出了极大的努力。我向为本书的成功出版做出贡献的同志们表示由衷感谢。

  "十三五"期间，我国住房和城乡建设领域各级各类教育培训事业取得了长足的发展，在坚持加快发展方式转变、促进科学技术进步、实现体制机制创新做出了重要贡献。普通高等建设教育狠抓本科与研究生教育质量，以专业教育评估为抓手，在深化教育教学改革，学科专业建设和整体办学水平等方面有了明显提高；高等建设职业教育的办学规模快速发展，专业结构更趋合理，办学定位更加明确，校企合作不断深入，毕业生普遍受到行业企业的欢迎；中等建设职业教育坚持面向生产一线培养技能型人才，以企业需求为切入点，强化校内外实操实训、师傅带徒、顶岗实习，有效地增强了学生的职业能力；建设行业从业人员的继续教育和职业培训也取得了很大进展，各省市各地区相关部门和企事业单位为适应行业改革发展的需要普遍加大了教育培训力度，创新了培训管理制度和培训模式，提高了培训质量，职工队伍素质得到了全面提升。然而，我们也必须冷静自省，充分认识我国建设教育存在的短板和不足。在中国特色社会主义新时代，我国建设领域正面临着新机遇新挑战，要为这个时代培养什么样的人才、怎样为这个时代培养人才是建设教育领域面对的一个重要问题；建设教育在国家实施创新驱动发展战略的新形势下，需要有更强的紧迫感和危机感。这本书在认真分析我国建设教育发展状况的基础上，紧密结合我国教育发展和建设行业发展实际，科学地分析了建设教育的发展趋势以及所面临的问题，提出了对策建议，具有很强的参考价值。书中提供的大量数据和案例，既有助于开展建设教育的学术研究，也对当前行业发展的创新点和聚焦点进行了归纳总结，是教育教学与产业发展相结合的优秀典范。

　　进入二十一世纪的二十年代，我们面临着世界前所未有之大变局。"十四五"时期将是我国完成第一个百年目标、向着第二个百年目标奋进的第一个五年，是实现二〇三五年远景目标过程中的第一个五年。在这一阶段，实现城市更新、优化城市设计、改善人居环境、发展绿色建造、提升行业水平等新时代新需求将成为住房城乡建设事业发展的新焦点，他们为建设教育领域带来了新动力。可以预见，未来一个阶段的建设教育，还将继续在党的教育方针指引下，毫不动摇地贯彻实施人才发展战略，更加注重教育内涵发展和品质提升，紧密结合行业和市场需求，积极调整专业结构和资源配置，加强实践教学，突出创业创新教育，推进校企合作。未来的建设教育既有高等教育的提纲挈领贡献，又有职业教育的产业队伍保障，更有继续教育的适时"充电"培养。相信在广大建设教育工作者的不懈努力下，住房和城乡建设领域的高素质、创新型、应用型人才，高水平技能人才和高素质劳动者将更多的进入建设产业大军，为全行业质量提升带来新的能量与活力。总的来说，建设教育必将继续坚持立德树人这个根本任务，坚持以人民为中心，进一步加快深化建设教育改革创新，增强对行业发展的服务贡献能力，用教育水平的提升为行业进一步发展做出积极贡献。

　　希望中国建设教育协会和这本书的编写者们能够继续把握发展规律，广泛收集资料，扎实开展研究，持之以恒关注建设教育发展，把研究建设教育领域教育教学工作这个课题做好做深，共同为住房城乡建设领域培养更多高素质人才，进一步推动我国建设教育各项改革不断深入，为全面实现国家"十四五"规划和二〇三五年远景目标做出更大的贡献。

2022 年 4 月

前　言

　　为了紧密结合住房城乡建设事业改革发展的重要进展和对人才队伍建设提出的要求,客观、全面地反映中国建设教育的发展状况,中国建设教育协会从 2015 年开始,计划每年编制一本反映上一年度中国建设教育发展状况的分析研究报告。本书即为中国建设教育发展年度报告的 2020—2021 年度版。

　　本书共分 6 章。

　　第 1 章从建设类专业普通高等教育、高等职业教育、中等职业教育三个方面,分析了 2020 年学校教育的发展状况。具体包括:从教育概况、分学科专业学生培养情况、分地区教育情况等多个视角,分析了 2020 年学校建设教育的发展状况,总结了学校建设教育的成绩与经验,剖析了学校建设教育发展面临的问题,提出了促进学校建设教育发展的对策建议。

　　第 2 章从建设行业执业人员、建设行业专业技术人员、建设行业技能人员三个方面,分析了 2020 年继续教育、职业培训的状况。具体包括:从人员概况、考试与注册、继续教育等角度,分析了建设行业执业人员继续教育与培训的总体状况,剖析了建设行业执业人员继续教育与培训存在的问题,提出了促进其继续教育与培训发展的对策建议;从人员培训、考核评价、继续教育等角度,分析了建设行业专业技术人员继续教育与培训的总体状况,剖析了建设行业专业技术人员继续教育与培训存在的问题,提出了促进其继续教育与培训发展的对策建议;从技能培训、技能考核、技能竞赛和培训考核管理等角度,分析了建设行业技能人员培训的总体状况,剖析了建设行业技能人员培训面临的问题,提出了促进其培训发展的对策建议。

　　第 3 章选取了若干不同类型的学校、企业进行了案例分析。学校教育方面,包括了一所普通高等学校、一所高等职业技术学校和两所中等职业技术学校的典型案例分析;继续教育与职业培训方面,包括了两家企业和两个社团组织的典型案例分析。

第4章根据中国建设教育协会及其各专业委员会提供的年会交流材料、研究报告,相关杂志发表的教育研究类论文,总结出教育发展模式研究、人才培养与专业建设、立德树人与课程思政、产教融合、新时代劳动教育、行业职业技能标准体系等6个方面的26类突出问题和热点问题进行研讨。

第5章总结了2020年中国建设教育大事记,包括住房和城乡建设领域教育大事记和中国建设教育协会大事记。

第6章汇编了中共中央、国务院以及教育部、住房和城乡建设部颁发的与中国建设教育密切相关的政策、文件。

本报告是系统分析中国建设教育发展状况的系列著作,对于全面了解中国建设教育的发展状况、学习借鉴促进建设教育发展的先进经验、开展建设教育学术研究,具有重要的借鉴价值。可供广大高等院校、中等职业技术学校从事建设教育的教学、科研和管理人员、政府部门和建筑业企业从事建设继续教育和岗位培训管理工作的人员阅读参考。

本书在制定编写方案、收集相关数据和书稿编写及审稿的过程中,得到了住房城乡建设部主管领导、住房城乡建设部人事司领导的大力指导和热情帮助,得到了有关高等院校、中职院校、地方住房城乡建设主管部门、建筑业企业的积极支持和密切配合;在编辑、出版的过程中,得到了中国建筑工业出版社的大力支持,在此表示衷心的感谢。

本书由刘杰、王要武主编并统稿,参加各章编写的主要人员有:李爱群、胡兴福、赵研、杨秀方、倪欣(第1章);张晨、李奇、王炜(第2章);李爱群、胡兴福、杨秀方、罗小毛、郭景阳、崔恩杰、王平、欧阳文、王文琪、王兆猛、梁健、王丽娜、贺光辉、赵峰(第3章);赵昭、温欣、李晓东、邢正、钱程(第4章);高延伟、胡秀梅、田歌、傅钰、谷珊、何曙光(第5章和第6章)。

限于时间和水平,本书错讹之处在所难免,敬请广大读者批评指正。

目　录

第 1 章　2020 年建设类专业教育发展状况分析

1.1　2020 年建设类专业普通高等教育发展状况分析

1.1.1　建设类专业普通高等教育发展的总体状况

1.1.1.1　本科教育

1. 本科生教育总体情况

根据国家统计局的统计数据，2020 年，全国共有普通高等学校 2738 所（含独立学院 241 所），比上年增加 50 所，增长 1.86%。其中，本科院校 1270 所，比上年增加 5 所。普通本科毕业生数为 420.51 万人，比上年增加 25.79 万人；招生数为 443.12 万人，比上年增加 11.83 万人；在校生数为 1825.75 万人，比上年增加 74.93 万人。

2. 土木建筑类本科生培养

2020 年，全国土木建筑类本科生培养学校、机构开办专业数 2998 个，比上年增加 46 个；毕业生数 226016 人，比上年增加 3020 人，占全国本科毕业生数的 5.37%，同比降低 0.27 个百分点；招生数 208032 人，比上年减少 20403 人，占全国本科招生数的 4.69%，同比下降 0.60 个百分点；在校生数 927081 人，比上年增加 20656 人，占全国本科在校生数的 5.08%，同比下降 0.10 个百分点。图 1-1、图 1-2 分别显示了 2014 ~ 2020 年全国土木建筑类专业开办专业情况和本科生培养情况。

图 1-1　2014 ～ 2020 年全国土木建筑类专业开办专业情况

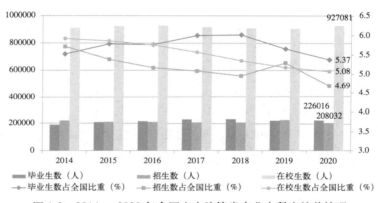

图 1-2　2014 ～ 2020 年全国土木建筑类专业本科生培养情况

1.1.1.2　研究生教育

1. 研究生教育总体情况

2020 年，全国共有研究生培养机构 827 个，比上年减少 1 个。其中，普通高校 594 个，科研机构 233 个。研究生招生 110.66 万人，其中，招收博士生 11.60 万人，硕士生 99.05 万人，总量比上年增加 19.01 万人。在校研究生 313.96 万人，其中，在校博士生 46.65 万人，在校硕士生 267.30 万人，总量比上年增加 27.59 万人。毕业研究生 72.86 万人，其中，毕业博士生 6.62 万人，毕业硕士生 66.25 万人，总量比上年增加 8.89 万人。

2. 土木建筑类硕士生培养

2020 年土木建筑类硕士生培养高校、机构开办学科点共 1160 个，比上年增加

1 个；毕业生数总计 16821 人，比上年减少 1044 人，占当年全国毕业硕士生的 2.54%；招生数总计 20710 人，比上年减少 941 人，占全国硕士生招生数的 2.09%；在校硕士生人数为 56807 人，比上年减少 5424 人，占全国在校硕士生人数的 2.13%。图 1-3、图 1-4 分别显示了 2014 ~ 2020 年全国土木建筑类硕士开办学科点情况和硕士生培养情况。

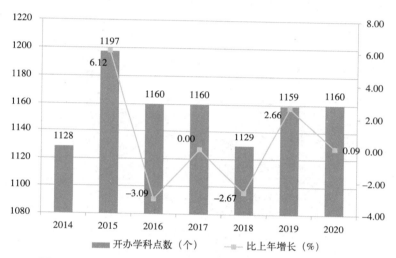

图 1-3　2014 ~ 2020 年全国土木建筑类硕士开办学科点情况

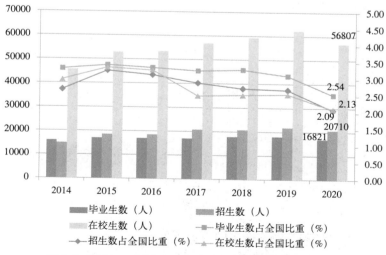

图 1-4　2014 ~ 2020 年全国土木建筑类硕士生培养情况

3. 土木建筑类博士生培养

2020年，土木建筑类博士生培养学校、机构开办学科点共计400个，比上年减少22个；毕业博士生2326人，比上年减少348人，占当年全国毕业博士生的3.51%；招收博士生3916人，比上年减少508人，占全国博士生招生数的3.37%；在校博士生21111人，比上年减少1782人，占全国在校博士生人数的4.52%。图1-5、图1-6分别显示了2014～2020年全国土木建筑类博士开办学科点情况和博士生培养情况。

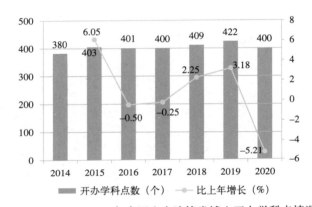

图 1-5　2014～2020年全国土木建筑类博士开办学科点情况

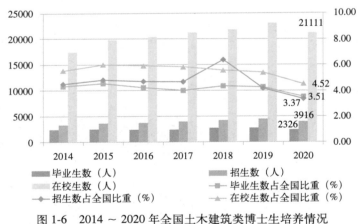

图 1-6　2014～2020年全国土木建筑类博士生培养情况

1.1.1.3　土木建筑类学科在全国的占比情况

土木建筑类学科占比情况见表1-1。其中，博士生的毕业生数占比、招生数占比和在校生数占比分别为 3.51%、3.37% 和 4.52%；硕士生的毕业生数占比、招生数占比和在校生数占比分别为 2.54%、2.09% 和 2.13%；本科生的毕业生数占比、招生数占比和在校生数占比分别为 5.37%、4.69% 和 5.08%。

2020 年土木建筑类学科学生占全国的比重　　　　　　　　　表 1-1

学科类别	毕业生数			招生数			在校生数		
	全国（万人）	土木建筑类学科（万人）	土木建筑类学科占比（%）	全国（万人）	土木建筑类学科（万人）	土木建筑类学科占比（%）	全国（万人）	土木建筑类学科（万人）	土木建筑类学科占比（%）
博士生	6.62	0.2326	3.51	11.60	0.3916	3.37	46.65	2.1111	4.52
硕士生	66.25	1.6821	2.54	99.05	2.0710	2.09	267.30	5.6807	2.13
本科生	420.51	22.6016	5.37	443.12	20.8032	4.69	1825.75	92.7081	5.08

1.1.2　建设类专业普通高等教育发展的统计分析

1.1.2.1　本科教育统计分析

1. 按学校性质类别统计

表 1-2 给出了土木建筑类本科生按学校性质类别的分布情况。可以看出，大学和学院是土木建筑类本科生培养的主要力量，开办专业数、毕业生数、招生数和在校生数的占比之和均超过 84%。

土木建筑类本科生按学校性质类别分布情况　　　　　　　　表 1-2

性质类别	开办专业数	毕业生数		招生数		在校生数	
	数量	数量	占比（%）	数量	占比（%）	数量	占比（%）
大学	1383	103412	45.75	99952	48.05	436221	47.05
学院	1144	87400	38.67	79430	38.18	351384	37.90
独立学院	466	34812	15.40	28650	13.77	139476	15.04
其他普通高教机构	5	392	0.17	0	0.00	0	0.00
合计	2998	226016	100.00	208032	100.00	927081	100.00

2. 按学校举办者统计

表 1-3 给出了土木建筑类本科生按学校举办者的分布情况。其中，省级教育主管部门和民办高校依然是主要的办学力量，在各项数据中两者的占比之和均超过了 80%。

土木建筑类本科生按学校举办者分布情况 表 1-3

举办者名称	开办专业数		毕业生数		招生数		在校生数	
	数量	占比(%)	数量	占比(%)	数量	占比(%)	数量	占比(%)
教育部	262	8.74	16691	7.38	16388	7.88	72740	7.85
工业和信息化部	23	0.77	1069	0.47	773	0.37	3844	0.41
国家民族事务委员会	11	0.37	723	0.32	890	0.43	3400	0.37
交通运输部	1	0.03	53	0.02	87	0.04	263	0.03
应急管理部	6	0.20	460	0.20	506	0.24	2029	0.22
中国民用航空总局	1	0.03	68	0.03	71	0.03	298	0.03
中国地震局	3	0.10	228	0.10	278	0.13	1078	0.12
国务院侨务办公室	13	0.43	758	0.34	752	0.36	3319	0.36
省级教育部门	1477	49.27	116135	51.38	111037	53.37	480909	51.87
省级其他部门	24	0.80	1530	0.68	1910	0.92	7474	0.81
地级教育部门	168	5.60	11375	5.03	11467	5.51	49216	5.31
地级其他部门	71	2.37	5995	2.65	4785	2.30	21574	2.33
民办高校	929	30.99	70475	31.18	58556	28.15	278878	30.08
具有法人资格的中外合作办学机构	9	0.30	456	0.20	532	0.26	2059	0.22
合计	2998	100.00	226016	100.00	208032	100.00	927081	100.00

3. 按学校办学类型统计

表 1-4 为土木建筑类本科生按学校办学类型分布情况，与上年相比，分布情况变化不大。从统计数据可以看出，理工类院校和综合性大学是土木建筑类本科专业的主要办学力量，两者之和占开办专业总数的 79.12%，占毕业生总数的 81.72%，占招生总数的 82.26%，占在校生总数的 82.26%。

土木建筑类本科生按学校办学类型分布情况　　表1-4

办学类型	开办专业数		毕业生数		招生数		在校生数	
	数量	占比（%）	数量	占比（%）	数量	占比（%）	数量	占比（%）
综合大学	916	30.55	64491	28.53	58068	27.91	260118	28.06
理工院校	1456	48.57	120227	53.19	113069	54.35	502489	54.20
财经院校	230	7.67	16043	7.10	12318	5.92	58830	6.35
林业院校	40	1.33	2816	1.25	2881	1.38	11789	1.27
民族院校	30	1.00	1804	0.80	2248	1.08	8825	0.95
农业院校	137	4.57	10080	4.46	10495	5.04	43759	4.72
师范院校	157	5.24	9683	4.28	8020	3.86	37012	3.99
体育院校	1	0.03	20	0.01	0	0.00	33	0.00
医药院校	1	0.03	13	0.01	0	0.00	96	0.01
艺术院校	19	0.63	631	0.28	708	0.34	2916	0.31
语文院校	11	0.37	208	0.09	225	0.11	1214	0.13
合计	2998	100.00	226016	100.00	208032	100.00	927081	100.00

4. 按专业统计

2020年土木建筑类本科生按专业分布情况见表1-5。

2020年土木建筑类本科生按专业分布情况　　表1-5

专业类及专业	开办专业数		毕业生数		招生数		在校生数		招生数较毕业生数增幅（%）
	数量	占比（%）	数量	占比（%）	数量	占比（%）	数量	占比（%）	
土木类	**1300**	**43.36**	**122695**	**54.29**	**118462**	**56.94**	**498381**	**53.76**	**-3.45**
土木工程	551	18.38	87300	38.63	62430	30.01	324171	34.97	−28.49
建筑环境与能源应用工程	193	6.44	11542	5.11	9364	4.50	43906	4.74	−18.87
给排水科学与工程	180	6.00	11293	5.00	9130	4.39	42169	4.55	−19.15
建筑电气与智能化	84	2.80	3926	1.74	4044	1.94	17083	1.84	3.01
城市地下空间工程	76	2.54	3067	1.36	3147	1.51	14977	1.62	2.61
道路桥梁与渡河工程	88	2.94	5128	2.27	4418	2.12	22406	2.42	−13.85
铁道工程	10	0.33	233	0.10	602	0.29	2857	0.31	158.37

专业类及专业	开办专业数		毕业生数		招生数		在校生数		招生数较毕业生数增幅（%）
	数量	占比（%）	数量	占比（%）	数量	占比（%）	数量	占比（%）	
智能建造	21	0.70	0	0.00	898	0.43	1274	0.14	
土木、水利与海洋工程	1	0.03	0	0.00	145	0.07	145	0.02	
土木、水利与交通工程	1	0.03	0	0.00	40	0.02	40	0.00	
土木类专业	95	3.17	206	0.09	24244	11.65	29353	3.17	
建筑类	**797**	**26.58**	**35268**	**15.60**	**38676**	**18.59**	**174951**	**18.87**	**9.66**
建筑学	306	10.21	16838	7.45	15210	7.31	82609	8.91	−9.67
城乡规划	232	7.74	9034	4.00	7601	3.65	42504	4.58	−15.86
风景园林	198	6.60	9221	4.08	9459	4.55	40951	4.42	2.58
历史建筑保护工程	8	0.27	147	0.07	206	0.10	927	0.10	40.14
人居环境科学与技术	1	0.03	0	0.00	62	0.03	139	0.01	
建筑类专业	52	1.73	28	0.01	6138	2.95	7821	0.84	
管理科学与工程类	**802**	**26.75**	**64755**	**28.65**	**47668**	**22.91**	**239898**	**25.88**	**−26.39**
工程管理	454	15.14	36113	15.98	23700	11.39	125885	13.58	−34.37
房地产开发与管理	75	2.50	3065	1.36	2099	1.01	10139	1.09	−31.52
工程造价	273	9.11	25577	11.32	21869	10.51	103874	11.20	−14.50
工商管理类	34	1.13	1040	0.46	1354	0.65	5196	0.56	30.19
物业管理	34	1.13	1040	0.46	1354	0.65	5196	0.56	30.19
公共管理类	65	2.17	2258	1.00	1872	0.90	8655	0.93	−17.09
城市管理	65	2.17	2258	1.00	1872	0.90	8655	0.93	−17.09
合计	2998	100.00	226016	100.00	208032	100.00	927081	100.00	−7.96

总体而言，与上年相比，开办专业数由2952个上升至2998个，毕业生数由222996人上升至226016人，招生数由228435人下降至208032人，在校生数由906425人上升至927081人。由此可见，土木建筑类本科办学规模基本处于平稳运行态势。

从表1-5中可以看出，在土木建筑类本科的五大专业类别中，土木类、管理科学与工程类、建筑类 3 个专业类别在开办专业数、毕业生数、招生数和在校生数的统计中位居前三，这与当前我国建筑行业人才需求的实际情况相吻合。2020 年土木建筑类本科招生数较毕业生数增幅总体下降 7.96%，其中，建筑类专业的招生数较毕业生数增幅呈现上升的发展态势，增幅为 9.66%。

在表 1-5 统计的 20 个土木建筑类专业中，土木工程专业、工程管理专业、建筑学专业、工程造价专业作为传统优势专业，在开办专业数、毕业生数、招生数、在校生数的数量上均高于其他专业，占据了前四的位置，其统计数据与当前行业人才市场需求状况是一致的。但从"招生数较毕业生数增幅"的数据来看，这样传统优势专业的市场饱和度逐年提高，招生的增幅相对于毕业的增幅在持续下降，四个专业均出现负增长的情况，其中增幅下降最多的分别是工程管理和土木工程专业，分别达到 -34.37% 和 -28.49%。与之相反，大类专业、新兴专业的热度在持续提升。和去年相比，今年新增了三个专业为"智能建造""土木、水利与交通工程"和"历史建筑保护工程"，这也是根据国家和建筑行业的实际需求而开办的新兴专业。

5. 按地区统计

2020 年土木建筑类本科生按地区分布情况见表 1-6。

2020 年土木建筑类本科生按地区分布情况　　　　　　　　　　表 1-6

地区	开办专业数		毕业生数		招生数		在校生数		招生数较毕业生数增幅（%）
	数量	占比（%）	数量	占比（%）	数量	占比（%）	数量	占比（%）	
华北	**412**	**13.74**	**29304**	**12.97**	**27493**	**13.22**	**120292**	**12.98**	**-6.18**
北京	87	2.90	4099	1.81	3657	1.76	17028	1.84	-10.78
天津	48	1.60	3636	1.61	3277	1.58	15773	1.70	-9.87
河北	169	5.64	12731	5.63	13034	6.27	54676	5.90	2.38
山西	60	2.00	5582	2.47	4599	2.21	19690	2.12	-17.61
内蒙古	48	1.60	3256	1.44	2926	1.41	13125	1.42	-10.14
东北	**311**	**10.37**	**22550**	**9.98**	**22493**	**10.81**	**94811**	**10.23**	**-0.25**
辽宁	131	4.37	8582	3.80	8978	4.32	37134	4.01	4.61
吉林	91	3.04	7406	3.28	7096	3.41	31128	3.36	-4.19
黑龙江	89	2.97	6562	2.90	6419	3.09	26549	2.86	-2.18
华东	**902**	**30.09**	**66307**	**29.34**	**61227**	**29.43**	**271906**	**29.33**	**-7.66**
上海	44	1.47	2617	1.16	2353	1.13	11570	1.25	-10.09

续表

地区	开办专业数		毕业生数		招生数		在校生数		招生数较毕业生数增幅（%）
	数量	占比（%）	数量	占比（%）	数量	占比（%）	数量	占比（%）	
江苏	213	7.10	16277	7.20	16004	7.69	67168	7.25	-1.68
浙江	128	4.27	6989	3.09	7196	3.46	31425	3.39	2.96
安徽	114	3.80	9620	4.26	9188	4.42	38295	4.13	-4.49
福建	117	3.90	9028	3.99	8178	3.93	35973	3.88	-9.42
江西	111	3.70	7168	3.17	6662	3.20	30548	3.30	-7.06
山东	175	5.84	14608	6.46	11646	5.60	56927	6.14	-20.28
中南	**757**	**25.25**	**60301**	**26.68**	**54194**	**26.05**	**245001**	**26.43**	**-10.13**
河南	218	7.27	20338	9.00	17746	8.53	79996	8.63	-12.74
湖北	195	6.50	11096	4.91	8658	4.16	43156	4.66	-21.97
湖南	140	4.67	11843	5.24	12341	5.93	50600	5.46	4.21
广东	120	4.00	9279	4.11	9220	4.43	40840	4.41	-0.64
广西	69	2.30	6558	2.90	5400	2.60	26672	2.88	-17.66
海南	15	0.50	1187	0.53	829	0.40	3737	0.40	-30.16
西南	**371**	**12.37**	**31028**	**13.73**	**26225**	**12.61**	**123162**	**13.28**	**-15.48**
重庆	75	2.50	7004	3.10	5695	2.74	26924	2.90	-18.69
四川	144	4.80	13380	5.92	12119	5.83	53970	5.82	-9.42
贵州	64	2.13	4433	1.96	3820	1.84	18013	1.94	-13.83
云南	82	2.74	6100	2.70	4361	2.10	23394	2.52	-28.51
西藏	6	0.20	111	0.05	230	0.11	861	0.09	107.21
西北	**245**	**8.17**	**16526**	**7.31**	**16400**	**7.88**	**71909**	**7.76**	**-0.76**
陕西	139	4.64	9317	4.12	8747	4.20	38939	4.20	-6.12
甘肃	53	1.77	4579	2.03	4181	2.01	19332	2.09	-8.69
青海	6	0.20	550	0.24	463	0.22	1980	0.21	-15.82
宁夏	20	0.67	989	0.44	883	0.42	3843	0.41	-10.72
新疆	27	0.90	1091	0.48	2126	1.02	7815	0.84	94.87
合计	2998	100.00	226016	100.00	208032	100.00	927081	100.00	-7.96

2020 年，我国在 31 个省级行政区中（我国省级行政区 34 个，统计时没有统计中国香港、澳门和台湾，下同）开设土木建筑类本科专业最多的是河南省，共开设了 218 个土木建筑类本科专业，占全国开办学校总数的 7.27%。开设土木建筑类本科专业数量最少的是青海省和西藏自治区，均为 6 个土木建筑类本科专业，占全国

开办专业总数的 0.20%。统计数据表明，我国高等建设教育地域分布差异较大，发展不平衡。

在开办专业数上，占比超过 5% 的有河南、江苏、湖北、山东、河北 5 个地区，占比不足 1% 的有新疆、宁夏、海南、青海、西藏 5 个地区；在毕业生数上，占比超过 5% 的有河南、江苏、山东、四川、河北、湖南 6 个地区，占比不足 1% 的有海南、新疆、宁夏、青海、西藏 5 个地区；在招生数上，占比超过 5% 的有河南、江苏、河北、湖南、四川、山东 6 个地区，占比不足 1% 的有宁夏、海南、青海、西藏 4 个地区；在校生数上，占比超过 5% 的河南、江苏、山东、河北、四川、湖南 6 个地区，占比不足 1% 的有新疆、宁夏、海南、青海、西藏 5 个地区；从招生数较毕业生数增幅看，增幅为正增长的有西藏、新疆、辽宁、湖南、浙江和河北 6 个地区，其余有 25 个地区均为负增长，其中降幅在 20% 以上的有海南、云南、湖北和山东 4 个地区。

按区域板块分析，东、中、西部地区在开办专业数、毕业生数、招生数和在校生数方面表现出明显的差异。华东地区占比最大，共开设 902 个土木建筑类本科专业；中南地区排名第二，共开设 757 个土木建筑类本科专业；西北地区在各项统计数据中排名垫底，共开设 245 个土木建筑类本科专业，可见全国土木建筑类本科院校的分布呈现由东向西、由南向北逐渐递减的特征。从招生数较毕业生数的增幅这一数据来看，所有区域板块均呈现负增长，其中中南地区降幅最大，为 10.13%。

1.1.2.2　研究生教育统计分析

（一）硕士研究生

1. 按学校、机构性质类别统计

表 1-7 给出了土木建筑类硕士生按学校、机构性质类别分布情况。从表中可以看出，大学依然是土木建筑类硕士生培养的主力军，除了开办学科点占比为 93.10%，毕业生数、招生数和在校生数占比均在 97% 左右。

土木建筑类硕士生按学校、机构性质类别分布情况　　表 1-7

性质类别	开办学科点		毕业生数		招生数		在校生数	
	数量	占比（%）	数量	占比（%）	数量	占比（%）	数量	占比（%）
大学	1069	92.88	18936	97.74	23798	96.76	64751	97.23
学院	40	3.48	286	1.48	563	2.29	1326	1.99

续表

性质类别	开办学科点		毕业生数		招生数		在校生数	
	数量	占比（%）	数量	占比（%）	数量	占比（%）	数量	占比（%）
培养研究生的科研机构	42	3.65	152	0.78	233	0.95	516	0.77
合计	1151	100.00	19374	100.00	24594	100.00	66593	100.00

2. 按学校、机构举办者统计

表 1-8 列出了土木建筑硕士生按学校、机构举办者统计的分布情况，从表中可以看出，省级教育部门主管高校和教育部所属高校是培养土木建筑类硕士生的主要力量，两者开办学科点数之和占比 89.75%，其余三项之和占比均超过 90%。

土木建筑类硕士生按学校、机构举办者分布情况 　　　　　　 表 1-8

举办者	开办学科点		毕业生数		招生数		在校生数	
	数量	占比（%）	数量	占比（%）	数量	占比（%）	数量	占比（%）
教育部	334	29.02	8032	41.46	9076	36.90	26069	39.15
工业和信息化部	30	2.61	819	4.23	897	3.65	2271	3.41
国务院国有资产监督管理委员会	15	1.30	31	0.16	32	0.13	95	0.14
国务院侨务办公室	8	0.70	151	0.78	174	0.71	555	0.83
水利部	8	0.70	19	0.10	40	0.16	76	0.11
交通运输部	5	0.43	37	0.19	50	0.20	125	0.19
国家民族事务委员会	3	0.26	6	0.03	6	0.02	18	0.03
住房和城乡建设部	1	0.09	6	0.03	4	0.02	15	0.02
农业农村部	1	0.09	0	0.00	1	0.00	4	0.01
中国地震局	8	0.70	61	0.31	118	0.48	250	0.38
中国科学院	5	0.43	74	0.38	132	0.54	368	0.55
国家林业局	2	0.17	27	0.14	22	0.09	43	0.06
中国铁道总公司	2	0.17	4	0.02	5	0.02	18	0.03
中国航空集团公司	2	0.17	1	0.01	3	0.01	5	0.01
中国民用航空总局	2	0.17	8	0.04	1	0.00	20	0.03
省级教育部门	699	60.73	9650	49.81	13490	54.85	35087	52.69
省级其他部门	2	0.17	5	0.03	33	0.13	54	0.08
地级教育部门	20	1.74	404	2.09	477	1.94	1404	2.11

续表

举办者	开办学科点		毕业生数		招生数		在校生数	
	数量	占比（%）	数量	占比（%）	数量	占比（%）	数量	占比（%）
地级其他部门	4	0.35	39	0.20	33	0.13	116	0.17
合计	1151	100.00	19374	100.00	24594	100.00	66593	100.00

3. 按学校、机构办学类型统计

表 1-9 为土木建筑类硕士生按学校、机构办学类型统计的分布情况。从表中可以看出，理工院校和综合大学是培养土木建筑类硕士生的主要力量。两者之和占开办学科点总数的 80.71%，占毕业生总数的 85.32%，占招生总数的 82.66%，占在校生总数的 83.81%，与上年同期相比，略有下降。

土木建筑类硕士生按学校、机构办学类型分布情况　　　　　表 1-9

办学类型	开办学科点		毕业生数		招生数		在校生数	
	数量	占比（%）	数量	占比（%）	数量	占比（%）	数量	占比（%）
综合大学	301	26.15	5391	27.83	6183	25.14	17786	26.71
理工院校	628	54.56	11139	57.49	14147	57.52	38025	57.10
财经院校	34	2.95	477	2.46	764	3.11	1869	2.81
林业院校	38	3.30	931	4.81	1143	4.65	3163	4.75
民族院校	3	0.26	6	0.03	6	0.02	18	0.03
农业院校	63	5.47	1036	5.35	1678	6.82	4158	6.24
师范院校	25	2.17	137	0.71	236	0.96	553	0.83
医药院校	3	0.26	17	0.09	20	0.08	59	0.09
艺术院校	10	0.87	61	0.31	149	0.61	364	0.55
语文院校	4	0.35	27	0.14	35	0.14	82	0.12
培养研究生的科研机构	42	3.65	152	0.78	233	0.95	516	0.77
合计	1151	100.00	19374	100.00	24594	100.00	66593	100.00

4. 按学科统计

2020 年土木建筑类硕士生按学科统计的分布情况见表 1-10。

2020 年土木建筑类硕士生按学科分布情况　　　　表 1-10

学科类别	开办学科点		毕业生数		招生数		在校生数		招生数较毕业生数增幅（%）
	数量	占比（%）	数量	占比（%）	数量	占比（%）	数量	占比（%）	
学术型学位硕士	996	86.53	14294	73.78	17829	72.49	48120	72.26	24.73
工学	757	65.77	9907	51.14	11550	46.96	32085	48.18	16.58
土木工程	533	46.31	7205	37.19	8225	33.44	22915	34.41	14.16
结构工程	81	7.04	1217	6.28	1042	4.24	3232	4.85	−14.38
岩土工程	78	6.78	777	4.01	721	2.93	2220	3.33	−7.21
桥梁与隧道工程	61	5.30	676	3.49	514	2.09	1526	2.29	−23.96
防灾减灾工程及防护工程	61	5.30	232	1.20	236	0.96	645	0.97	1.72
市政工程	64	5.56	627	3.24	439	1.78	1482	2.23	−29.98
供热、供燃气、通风及空调工程	60	5.21	580	2.99	511	2.08	1564	2.35	−11.90
土木工程学科	128	11.12	3096	15.98	4762	19.36	12246	18.39	53.81
建筑学	95	8.25	1050	5.42	1369	5.57	3724	5.59	30.38
建筑学学科	70	6.08	898	4.64	1269	5.16	3327	5.00	41.31
建筑技术科学	7	0.61	26	0.13	27	0.11	81	0.12	3.85
建筑设计及其理论	6	0.52	19	0.10	14	0.06	49	0.07	−26.32
建筑历史与理论	12	1.04	107	0.55	59	0.24	267	0.40	−44.86
城乡规划学	67	5.82	874	4.51	975	3.96	2692	4.04	11.56
风景园林学	62	5.39	778	4.02	981	3.99	2754	4.14	26.09
管理学	239	20.76	4387	22.64	6279	25.53	16035	24.08	43.13
管理科学与工程学科	239	20.76	4387	22.64	6279	25.53	16035	24.08	43.13
专业学位硕士	155	13.47	5080	26.22	6765	27.51	18473	27.74	33.17
工学	73	6.34	2941	15.18	3360	13.66	9882	14.84	14.25
建筑学	44	3.82	2165	11.17	2361	9.60	7056	10.60	9.05
城市规划	29	2.52	776	4.01	999	4.06	2826	4.24	28.74
农学	82	7.12	2139	11.04	3405	13.84	8591	12.90	59.19
风景园林	82	7.12	2139	11.04	3405	13.84	8591	12.90	59.19
合计	1151	100.00	19374	100.00	24594	100.00	66593	100.00	26.94

　　2020 年共计招收硕士生 24594 人，其中学术型学位硕士招收 17829 人，专业学位硕士招收 6765 人。在学术型学位硕士的统计中，土木工程和管理科学与工程两

个学科在开办学科点、毕业生数、招生数、在校生数方面具有明显的优势。在专业学位硕士的统计中，建筑学和风景园林两个学科在开办学科点、毕业生数、招生数、在校生数方面具有明显的优势。从"招生数较毕业生数增幅"的数据来看，学术型学位硕士的招生情况与往年相比增幅较大，增幅为 24.73%。专业学位硕士的招生态势良好，增幅达到 33.17%。

5. 按地区统计

2020 年土木建筑类硕士生按地区分布情况见表 1-11。

2020 年土木建筑类硕士生按地区分布情况　　　　　表 1-11

地区	开办学科点		毕业生数		招生数		在校生数		招生数较毕业生数增幅（%）
	数量	占比（%）	数量	占比（%）	数量	占比（%）	数量	占比（%）	
华北	230	19.98	3603	18.60	4578	18.61	12454	18.70	27.06
北京	121	10.51	2063	10.65	2601	10.58	7020	10.54	26.08
天津	41	3.56	750	3.87	907	3.69	2577	3.87	20.93
河北	41	3.56	417	2.15	584	2.37	1617	2.43	40.05
山西	12	1.04	156	0.81	240	0.98	575	0.86	53.85
内蒙古	15	1.30	217	1.12	246	1.00	665	1.00	13.36
东北	125	10.86	2089	10.78	2717	11.05	6933	10.41	30.06
辽宁	62	5.39	977	5.04	1237	5.03	3263	4.90	26.61
吉林	25	2.17	263	1.36	377	1.53	953	1.43	43.35
黑龙江	38	3.30	849	4.38	1103	4.48	2717	4.08	29.92
华东	366	31.80	5533	28.56	7363	29.94	19746	29.65	33.07
上海	40	3.48	964	4.98	1249	5.08	3540	5.32	29.56
江苏	120	10.43	1874	9.67	2228	9.06	6238	9.37	18.89
浙江	38	3.30	569	2.94	850	3.46	2184	3.28	49.38
安徽	39	3.39	683	3.53	869	3.53	2213	3.32	27.23
福建	32	2.78	501	2.59	749	3.05	1960	2.94	49.50
江西	37	3.21	235	1.21	379	1.54	914	1.37	61.28
山东	60	5.21	707	3.65	1039	4.22	2697	4.05	46.96
中南	231	20.07	4021	20.75	4925	20.03	13539	20.33	22.48
河南	44	3.82	373	1.93	648	2.63	1569	2.36	73.73
湖北	76	6.60	1269	6.55	1406	5.72	3877	5.82	10.80
湖南	40	3.48	1119	5.78	1165	4.74	3448	5.18	4.11

续表

地区	开办学科点		毕业生数		招生数		在校生数		招生数较毕业生数增幅（%）
	数量	占比（%）	数量	占比（%）	数量	占比（%）	数量	占比（%）	
广东	48	4.17	980	5.06	1178	4.79	3405	5.11	20.20
广西	16	1.39	250	1.29	433	1.76	1057	1.59	73.20
海南	7	0.61	30	0.15	95	0.39	183	0.27	216.67
西南	95	8.25	2189	11.30	2509	10.20	7161	10.75	14.62
重庆	25	2.17	863	4.45	880	3.58	2637	3.96	1.97
四川	37	3.21	846	4.37	1005	4.09	2875	4.32	18.79
贵州	7	0.61	105	0.54	162	0.66	413	0.62	54.29
云南	26	2.26	375	1.94	462	1.88	1236	1.86	23.20
西藏	0	0.00	0	0.00	0	0.00	0	0.00	
西北	104	9.04	1939	10.01	2502	10.17	6760	10.15	29.04
陕西	67	5.82	1556	8.03	1956	7.95	5406	8.12	25.71
甘肃	25	2.17	323	1.67	405	1.65	1081	1.62	25.39
青海	2	0.17	0	0.00	12	0.05	23	0.03	
宁夏	3	0.26	14	0.07	20	0.08	48	0.07	42.86
新疆	7	0.61	46	0.24	109	0.44	202	0.30	136.96
合计	1151	100.00	19374	100.00	24594	100.00	66593	100.00	26.94

2020 年，我国 31 个省级行政区中，开办土木建筑类硕士学科点高校最多地区是北京市和江苏省，分别开办了 121 个和 120 个土木建筑类学科点，远远超过其他地区。

从毕业生数的统计数据可以看出，北京、江苏和陕西分别以 2063 人、1874 人和 1556 人的绝对优势排名前三位，三个地区的土木建筑类硕士毕业生数量占到全国土木建筑类硕士生毕业生数量的 28.35%。

从招生数的统计数据可以看出，北京、江苏和陕西依旧排名前三位，2020 年招生数分别是 2601 人、2228 人和 1956 人。三个地区的土木建筑类硕士招生数占到全国土木建筑类硕士招生数的 27.59%。

从在校生数的统计数据可以看出，排名前三位的依然是北京、江苏和陕西，分别为 7020 人、6238 人和 5406 人。三个地区的土木建筑类专业硕士在校生数占到全国土木建筑类硕士在校生数的 28.03%。

从招生数较毕业生数增幅的统计数据可以看出，涨幅超过 40% 的有 12 个地区，分别是海南、河南、广西、江西、贵州、山西、福建、浙江、山东、吉林、宁夏、河北。

（二）博士研究生

1. 按学校、机构性质类别统计

表 1-12 是土木建筑类博士生按学校、机构性质类别统计的分布情况。从表中可以看出，大学依然是土木建筑类博士生培养的绝对主力，各项占比均在 97% 以上。

土木建筑类博士生按学校、机构性质类别分布情况　　　　表 1-12

性质类别	开办学科点		毕业生数		招生数		在校生数	
	数量	占比（%）	数量	占比（%）	数量	占比（%）	数量	占比（%）
大学	402	97.10	2797	99.04	4655	98.75	23566	99.02
培养研究生的科研机构	12	2.90	27	0.96	59	1.25	233	0.98
合计	414	100.00	2824	100.00	4714	100.00	23799	100.00

2. 按学校、机构举办者统计

表 1-13 为土木建筑类博士生按学校、机构举办者统计的分布情况，从表中可以看出，省级教育部门主管高校和教育部所属高校是培养土木建筑类博士生的主要力量，两者开办学科点占比之和为 88.89%，毕业生数、招生数和在校生数三项占比之和均超过 84%。

土木建筑类博士生按学校、机构举办者分布情况　　　　表 1-13

举办者	开办学科点		毕业生数		招生数		在校生数	
	数量	占比（%）	数量	占比（%）	数量	占比（%）	数量	占比（%）
教育部	208	50.24	1799	63.70	2725	57.81	14515	60.99
工业和信息化部	17	4.11	237	8.39	381	8.08	2117	8.90
交通运输部	1	0.24	3	0.11	16	0.34	82	0.34
水利部	2	0.48	2	0.07	15	0.32	58	0.24
国务院国有资产监督管理委员会	4	0.97	4	0.14	5	0.11	22	0.09
国务院侨务办公室	3	0.72	8	0.28	22	0.47	112	0.47
中国铁路总公司	2	0.48	7	0.25	9	0.19	16	0.07
中国地震局	4	0.97	14	0.50	30	0.64	137	0.58

举办者	开办学科点		毕业生数		招生数		在校生数	
	数量	占比（%）	数量	占比（%）	数量	占比（%）	数量	占比（%）
中国科学院	5	1.21	169	5.98	196	4.16	910	3.82
省级教育部门	160	38.65	574	20.33	1253	26.58	5662	23.79
地级教育部门	8	1.93	7	0.25	62	1.32	168	0.71
合计	414	100.00	2824	100.00	4714	100.00	23799	100.00

3. 按学校、机构办学类型统计

表 1-14 为土木建筑类博士生按办学类型统计的分布情况。从表中可以看出，理工院校和综合大学是培养土木建筑类博士生的主要力量。两者开办学科点占比之和为 91.06%，在毕业生数、招生数和在校生数方面，两者数量之和的占比均超过 93%。

土木建筑类博士生按学校、机构办学类型分布情况　　　　表 1-14

办学类型	开办学科点		毕业生数		招生数		在校生数	
	数量	占比（%）	数量	占比（%）	数量	占比（%）	数量	占比（%）
综合大学	116	28.02	1073	38.00	1674	35.51	8176	34.35
理工院校	261	63.04	1594	56.44	2729	57.89	14384	60.44
财经院校	7	1.69	63	2.23	108	2.29	436	1.83
农业院校	7	1.69	24	0.85	42	0.89	183	0.77
林业院校	6	1.45	20	0.71	70	1.48	257	1.08
师范院校	4	0.97	23	0.81	22	0.47	115	0.48
语文院校	1	0.24	0	0.00	10	0.21	15	0.06
培养研究生的科研机构	12	2.90	27	0.96	59	1.25	233	0.98
合计	414	100.00	2824	100.00	4714	100.00	23799	100.00

4. 按学科统计

2020 年土木建筑类博士生按学科分布情况见表 1-15。

2020 年土木建筑类博士生按学科分布情况　　　表 1-15

学科类别	开办学科点		毕业生数		招生数		在校生数		招生数较毕业生数增幅（%）
	数量	占比（%）	数量	占比（%）	数量	占比（%）	数量	占比（%）	
土木工程	243	58.70	1297	45.93	2287	48.52	10711	45.01	76.33
结构工程	36	8.70	175	6.20	232	4.92	1320	5.55	32.57
岩土工程	41	9.90	238	8.43	373	7.91	1832	7.70	56.72
桥梁与隧道工程	31	7.49	94	3.33	130	2.76	747	3.14	38.30
防灾减灾工程及防护工程	28	6.76	47	1.66	67	1.42	358	1.50	42.55
市政工程	27	6.52	82	2.90	74	1.57	479	2.01	-9.76
供热、供燃气、通风及空调工程	23	5.56	58	2.05	68	1.44	419	1.76	17.24
土木工程学科	57	13.77	603	21.35	1343	28.49	5556	23.35	122.72
建筑学	34	8.21	169	5.98	281	5.96	1623	6.82	66.27
建筑学学科	21	5.07	150	5.31	264	5.60	1501	6.31	76.00
建筑技术科学	3	0.72	3	0.11	2	0.04	20	0.08	-33.33
建筑设计及其理论	7	1.69	12	0.42	12	0.25	90	0.38	0.00
建筑历史与理论	3	0.72	4	0.14	3	0.06	12	0.05	-25.00
城乡规划学学科	15	3.62	85	3.01	144	3.05	815	3.42	69.41
风景园林学学科	22	5.31	63	2.23	172	3.65	761	3.20	173.02
管理科学与工程学科	100	24.15	1210	42.85	1830	38.82	9889	41.55	51.24
合计	414	100.00	2824	100.00	4714	100.00	23799	100.00	66.93

2020 年共计招收博士生 4714 人，比上年增加 290 人，招生规模呈现稳中有升的发展态势。土木工程学科在开办学科点、毕业生数、招生数、在校生数方面具有明显的优势。从"招生数较毕业生数增幅"的数据来看，建筑历史与理论学科连续五年出现增幅为负数的情况。市政工程和建筑技术科学两个博士学科首次出现了增幅为负数的情况。

5. 按地区统计

2020 年土木建筑类博士生按地区分布情况见表 1-16。

2020 年土木建筑类博士生按地区分布情况 表 1-16

地区	开办学科点		毕业生数		招生数		在校生数		招生数较毕业生数增幅（%）
	数量	占比（%）	数量	占比（%）	数量	占比（%）	数量	占比（%）	
华北	77	18.60	810	28.68	1188	25.20	5962	25.05	46.67
北京	50	12.08	656	23.23	929	19.71	4534	19.05	41.62
天津	17	4.11	124	4.39	200	4.24	1117	4.69	61.29
河北	5	1.21	15	0.53	41	0.87	195	0.82	173.33
山西	5	1.21	15	0.53	18	0.38	116	0.49	20.00
内蒙古									
东北	47	11.35	310	10.98	558	11.84	2863	12.03	80.00
辽宁	27	6.52	163	5.77	268	5.69	1424	5.98	64.42
吉林	2	0.48	1	0.04	28	0.59	103	0.43	2700.00
黑龙江	18	4.35	146	5.17	262	5.56	1336	5.61	79.45
华东	131	31.64	907	32.12	1496	31.74	7372	30.98	64.94
上海	23	5.56	352	12.46	508	10.78	2541	10.68	44.32
江苏	43	10.39	302	10.69	450	9.55	2445	10.27	49.01
浙江	14	3.38	60	2.12	166	3.52	721	3.03	176.67
安徽	15	3.62	40	1.42	93	1.97	490	2.06	132.50
福建	11	2.66	29	1.03	61	1.29	290	1.22	110.34
江西	4	0.97	53	1.88	94	1.99	253	1.06	77.36
山东	21	5.07	71	2.51	124	2.63	632	2.66	74.65
中南	72	17.39	379	13.42	657	13.94	3433	14.42	73.35
河南	5	1.21	8	0.28	34	0.72	123	0.52	325.00
湖北	27	6.52	128	4.53	230	4.88	1158	4.87	79.69
湖南	10	2.42	152	5.38	209	4.43	1289	5.42	37.50
广东	23	5.56	72	2.55	162	3.44	740	3.11	125.00
广西	7	1.69	19	0.67	22	0.47	123	0.52	15.79
海南									
西南	39	9.42	230	8.14	436	9.25	2105	8.84	89.57
重庆	11	2.66	78	2.76	154	3.27	747	3.14	97.44
四川	16	3.86	139	4.92	227	4.82	1060	4.45	63.31
贵州	5	1.21	0	0.00	20	0.42	46	0.19	
云南	7	1.69	13	0.46	35	0.74	252	1.06	169.23
西藏									

续表

地区	开办学科点		毕业生数		招生数		在校生数		招生数较毕业生数增幅（%）
	数量	占比（%）	数量	占比（%）	数量	占比（%）	数量	占比（%）	
西北	**48**	**11.59**	**188**	**6.66**	**379**	**8.04**	**2064**	**8.67**	**101.60**
陕西	33	7.97	171	6.06	338	7.17	1860	7.82	97.66
甘肃	15	3.62	17	0.60	41	0.87	204	0.86	141.18
青海									
宁夏									
新疆									
合计	414	100.00	2824	100.00	4714	100.00	23799	100.00	66.93

2020年，我国31个省级行政区中开办土木建筑类博士学科点高校最多的是北京市和江苏省，分别是50个和43个，远高于其他地区。两个地区的土木建筑类专业博士学科点的数量占全国土木建筑类专业博士学科点数量的22.47%。

从毕业生数的统计数据可以看出，北京、上海和江苏的土木建筑类专业博士毕业生数最多，分别为656人、352人和302人，三者数量之和占到全国土木建筑类专业博士毕业生数量的46.38%。

从招生数的统计数据可以看出，北京、上海和江苏排名前三位，土木建筑类专业博士研究生招生分别是929人、508人和450人。三个地区的土木建筑类专业博士研究生招生数占到全国土木建筑类专业博士研究生招生数的40.04%。

从在校生数的统计数据可以看出，排名前三位的依然是北京、上海和江苏，分别为4534人、2541人和2445人。三个地区的土木建筑类专业博士研究生在校生数占到全国土木建筑类专业博士研究生在校生数的40.00%。

从招生数较毕业生数增幅的统计数据可以看出，涨幅超过100%的有9个地区，分别是吉林、河南、浙江、河北、云南、甘肃、安徽、广东和福建。

由以上数据可以看出，我国土木建筑类研究生的办学规模基本处于稳定，但是区域差异较大。研究生的培养主要集中在北京、上海、江苏等相对经济发达、优质教育资源集中的地区，这些地区的经济、文化和教育水平决定了高层次人才培养的质量。内蒙古、海南、西藏、青海、宁夏、新疆等中西部地区由于经济环境、行业发展、科研实力等原因，高层次土木建筑类专业人才培养相对滞后。

1.1.3　建设类专业普通高等教育发展的成绩与经验

党的十八大以来，习近平总书记关于教育的一系列重要论述，从根本上回答了中国特色社会主义教育发展的一系列方向性、根本性、全局性、战略性重大问题，为建设类专业普通高等教育提供了根本遵循。

1.1.3.1　坚持党的全面领导，把立德树人作为根本任务

百年党史表明，坚强的领导核心和科学的理论指导，是关乎党和国家前途命运、党和人民事业成败的根本性问题。党对教育工作的领导体制机制不断健全，教育事业中国特色更加鲜明，教育现代化加速推进，教育总体发展水平跃居世界中上行列，教育的国际影响力加快提升，教育面貌正在发生格局性变化。

坚持把立德树人作为根本任务，积极推动建设类高校思想政治工作改革创新，加快构建"三全育人"大格局，将"五育并举"要求落实在高等教育课堂教学之中、渗透在校园生活各环节、延伸到学生发展各方面，努力培养德智体美劳全面发展的社会主义建设者和接班人。

1.1.3.2　坚持以本为本，四个回归

从世界高等教育发展趋势看，一流大学普遍将本科教育放在学校发展的重要战略地位，始终将培养一流本科生作为学校发展的坚定目标和不懈追求。越是顶尖的大学，越是重视本科教育，本科教育被这些大学视为保持卓越的看家本领和成就核心竞争力的制胜法宝。进入 21 世纪，人才培养的本质职能在世界各国高校中进一步得以强化和凸显，"回归本科教育"成为世界一流大学共同推进的行动纲领。

1.1.3.3　坚持深化教育教学改革创新

新时代呼唤新的教育模式，百年未有之大变局对人才培养带来了巨大的冲击，新一轮科技革命和产业变革已经在路上，以可再生能源、互联网通信、智能化和数字化制造为主要内容的新的科技产业革命的到来，也正在深刻改变着高校的人才培养思路。建设类高校必须要主动谋划，抢抓新一轮科技革命带来的历史性机遇，深化教育教学改革创新，提高人才培养与社会需求契合度，推动实现自身的"变轨超车"。

1.1.3.4　坚持服务行业和经济社会发展

统计数据显示，高等学校不仅建有 60% 以上的国家重点实验室，承担了 80%

以上的国家自然科学基金项目，还聚集了 60% 以上的全国高层次人才，高校两院院士在全国院士总数中占比超过 40%。教育主管部门要在机构运行管理、人事管理、科研经费管理等方面继续优化政策导向，深化科技评价改革，推动高校科技"放管服"改革向纵深方向推进。建设类高校要充分发挥自身学科和科研优势，主动肩负起服务经济社会发展的责任和担当，提升服务经济社会和行业发展的科技实力。

1.1.4　建筑类专业普通高等教育发展面临的问题

教育是国之大计，党之大计。党的十九大报告指出：建设教育强国是中华民族伟大复兴的基础工程，必须把教育事业放在优先位置，深化教育改革，加快教育现代化，落实立德树人根本任务，加快一流大学和一流学科建设，实现高等教育内涵式发展。教育部部长怀进鹏在深入贯彻落实党的十九届六中全会精神会议上发表讲话，强调要坚持更高站位，加强党对教育工作的全面领导，确保教育领域始终成为坚持党的领导的坚强阵地。要放眼更长视角，坚定扎根中国大地办教育，加快建设教育强国。要饱含更深情怀，坚持以人民为中心发展教育，让教育过程全面发展每个人。要立足更大格局，深入思考教育使命责任，加快建设高质量教育体系。当前，我国高等教育改革发展正面临一系列新挑战，建设类专业普通高等教育发展也面临着诸多亟待的问题。

1.1.4.1　专业结构优化调整仍需进一步加快

（1）专业动态调整机制尚未健全。交叉学科目前已成为我国第 14 个学科门类。随着近些年，新工科专业、交叉学科专业等新专业的出现，建设类普通高等教育专业结构日趋完善，覆盖领域更加全面，这是顺应经济社会和行业发展需求的必然规律。但相比于新专业增加的力度，弱势专业停招的力度尚不足以对整体的专业布局产生优化效应，部分人才培养质量不佳、招生与就业状况不好、师资力量不强的学科专业仍然存在，针对专业建设情况的招生 - 培养 - 就业联动评价机制尚未建立，学科专业尚未形成健全的动态调整机制。

（2）现有专业的评估体系有待完善。现有专业评估体系主要包括住房和城乡建设部专业评估和中国工程教育专业认证两大部分，基本涵盖了建设类高校的大部分工科专业，但是仍有部分专业未纳入工程教育专业认证和专业评估体系，如何对这类专业进行专业建设、人才培养等方面的监控和评价，是需要进一步思考和解决的问题。

1.1.4.2　人才培养模式改革仍需进一步加大

（1）与专业特点相适应、与新时期人才培养目标和模式的教育教学改革和研究不足。与建设类高校人才培养目标和多样化的人才培养模式需求相比，教师对教学改革创新的主动性不够，对探究式教学、研究型教学等的认识有待深化。尤其是对实验班等创新型人才培养模式的教学需求认识不足，教学能力储备不够。教学研究和教学改革成果在课堂教学中的应用实践较差，教师在人才培养模式、人才培养方案、课程体系等方面缺乏深层次研究，教学改革成果大多停留在个人实践和论文发表方面，教学实践中的推广应用较少。

（2）"新工科"建设背景下的本科生工程实践创新能力不强。与"新工科"建设需求和学校人才培养总目标相比，建设类高校普遍存在本科生工程实践创新能力不强的问题。学校开设的部分实验实践类课程以及实践教学环节的教学内容已无法快速对接社会需求，前沿性、实质性工程教育内容不足，行业专家参与专业课程建设力度不够。支撑实践教学建设的校内教学平台建设力度不足，对本科生开放共享的体制机制建设有待完善。对于校外实习实践基地，没有实质性地开展协同育人工作，真正服务于学生专业实习实践的广度和深度均不足，难以使学生的工程实践创新能力得到进一步提升。

1.1.4.3　课程建设质量仍需进一步提高

（1）教师参与课程建设的积极性主动性不高。一流本科课程的建设需要从课程目标设定、资源建设、课堂教学模式实施、科学考核和评价等几个方面设计并实施，是一项长期性、系统化的工程，需要教师从一开始就清楚为什么建设、怎样建设和效果如何，并经过至少三个周期的调整和完善。在实际课程建设过程中，教师对于前期的教学设计不够完善，对于课程的系统性和持续性考虑不足。运用适当的数字化教学工具，开展翻转课堂等活动，推进课程改革创新有机融合的课程将是线下课程和线上线下混合课程建设趋势。现有专业教师主动参与课程建设的积极性不高，参与度低，尤其是建筑特色专业参与较少。

（2）"课程思政"建设有待进一步加强。专任教师的"课程思政"建设能力还有待提高，具有专业化"课程思政"建设能力的教师团队亟待建设。部分专任教师尚未对"课程思政"形成立体的、具象化的认识，对如何推进落实"课程思政"的建设缺乏明确规划，因此在课堂教学中难免仍旧以单纯的知识传授为主，对于引领学生思想重视不足。对"课程思政"建设实施方案推进力度不够，重谋划，轻落实，文件、精神、指示在下达和推进实施的过程中，由于各教学院、部实际情况不同，因此在推进"课程思政"全覆盖方面进度未必相同，程度未必一致。

1.1.5　促进建设类专业普通高等教育发展的对策建议

1.1.5.1　健全完善铸魂育人体系

推动"三全育人"，实现"五育并举"。加快完善全员全程全方位育人机制，推动党的创新理论进教材、进课堂、进头脑，形成目标明确、内容完善、标准健全、运行科学、保障有力的思想政治工作体系。在坚持德育为先、智育为重的同时，加大人才培养方案中体育、美育、劳动教育的权重。鼓励学生积极锻炼身体，形成良好审美观念，热爱劳动、尊重劳动成果，实现德智体美劳"五育并举"。

推进思政课改革，强化课程思政建设。持续强化思想政治理论课作为思政教育"主战场"的核心作用。严格落实教育部关于思政课程学分、学时和学期的要求，注重理论与实践相结合，进一步提升思想政治理论课的吸引力和感染力，切实提高思政课程教学质量。充分调动学院和专业的积极性，不断完善课程思政工作体系、教学体系和内容体系，使各类课程与思政课程同向同行。

1.1.5.2　夯实教育教学基础

优化专业布局，实施专业分类发展。按照服务经济社会和行业发展需要，提升专业人才培养与行业需求之间的契合度，参照教育部、地方专业评估和工程教育认证标准，对已有建设类专业开展专业自评估，试行专业动态评价及调整机制，优化和调整专业布局，实现专业高质量发展。建立专业分类发展标准，制定不同类别专业建设目标和工作计划，构建专业分类发展的长效动态评价机制。

推进优质课程建设，提升课程教学质量。不断提高课程设置的科学性、规范性、系统性，及时将新理念、新科技、新案例纳入课程教学之中，实现课程的动态优化调整。突出以学生发展为中心的教学理念，深化小班化、互动式、研究性课堂教学模式改革，完善以质量为导向的课程建设激励机制。

1.1.5.3　强化教育教学改革与实践

聚焦重点难点，深入推进教育教学综合改革。以教育教学改革为抓手，聚焦国家重大战略需求、地方经济发展需要和学校特色，在人才培养模式、课程思政、专业教育、教学研究、教材建设等方面实施改革联动，坚持调研先行，坚持"问题导向、需求导向"，将调查研究常态化、将改革创新深入化。以教学能力提升为目标，引入教学任务竞争机制，发挥学生主动参与教学改革的积极性，激发教师积极投入本科教学，努力提升教育教学质量。

强化多元协同育人，提升工程实践创新能力。加强学校与行业、企业的深度合作，探索打造工程实践创新品牌活动，构建产教融合的多元协同育人模式。鼓励将科研项目成果、实际工程项目融入毕业设计选题，推动落实"真题真做"。鼓励本科生参与科学研究、技术开发和社会实践等科研创新活动，进科研团队。建立健全教学实验室开放管理制度，构建开放共享平台，推进虚拟仿真实验教学项目资源库建设。

1.1.5.4 提升教师教学水平

抓好基层教学组织建设，激发教学组织活力。充分发挥系、教研室、教学团队等基层教学组织的作用，推动形成教学改革合力。吸引一批国内外专家、企业家、工程师进入基层教学组织，有力补充基层高水平师资队伍力量。开展青年教师教学研修班，推进青年教师导师制。通过专题讲座、教学工作坊等方式，传播先进教育理念和方法。落实教授为本科生授课制度，鼓励教师成为"大先生"，激发教师开展教学改革的积极性，发挥优秀教师的传帮带作用，形成良性竞争氛围和争先创优态势。

强化师德师风建设，健全教师评价激励机制。严把教学政治观，严格落实师德一票否决制度。完善教学评价体系，将课堂教学、专业建设、课程建设、教材编写出版、指导学生实践创新、开展教育教学改革等方面取得的成果成效作为核心指标，在年度考核、评先评优、职称职务评聘等工作中加大评价权重，探索建立教师自评、学生评教、同行评价等相结合的教师评价新框架。

1.2 2020年建设类专业高等职业教育发展状况分析

1.2.1 建设类专业高等职业教育发展的总体状况

根据国家统计局的统计数据，2020年，全国普通专科和成人专科共招生524.34

万人，较上年增长 8.42%，占普通本专科人数的 52.86%；全国普通本专科共有在校生 3285.29 万人，其中普通专科在校生 1459.55 万人，较上年增长 13.96%，普通专科在校生占普通本专科人数的 44.43%。

2020 年，开办专科土木建筑类专业的专业点数 4414 个，较上年减少 100 个，减少幅度为 2.22%；在校生数 111.66 万人，占高职高专在校生总数的 6.10%，在校生数较上年增加 15.20 万人，增加幅度为 15.75%。2014 ～ 2020 年专科土木建筑类高职开办专业、在校生规模变化情况分别如图 1-7、图 1-8 所示。

图 1-7　2014 ～ 2020 年全国土木建筑类高职开办专业情况

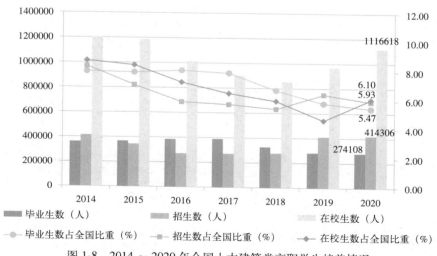

图 1-8　2014 ～ 2020 年全国土木建筑类高职学生培养情况

1.2.2 建设类专业高等职业教育发展的统计分析

1.2.2.1 按学校类别统计

按学校类别将开办专科土木建筑类专业的学校分为本科院校（包括大学、学院、独立学院、职业本科）、高职高专院校（包括高等专科学校、高等职业学校）和其他普通高等教育机构（包括管理干部学院、教育学院、职工高校）。2020年土木建筑类专科生按学校类别分布情况见表1-17。

2020年土木建筑类专科生按学校类别分布情况 表1-17

学校类别		开办专业数		毕业生数		招生数		在校生数	
		数量	占比（%）	数量	占比（%）	数量	占比（%）	数量	占比（%）
本科院校	大学	85	1.93	4341	1.58	3268	0.79	12027	1.08
	学院	366	8.29	21596	7.88	21307	5.14	64783	5.8
	独立学院	57	1.29	2714	0.99	5125	1.24	13798	1.24
	职业本科	91	2.06	4775	1.74	9735	2.35	24836	2.22
	小计	599	13.57	33426	12.19	39435	9.52	115444	10.34
高职高专院校	高等专科学校	52	1.18	2701	0.99	3972	0.96	10928	0.98
	高等职业学校	3735	84.62	237323	86.58	369828	89.26	987168	88.41
	小计	3787	85.8	240024	87.57	373800	90.22	998096	89.39
其他普通高教机构	管理干部学院	13	0.29	430	0.16	685	0.17	1788	0.16
	教育学院	14	0.32	209	0.08	386	0.09	1247	0.11
	职工高校	1	0.02	19	0.01	0	0	43	0
	小计	28	0.63	658	0.25	1071	0.26	3078	0.27
合计		4414	100	274108	100	414306	100	1116618	100

显然，开办专科土木建筑类专业的学校，以高职高专院校为绝对主体，而其他普通高等教育机构的各项指标均可忽略不计。

与2019年相比，变化情况为：

（1）本科院校开办专业数减少29个、毕业生数减少1255人、招生数减少329人、在校生数增加14242人，增幅分别为–4.61%、–4.14%、–0.83%、14.07%。然而，职业本科作为一种新的办学层次，在开办专业数、毕业生数、招生数上却呈现出一种相反的变化，其开办专业数增加 28 个、毕业生数增加 1934 人、招生数增加 4629 人、在校生数增加 13602 人，增幅分别为 44.44%、68.07%、90.66%、121.08%，增长强劲。

（2）高职高专院校开办专业数减少 70 个、毕业生数减少 42465 人、招生数增加 6517 人、在校生数增加 137316 人，增幅分别为 –1.81%、–17.60%、1.77%、15.95%。

（3）其他高教机构开办专业数减少 1 个、毕业生数减少 70 人、招生数减少 25 人、在校生数增加 400 人，增幅分别为 –3.45%、–9.62%、–2.28%、14.94%。

综合分析表明：就专业点数而言，除职业本科外，各类院校都较上年减少；就毕业生数而言，除职业本科外，各类院校都较上年减少；就招生数而言，除职业本科和高职高专院校外，各类院校都较上年减少；就在校生数而言，各类院校都较上年增加。同时，高职高专院校的专业点数较上年减少，而在校生数增加，说明各专业点的平均人数增加。

1.2.2.2 按学校举办者统计

2020 年土木建筑类专科生按学校举办者分布情况见表 1-18。

2020 年土木建筑类专科生按学校举办者分布情况　　　　表 1-18

举办者	开办专业数		毕业生数		招生数		在校生数	
	数量	占比（%）	数量	占比（%）	数量	占比（%）	数量	占比（%）
教育部	3	0.07	63	0.02	0	0.00	66	0.01
中国民用航空总局	1	0.02	27	0.01	0	0.00	0	0.00
省级教育部门	1055	23.90	72815	26.56	100997	24.38	278299	24.92
省级其他部门	1010	22.88	80147	29.24	107092	25.85	302427	27.08
地级教育部门	580	13.14	31155	11.37	48356	11.67	133992	12.00
地级其他部门	441	9.99	19647	7.17	30250	7.30	81090	7.26
县级教育部门	11	0.25	715	0.26	948	0.23	2996	0.27
县级其他部门	13	0.29	443	0.16	549	0.13	1567	0.14
地方企业	94	2.13	6117	2.23	6862	1.66	20183	1.81
民办	1204	27.28	62972	22.97	119195	28.77	295839	26.49
具有法人资格的中外合作办学机构	2	0.05	7	0.00	57	0.01	159	0.01
合计	4414	100.00	274108	100.00	414306	100.00	1116618	100.00

（1）土木建筑类专科生按院校所有制性质分布情况。按院校所有制性质将开办土木建筑类专业的院校分为公办院校、民办院校、中外合作院校三类。三类院校的分布情况见表1-19。可见，公办院校是举办土木建筑类专科专业的主体。

2020 年土木建筑类专科生按院校所有制性质分布情况　　　表 1-19

所有制	开办专业数		毕业生数		招生数		在校生数	
	数量	占比（%）	数量	占比（%）	数量	占比（%）	数量	占比（%）
公办院校	3208	72.67	211129	77.02	295054	71.22	820620	73.49
民办院校	1204	27.28	62972	22.97	119195	28.77	295839	26.49
中外合作院校	2	0.05	7	0	57	0.01	159	0.01

（2）土木建筑类专科生按院校举办者类别分布情况。按院校举办者类别将开办土木建筑类专业的院校分为中央部委属院校（包括教育部、中国民用航空总局）、省属院校（包括省级教育部门、省级其他部门）、地市州属院校（包括地级教育部门、地级其他部门）、县属院校（包括县级教育部门、县级其他部门）、地方企业属院校、民办院校和中外合作院校七类。七类院校的分布情况见表1-20。从表中可见，省属院校是土木建筑类专业办学的第一主体，其次是民办院校，两类院校在校生占在校生总数的76.49%；县属院校、中央部委属院校和中外合作院校所占比例都在0.41%以下，几乎可以忽略不计。

2020 年土木建筑类专科生按举办者类别的分布情况　　　表 1-20

举办者类别	开办专业数		毕业生数		招生数		在校生数	
	数量	占比（%）	数量	占比（%）	数量	占比（%）	数量	占比（%）
省属院校	2065	46.78	152962	55.8	208089	50.23	580726	52
民办院校	1204	27.28	62972	22.97	119195	28.77	295839	26.49
地市州属院校	1021	23.13	50802	18.54	78606	18.97	215082	19.26
地方企业属院校	94	2.13	6117	2.23	6862	1.66	20183	1.81
县属院校	24	0.54	1158	0.42	1497	0.36	4563	0.41
中央部属院校	4	0.09	90	0.03	0	0	66	0.01
中外合作院校	2	0.05	7	0	57	0.01	159	0.01

（3）土木建筑类专科生按院校举办者业务性质分布情况。按院校举办者业务性质将开办土木建筑类专业的院校分为隶属教育行政部门（包括教育部、省级教育部

门、地级教育部门、县级教育部门）的院校、隶属行业行政主管部门（包括中国民用航空总局、省级其他部门、地级其他部门、县级其他部门）的院校、民办院校、隶属地方企业的院校和中外合作院校五类。五类院校的分布情况见表 1-21。从表中可以看出，隶属教育行政部门的院校是土木建筑类专业办学的第一主体，其次是隶属行业行政主管部门的院校，两类院校在校生数占在校生总数的 71.68%。与 2019 年相比，在校生数前两位发生了调换，2019 年最大的为隶属行业行政主管部门的院校，其次为隶属教育行政部门的院校。

2020 年土木建筑类专科生按举办者业务性质的分布情况　　表 1-21

举办者业务性质	开办专业数		毕业生数		招生数		在校生数	
	数量	占比（%）	数量	占比（%）	数量	占比（%）	数量	占比（%）
教育行政部门	1649	37.36	104748	38.21	150301	36.28	415353	37.2
行业行政主管部门	1465	33.18	100264	36.58	137891	33.28	385084	34.48
民办院校	1204	27.28	62972	22.97	119195	28.77	295839	26.49
地方企业院校	94	2.13	6117	2.23	6862	1.66	20183	1.81
中外合作院校	2	0.05	7	0	57	0.01	159	0.01

1.2.2.3　按学校办学类型统计

土木建筑类专科生按学校办学类型分布情况见表 1-22。与 2019 年类似，2020 年土木建筑类专业几乎涵盖所有类型的学校，但各类院校的分布悬殊。居于前两位的是理工类院校和综合大学，其在校生占比之和为 85.18%；而后两位的是民族院校和医药院校，其在校生占比之和仅为 0.07%。

2020 年土木建筑类专科生按学校办学类型分布情况　　表 1-22

办学类型	开办专业数		毕业生数		招生数		在校生数	
	数量	占比（%）	数量	占比（%）	数量	占比（%）	数量	占比（%）
综合大学	1123	25.44	65645	23.95	100339	24.22	270875	24.26
理工院校	2524	57.18	168680	61.54	251659	60.74	680233	60.92
农业院校	139	3.15	7439	2.71	10716	2.59	29031	2.60
林业院校	73	1.65	4890	1.78	6943	1.68	19514	1.75
医药院校	2	0.05	36	0.01	154	0.04	350	0.03
师范院校	68	1.54	2119	0.77	3208	0.77	7908	0.71

续表

办学类型	开办专业数		毕业生数		招生数		在校生数	
	数量	占比（%）	数量	占比（%）	数量	占比（%）	数量	占比（%）
语文院校	39	0.88	1399	0.51	3593	0.87	7596	0.68
财经院校	357	8.09	21211	7.74	32721	7.90	85699	7.67
政法院校	13	0.29	608	0.22	1100	0.27	2587	0.23
体育院校	4	0.09	83	0.03	203	0.05	617	0.06
艺术院校	42	0.95	1188	0.43	2491	0.60	8716	0.78
民族院校	2	0.05	152	0.06	108	0.03	414	0.04
其他普通高教机构	28	0.63	658	0.24	1071	0.26	3078	0.28
合计	4414	100.00	274108	100.00	414306	100.00	1116618	100.00

注：表中其他普通高教机构包括分校、大专班、职工高校、管理干部学院、教育学院。

1.2.2.4　按专业统计

1. 土木建筑类专科生按专业类分布情况

2020 年全国建设类专业高等职业教育 7 个专业类的学生培养情况见表 1-23。

2020 年全国建设类专业高等职业教育分专业类学生培养情况　　表 1-23

专业类别	开办专业数		毕业生数		招生数		在校生数		招生数较毕业生数增幅（%）
	数量	占比（%）	数量	占比（%）	数量	占比（%）	数量	占比（%）	
建筑设计类	1113	25.22	62943	22.96	93564	22.58	256929	23.01	48.65
城乡规划与管理类	55	1.25	1504	0.55	1992	0.48	5411	0.48	32.45
土建施工类	840	19.03	71324	26.02	114021	27.52	307268	27.52	59.86
建筑设备类	436	9.88	13833	5.05	24947	6.02	62985	5.64	80.34
建设工程管理类	1458	33.03	107026	39.05	156625	37.80	419815	37.60	46.34
市政工程类	242	5.48	8219	3.00	12128	2.93	32919	2.95	47.56
房地产类	270	6.12	9259	3.38	11029	2.66	31291	2.80	19.12
合计	4414	100.00	274108	100.00	414306	100.00	1116618	100.00	51.15

由表 1-23 可知，2020 年土木建筑类专科生按专业类分布情况如下：

（1）开办专业数从大到小依次为：建设工程管理类、建筑设计类、土建施工类、建筑设备类、房地产类、市政工程类、城乡规划与管理类。与 2019 年相比，各专业类开办专业数排序没有变化;7个专业类开办专业总数减少了100个,减幅2.22%;开办专业数减少的专业类有6个,按减幅大小依次为:城乡规划与管理类(减少7个,减幅11.29%)、房地产类(减少33个,减幅10.89%)、市政工程类(减少8个,减幅3.20%)、建筑设备类(减少12个,减幅2.68%)、土建施工类(减少21个,减幅2.44%)、建设工程管理类(减少33个,减幅2.21%);开办专业数增加的专业类只有建筑设计类(增加14个,增幅1.27%)。

(2)毕业生数从多到少依次为:建设工程管理类、土建施工类、建筑设计类、建筑设备类、房地产类、市政工程类、城乡规划与管理类。与2019年相比,各专业类毕业生数排序没有变化;7个专业类毕业生数减少了2769人,减幅1.00%;毕业生数增加的专业类有4个,按增幅大小依次为:建筑设计类(增加5459人,增幅9.50%)、市政工程类(增加300人,增幅3.79%)、城乡规划与管理类(增加37人,增幅2.52%)、建筑设备类(增加187人,增幅1.37%);毕业生数减少的专业类有3个,按减幅大小依次为:土建施工类(减少4324人,减幅5.72%)、建设工程管理类(减少4326人,减幅3.88%)、房地产类(减少102人,减幅1.09%)。

(3)招生数从多到少依次为:建设工程管理类、土建施工类、建筑设计类、建筑设备类、市政工程类、房地产类、城乡规划与管理类。与2019年相比,各专业类招生数排序没有变化;7个专业类招生数增加6163人,增幅1.51%;招生数增加的专业类5个,按增幅大小依次为:建筑设备类(增加1154人,增幅4.85%)、建设工程管理类(增加7238人,增幅4.85%)、城乡规划与管理类(增加1943人,增幅2.52%)、建筑设计类(增加2008人,增幅2.19%)、市政工程类(增加256人,增幅2.16%);招生数减少的专业类2个,按减幅大小依次为:房地产类(减少829人,减幅6.99%)、土建施工类(减少3713人,减幅3.15%)。

(4)在校生数从多到少依次为:建设工程管理类、土建施工类、建筑设计类、建筑设备类、市政工程类、房地产类、城乡规划与管理类。与2019年相比,各专业类在校生数排列顺序只有市政工程类和房地产类顺序互换,其余没有变化;7个专业类在校生数增加了151958人,增幅15.75%;在校生数7个专业类全部增加,按增幅大小依次为:建设工程管理类(增加11519人,增幅22.38%)、土建施工类(增加50044人,增幅19.46%)、建设工程管理类(增加53707人,增幅14.67%)、市政工程类(增加4005人,增幅13.85%)、建筑设计类(增加31175人,增幅

13.81%），城乡规划与管理类（增加 485 人，增幅 9.85%），房地产类（增加 1023 人，增幅 3.38%）。

（5）招生数与毕业生数相比，7 个专业类全部增加，增幅从大到小依次为：建筑设备类（80.34%）、土建施工类（59.86%）、建筑设计类（48.65%）、市政工程类（47.56%）、建设工程管理类（46.34%）、城乡规划与管理类（32.45%）、房地产类（19.12%）。

综上，建设工程管理类、土建施工类、建筑设计类是土木建筑大类的主体。该 3 个专业类的开办专业数、毕业生数、招生数、在校生数分别占总数的 77.28%、88.03%、87.90%、88.13%。

2. 土木建筑类专科生按专业分布情况

（1）建筑设计类专业

建筑设计类专业共包括 8 个专业，该专业类 2020 年的学生培养情况见表 1-24。

2020 年全国高等职业教育建筑设计类专业学生培养情况　　　表 1-24

专业	开办专业数		毕业生数		招生数		在校生数	
	数量	占比（%）	数量	占比（%）	数量	占比（%）	数量	占比（%）
建筑设计	132	11.86	7046	11.19	10632	11.36	29034	11.30
建筑装饰工程技术	352	31.63	18519	29.42	23311	24.91	66690	25.96
古建筑工程技术	26	2.34	421	0.67	1029	1.10	2473	0.96
建筑室内设计	292	26.24	26352	41.87	42943	45.90	115747	45.05
风景园林设计	104	9.34	2486	3.95	5457	5.83	14068	5.48
园林工程技术	168	15.09	7086	11.26	8429	9.01	24101	9.38
建筑动画与模型制作	31	2.79	763	1.21	1271	1.36	3513	1.37
建筑设计类其他专业	8	0.72	270	0.43	492	0.53	1303	0.51
合计	1113	100.00	62943	100.00	93564	100.00	256929	100.00

1）开办专业数。8 个专业的开办专业数从多到少依次为：建筑装饰工程技术、建筑室内设计、园林工程技术、建筑设计、风景园林设计、建筑动画与模型制作、古建筑工程技术、建筑设计类其他专业，排列顺序与上年相同。其中，建筑装饰工程技术和建筑室内设计两个专业合计占比达 57.87%，较上年增加 0.37%。与 2019 年比较，专业点数增加的有 4 个专业，按增幅大小依次为：古建筑工程技术（增幅 18.18%）、风景园林设计（增幅 8.33%）、建筑动画与模型制作（增幅 6.90%）、建

筑室内设计（增幅 5.42%）；专业点数减少的有 4 个专业，按减幅大小依次为：建筑设计类其他专业（减幅 27.27%）、园林工程技术（减幅 4.55%）、建筑装饰工程技术（减幅 0.85%）、建筑设计（减幅 0.75%）。

2）毕业生数。8 个专业的毕业生数从多到少依次为：建筑室内设计、建筑装饰工程技术、园林工程技术、建筑设计、风景园林设计、建筑动画与模型制作、古建筑工程技术、建筑设计类其他专业，排列顺序较上年没有变化。其中，建筑室内设计和建筑装饰工程技术两个专业合计占比达 71.29%，较上年占比减少了 0.01%。与 2019 年比较，毕业生数较上年增加的专业有 7 个，按增幅大小依次为：风景园林设计（增幅 55.47%）、建筑设计类其他专业（增幅 50.84%）、古建筑工程技术（增幅 16.94%）、建筑室内设计（增幅 15.55%）、建筑装饰工程技术（增幅 5.17%）、建筑动画与模型制作（增幅 4.81%）、建筑设计（减幅 4.17%）；较上年减少的专业只有园林工程技术（减幅 4.76%）。

3）招生数。8 个专业的招生数从多到少依次为：建筑室内设计、建筑装饰工程技术、建筑设计、园林工程技术、风景园林设计、建筑动画与模型制作、古建筑工程技术、建筑设计类其他专业，排序与上年有变化，2019 年的排序中，古建筑工程技术和建筑设计其他专业的排序和 2020 年相反，其余排序相同。其中，建筑室内设计和建筑装饰工程技术两个专业合计占比为 70.81%，较上年占比增加了 0.58%。与 2019 年比较，招生数增加的专业有 5 个，按增幅大小依次为：古建筑工程技术（增幅 29.60%）、风景园林设计（增幅 8.90%）、建筑动画与模型制作（增幅 7.80%）、建筑室内设计（增幅 4.29%）、建筑装饰工程技术（增幅 0.78%）；招生数减少的专业有 3 个，按减幅大小依次为：建筑设计类其他专业（减幅 47.21%）、园林工程技术（减幅 2.29%）、建筑设计（减幅 0.28%）。

4）在校生数。8 个专业的在校生数从多到少依次为：建筑室内设计、建筑装饰工程技术、建筑设计、园林工程技术、风景园林设计、建筑动画与模型制作、古建筑工程技术、建筑设计类其他专业。排列顺序较上年没有变化。其中，建筑室内设计和建筑装饰工程技术两个专业合计占比达 71.01%，较上年占比增加 0.49%。与 2019 年比较，在校生数增加的专业有 7 个，按增幅大小依次为：古建筑工程技术（增幅 33.89%）、风景园林设计（增幅 27.38%）、建筑动画与模型制作（增幅 18.08%）、建筑室内设计（增幅 16.96%）、建筑设计（增幅 10.79%）、建筑装饰工程技术（增幅 10.72%）、园林工程技术（增幅 5.68%）；在校生数减少的专业只有建筑设计类其他专业（减幅 22.16%）。

综上，建筑室内设计和建筑装饰工程技术是建筑设计类专业的主体，两个专业的开办专业点数、毕业生数、招生数、在校生数分别占总数的 57.87%、71.29%、70.81%、71.01%。

（2）城乡规划与管理类专业

城乡规划与管理类专业共包括 3 个专业，该专业类 2020 年的学生培养情况见表 1-25。

2020 年全国高等职业教育城乡规划与管理类专业学生培养情况　　　表 1-25

专业	开办专业数		毕业生数		招生数		在校生数	
	数量	占比（%）	数量	占比（%）	数量	占比（%）	数量	占比（%）
城乡规划	41	74.55	1287	85.57	1347	67.62	3569	65.96
村镇建设与管理	4	7.27	25	1.66	166	8.33	361	6.67
城市信息化管理	10	18.18	192	12.77	479	24.05	1481	27.37
合计	55	100.00	1504	100.00	1992	100.00	5411	100.00

1）开办专业数。3 个专业的专业点数从多到少依次为：城乡规划、城市信息化管理、村镇建设与管理，较上年减少了城乡规划与管理类其他专业，其余三个专业排列顺序与上年相同。其中，城乡规划专业占比达 74.55%，较上年减少 2.87%。与 2019 年比较，专业点数一个增加，即城市信息化管理（增幅 25%），一个减少，即城乡规划（减幅 14.58%），村镇建设与管理不变。

2）毕业生数。3 个专业的毕业生数从多到少依次为：城乡规划、城市信息化管理、村镇建设与管理，与上年比较，排序不变。其中，城乡规划专业占比达 85.57%，较上年减少 8.57%。与 2019 年比较，毕业生数较上年增加的专业有 2 个，按增幅大小依次为：城市信息化管理（增幅 166.67%）、村镇建设与管理（增幅 78.57%），毕业生数较上年减少的专业只有城乡规划（减幅 6.81%）。

3）招生数。3 个专业的招生数从多到少依次为：城乡规划、城市信息化管理、村镇建设与管理，较上年顺序没有变化。其中，城乡规划专业占比达 67.62%，较上年增加 10.49%。与 2019 年比较，招生数较上年增加的专业有 2 个，按增幅大小依次为：

村镇建设与管理（增幅95.29%）、城乡规划（增幅21.35%）；较上年减少的专业有1个，即城市信息化管理（减幅31.38%）。

4）在校生数。3个专业的在校生数从多到少依次为：城乡规划、城市信息化管理、村镇建设与管理，排序与上年相同。其中，城乡规划专业占比达65.96%，较上年减少5.42%。与2019年比较，在校生数较上年所有专业都增加，按增幅大小依次为：村镇建设与管理（增幅52.97%）、城市信息化管理（增幅31.88%）、城乡规划（增幅1.51%）。

综上，城乡规划与管理类专业分布极不均衡，城乡规划专业呈一花独放格局；同时，不论是开办专业点数，还是毕业生数、招生数、在校生数均呈现大幅度起落态势，表明这类专业发展尚不成熟。

（3）土建施工类专业

土建施工类专业共有4个目录内专业和1个目录外专业(土建施工类其他专业)。表1-26为2020年全国高等建设职业教育土建施工类专业学生培养情况。

2020年全国高等职业教育土建施工类专业学生培养情况　　表1-26

专业	开办专业数		毕业生数		招生数		在校生数	
	数量	占比（%）	数量	占比（%）	数量	占比（%）	数量	占比（%）
建筑工程技术	722	85.95	66465	93.19	106251	93.19	285806	93.02
地下与隧道工程技术	50	5.95	2364	3.31	2924	2.56	8723	2.84
土木工程检测技术	36	4.29	1640	2.30	3351	2.94	8902	2.90
建筑钢结构工程技术	23	2.74	743	1.04	1067	0.94	2681	0.87
土建施工类其他专业	9	1.07	112	0.16	428	0.38	1156	0.38
合计	840	100.00	71324	100.00	114021	100.00	307268	100.00

1）开办专业数。4个目录内专业的开办专业数从多到少依次为：建筑工程技术、地下与隧道工程技术、土木工程检测技术、建筑钢结构工程技术，排列顺序与上年相同。建筑工程技术专业占比达85.95%，较上年增加了1.16%。与2019年比较，开办专业数减少的有3个，按减幅大小依次为：建筑钢结构工程技术（减幅23.33%）、地下与隧道工程技术（减幅1.96%）、建筑工程技术（减幅1.10%）。开办专业数增加的专业有1个，为土木工程检测技术（增幅2.86%）。

2）毕业生数。4个目录内专业的毕业生数从多到少依次为：建筑工程技术、地下与隧道工程技术、土木工程检测技术、建筑钢结构工程技术，排列顺序与上年相同。其中，建筑工程技术专业占比达93.19%，较上年减少了1.08%。与2019年比较，毕业生数增多的专业有2个，按增幅大小依次为：地下与隧道工程技术（增幅27.17%）、土木工程检测技术（增幅4.66%）；毕业生数减少的专业有2个，按减幅大小依次为：建筑钢结构工程技术（减幅11.34%）、建筑工程技术（减幅6.80%）。

3）招生数。4个目录内专业的招生数从多到少依次为：建筑工程技术、土木工程检测技术、地下与隧道工程技术、建筑钢结构工程技术，排列顺序与上年相同。其中，建筑工程技术专业占比达93.19%，较上年增加0.32%。与2019年比较，招生数较上年增加的专业有2个，按增幅大小依次为：建筑钢结构工程技术（增幅45.96%）、地下与隧道工程技术（增幅3.36%）；招生数减少的专业有2个，按减幅大小依次为：土木工程检测技术（减幅3.65%）、建筑工程技术（减幅2.83%）。

4）在校生数。4个目录内专业的在校生数从多到少依次为：建筑工程技术、土木工程检测技术、地下与隧道工程技术、建筑钢结构工程技术。其中。建筑工程技术专业占比达93.02%，较上年增加了0.96%。与2019年比较，在校生数4个专业全部增加，按增幅大小依次为：建筑工程技术（增幅20.70%）、土木工程检测技术（增幅19.49%）、建筑钢结构工程技术（增幅12.36%）、地下与隧道工程技术（增幅5.91%）。

综上，土建施工类专业分布极不均衡，建筑工程技术专业不论是开办专业数，还是毕业生数、招生数、在校生数，均呈一花独放格局。

（4）建筑设备类专业

建筑设备类专业共有6个目录内专业和1个目录外专业（建筑设备类其他专业）。表1-27为2020年全国高等职业教育建筑设备类专业学生培养情况。

2020年全国高等职业教育建筑设备类专业学生培养情况　　表1-27

专业	开办专业数		毕业生数		招生数		在校生数	
	数量	占比（%）	数量	占比（%）	数量	占比（%）	数量	占比（%）
建筑设备工程技术	67	15.37	2511	18.15	2892	11.59	8396	13.33
供热通风与空调工程技术	49	11.24	1939	14.02	1914	7.67	5592	8.88
建筑电气工程技术	72	16.51	2294	16.58	2669	10.70	7610	12.08
建筑智能化工程技术	162	37.16	6226	45.01	7821	31.35	23071	36.63
工业设备安装工程技术	6	1.38	215	1.55	341	1.37	719	1.14

续表

专业	开办专业数		毕业生数		招生数		在校生数	
	数量	占比（%）	数量	占比（%）	数量	占比（%）	数量	占比（%）
消防工程技术	77	17.66	622	4.50	9072	36.37	17282	27.44
建筑设备类其他专业	3	0.69	26	0.19	238	0.95	315	0.50
合计	436	100.00	13833	100.00	24947	100.00	62985	100.00

1）开办专业数。6 个目录内专业的开办专业数从多到少依次为：建筑智能化工程技术、消防工程技术、建筑电气工程技术、建筑设备工程技术、供热通风与空调工程技术、工业设备安装工程技术，排序与上年不同，2019 年开办专业数从多到少依次为：建筑智能化工程技术、建筑电气工程技术、建筑设备工程技术、供热通风与空调工程技术、消防工程技术、工业设备安装工程技术。其中，建筑智能化工程技术占比 37.16%，较上年减少了 2.80%。与 2019 年比较，专业数增加的有 2 个，按增幅大小依次为：消防工程技术（增幅 54.00%）、工业设备安装工程技术（增幅 20.00%）；专业数减少的有 4 个，按减幅大小依次为：建筑电气工程技术（减幅 11.11%）、供热通风与空调工程技术（减幅 10.91%）、建筑设备工程技术（减幅 10.67%）、建筑智能化工程技术（减幅 9.50%）。

2）毕业生数。6 个目录内专业的毕业生数从多到少依次为：建筑智能化工程技术、建筑设备工程技术、建筑电气工程技术、供热通风与空调工程技术、消防工程技术、工业设备安装工程技术，排序与上年不同，2019 年毕业生数从多到少依次为：建筑智能化工程技术、建筑电气工程技术、建筑设备工程技术、供热通风与空调工程技术、消防工程技术、工业设备安装工程技术。其中，建筑智能化工程技术占比 45.01%，较上年增加了 2.48%。与 2019 年比较，毕业生数增加的专业有 3 个，按增幅大小依次为：消防工程技术（增幅 27.20%）、建筑智能化工程技术（增幅 7.27%）、建筑设备工程技术（增幅 4.67%）；毕业生数减少的专业有 3 个，按减幅大小依次为：建筑电气工程技术（减幅 10.36%）、供热通风与空调工程技术（减幅 9.98%）、工业设备安装工程技术（减幅 2.27%）。

3）招生数。6 个目录内专业的招生数从多到少依次为：消防工程技术、建筑智能化工程技术、建筑设备工程技术、建筑电气工程技术、供热通风与空调工程技术、工业设备安装工程技术，排序与上年不同。2019 年 6 个目录内专业的招生数从多到少依次为：建筑智能化工程技术、消防工程技术、建筑设备工程技术、建筑电气工程技术、供热通风与空调工程技术、工业设备安装工程技术。其中，消防工程技术、建筑智能化工程技术两个专业的合计占比为67.72%，较上年增加了2.12%。与2019年比较，招生数增加的专业有3个，按增幅大小依次为：工业设备安装工程技术（增幅73.98%）、消防工程技术（增幅37.45%）、建筑设备工程技术（增幅5.28%）；毕业生数减少的专业有3个，按减幅大小依次为：建筑智能化工程技术（减幅13.18%）、供热通风与空调工程技术（减幅4.01%）、建筑电气工程技术（减幅2.31%）。

4）在校生数。6个目录内专业的在校生数从多到少依次为：建筑智能化工程技术、消防工程技术、建筑设备工程技术、建筑电气工程技术、供热通风与空调工程技术、工业设备安装工程技术，排列顺序和上年相同。其中，建筑智能化工程技术、消防工程技术两个专业的合计占比为64.07%，较上年增加了6.25%。与2019年比较，在校生数增加的专业有5个，按增幅大小依次为：消防工程技术（增幅107.77%）、工业设备安装工程技术（增幅15.41%）、建筑设备工程技术（增幅9.27%）、建筑智能化工程技术（增幅7.61%）、建筑电气工程技术（增幅5.10%）；在校生数减少的专业有1个，供热通风与空调工程技术（减幅0.11%）。

综上，建筑设备类专业分布较为均衡，建筑智能化工程技术专业是该类专业的主体，在开办专业数、毕业生数、在校生数方面均处于优势地位，招生数方面低于消防工程技术；消防工程技术专业在专业数、毕业生数、在校生数方面均呈现大幅增长态势，招生数方面增长率低于工业设备安装工程技术。

（5）建设工程管理类专业

建设工程管理类专业包括5个目录内专业和建设工程管理类其他专业1个目录外专业。表1-28为2020年全国高等职业教育建设工程管理类专业学生培养情况。

2020年全国高等职业教育建设工程管理类专业学生培养情况　　　　表1-28

专业	开办专业数		毕业生数		招生数		在校生数	
	数量	占比（%）	数量	占比（%）	数量	占比（%）	数量	占比（%）
建设工程管理	349	23.94	16886	15.78	31846	20.33	77270	18.41
工程造价	769	52.74	81185	75.86	110425	70.50	306889	73.10
建筑经济管理	55	3.77	2361	2.21	2907	1.86	8448	2.01

续表

专业	开办专业数		毕业生数		招生数		在校生数	
	数量	占比（%）	数量	占比（%）	数量	占比（%）	数量	占比（%）
建设项目信息化管理	83	5.69	818	0.76	2843	1.82	6562	1.56
建设工程监理	187	12.83	5664	5.29	7055	4.50	18659	4.44
建设工程管理类其他专业	15	1.03	112	0.10	1549	0.99	1987	0.47
合计	1458	100.00	107026	100.00	156625	100.00	419815	100.00

1）开办专业数。5 个目录内专业的开办专业数从多到少依次为：工程造价、建设工程管理、建设工程监理、建设项目信息化管理、建筑经济管理，排列顺序与上年相同。其中，工程造价、建设工程管理两个专业的合计占比为 76.68%，较上年增加了 0.63%。与 2019 年比较，开办专业数增加的专业有 1 个，即建设项目信息化管理（增幅 31.75%）；开办专业数减少的专业有 4 个，按减幅大小依次为：建设工程监理（减幅 14.22%）、建设工程管理（减幅 2.24%）、建筑经济管理（减幅 1.79%）、工程造价（减幅 1.03%）。

2）毕业生数。5 个目录内专业的毕业生数从多到少依次为：工程造价、建设工程管理、建设工程监理、建筑经济管理、建设项目信息化管理，排列顺序与上年相同。其中，工程造价专业占比 75.86%，较上年增加了 0.78%。与 2019 年比较，毕业生数增加的专业有 1 个，即建设项目信息化管理（增幅 214.62%）；毕业生数减少的专业有 4 个，按减幅大小依次为：建设工程监理（减幅 15.32%）、建设工程管理（减幅 7.69%）、工程造价（减幅 2.89%）、建筑经济管理（减幅 1.25%）。

3）招生数。5 个目录内专业的招生数从多到少依次为：工程造价、建设工程管理、建设工程监理、建筑经济管理、建设项目信息化管理，排序与上年相同。其中，工程造价、建设工程管理两个专业占比达 90.83%。与 2019 年比较，招生数增加的专业有 5 个，按增加幅度大小依次为：建设项目信息化管理（增幅 33.35%）、建设工程管理（增幅 8.80%）、建设工程监理（增幅 7.81%）、工程造价（增幅 2.98%）、建筑经济管理（增幅 1.64%）。

4）在校生数。5 个目录内专业的在校生数从多到少依次为：工程造价、建设工程管理、建设工程监理、建筑经济管理、建设项目信息化管理，排列顺序与上年相同。

其中，工程造价专业占比 73.10%，较上年减少了 1.02%。与 2019 年比较，在校生数增加的专业有 5 个，按增幅大小依次为：建设项目信息化管理（增幅 48.56%）、建设工程管理（增幅 23.60%）、工程造价（增幅 13.09%）、建筑经济管理（增幅 8.64%）、建设工程监理（增幅 4.68%）。

综上，建设工程管理类专业分布不均衡，工程造价专业一只独大，其毕业生数、招生数、在校生数都超过该类专业的 70%；建设项目信息化管理专业的开办专业数、毕业生数、招生数、在校生数都呈大幅度增长态势。

（6）市政工程类专业

市政工程类专业共有 3 个专业。2020 年相对于 2019 年减少了 2 个专业，分别是环境卫生工程技术专业和市政工程类其他专业。表 1-29 是 2020 年全国高等职业教育市政工程类专业学生培养情况。

2020 年全国高等职业教育市政工程类专业学生培养情况　　　表 1-29

专业	开办专业数		毕业生数		招生数		在校生数	
	数量	占比（%）	数量	占比（%）	数量	占比（%）	数量	占比（%）
市政工程技术	154	63.64	5339	64.96	8653	71.35	22314	67.78
城市燃气工程技术	24	9.92	802	9.76	617	5.09	2482	7.54
给排水工程技术	64	26.45	2078	25.28	2858	23.57	8123	24.68
合计	242	100.00	8219	100.00	12128	100.00	32919	100.00

1）开办专业数。3 个专业的开办专业数从多到少依次为：市政工程技术、给排水工程技术、城市燃气工程技术排列顺序与上年相同。与 2019 年比较，开办专业数减少的专业有 2 个，按减幅大小依次为：给排水工程技术（减幅 4.48%）、市政工程技术（减幅 1.91%）；城市燃气工程技术开办专业数不变化。

2）毕业生数。3 个专业的毕业生数从多到少依次为：市政工程技术、给排水工程技术、城市燃气工程技术，排列顺序与上年相同。与 2019 年比较，毕业生数增加的专业有 2 个，按增幅大小依次为：市政工程技术（增幅 8.16%）、城市燃气工程技术（增幅 1.78%），毕业生数减少的专业有 1 个，即给排水工程技术（减幅 5.33%）。

3）招生数。3 个专业的招生数从多到少依次为：市政工程技术、给排水工程技术、城市燃气工程技术，排列顺序与上年相同。与 2019 年比较，招生数增加的专业有 1 个，即市政工程技术（增幅 10.82%）；招生数减少的专业有 2 个，按减幅大小依次为：城市燃气工程技术（减幅 23.92%）、给排水工程技术（减幅 7.90%）。

4）在校生数。3 个专业的在校生数从多到少依次为：市政工程技术、给排水工程技术、城市燃气工程技术，排列顺序与上年相同。与 2019 年比较，在校生数增加的专业有 2 个，按增幅大小依次为：市政工程技术（增幅 20.06%）、给排水工程技术（增幅 6.36%），在校生数减少的专业有 1 个，即城市燃气工程技术（减幅 1.86%）。

综上，市政工程技术和给排水工程技术专业是该类专业的主体专业，两个专业的开办专业数、毕业生数、招生数、在校生数分别占总数的 90.09%、90.24%、94.92%、92.46%；除了开办专业数外，市政工程技术专业其毕业生数、招生数、在校生数 3 项指标全部较上年增加。

（7）房地产类专业

房地产类专业包括 3 个目录内专业和房地产类其他专业 1 个目录外专业。表 1-30 为 2020 年全国高等职业教育房地产类专业学生培养情况。

2020 年全国高等职业教育房地产类专业学生培养情况　　　　表 1-30

专业	开办专业数		毕业生数		招生数		在校生数	
	数量	占比（%）	数量	占比（%）	数量	占比（%）	数量	占比（%）
房地产经营与管理	109	40.37	3798	41.02	3102	28.13	10835	34.63
房地产检测与估价	22	8.15	523	5.65	337	3.06	1016	3.25
物业管理	137	50.74	4938	53.33	7575	68.68	19407	62.02
房地产类其他专业	2	0.74	0	0.00	15	0.14	33	0.11
合计	270	100.00	9259	100.00	11029	100.00	31291	100.00

1）开办专业数。3 个目录内专业的开办专业数从多到少依次为：物业管理、房地产经营与管理、房地产检测与估价，排列顺序与上年相同。其中，物业管理、房地产经营与管理两个专业的合计占比为 91.11%，较上年增加了 0.36%。与 2019 年比较，3 个专业的开办专业数均减少，按减幅大小依次为：房地产经营与管理（减幅 16.15%）、房地产检测与估价（减幅 12.00%）、物业管理（减幅 5.52%）。

2）毕业生数。3 个目录内专业的毕业生数从多到少依次为：物业管理、房地产经营与管理、房地产检测与估价，排列顺序与上年相同。其中，物业管理、房地产经营与管理两个专业的合计占比为 94.35%，较上年增加了 0.11%。与 2019 年比较，3 个专业的毕业生数增加的专业有 1 个，即物业管理（增幅 0.59%）；减少的专业有 2 个，按减幅大小依次为：房地产检测与估价（减幅 2.97%）、房地产经营与管理（减幅 2.94%）。

3）招生数。3 个目录内专业的招生数从多到少依次为：物业管理、房地产经营与管理、房地产检测与估价，排列顺序与上年相同。其中，物业管理、房地产经营与管理两个专业的合计占比为 96.81%，较上年增加了 1.22%。与 2019 年比较，招生数增加的专业有 2 个，按增幅大小依次为：物业管理（增幅 8.15%）、房地产检测与估价（增幅 2.12%）；招生数减少的专业有 1 个，即房地产经营与管理（减幅 28.36%）。

4）在校生数。3 个目录内专业的在校生数从多到少依次为：物业管理、房地产经营与管理、房地产检测与估价，排列顺序与上年相同。其中，物业管理、房地产经营与管理两个专业的合计占比为 96.65%，较上年增加了 1.63%。与 2019 年比较，在校生数增加的专业有 1 个，即物业管理（增幅 15.26%）；在校生数减少的专业有 2 个，按增幅大小依次为：房地产检测与估价（减幅 22.74%）、房地产经营与管理（减幅 9.12%）。

综上，房地产经营与估价和物业管理是房地产类专业的主体专业，两个专业的开办专业数、毕业生数、招生数、在校生数分别占总数的 91.11%、94.35%、96.81%、96.65%；物业管理专业在招生数、毕业生数、在校生数均增加，房地产经营与管理在开办专业数、毕业生数、招生数、在校生数 4 项指标全面减少。

1.2.2.5　按地区统计

2020 年土木建筑类专科生按地区分布情况见表 1-31。

2020 年土木建筑类专业专科生按地区分布情况　　　　　表 1-31

地区		开办专业数		毕业生数		招生数		在校生数		招生数较毕业生数增幅（%）
		数量	占比（%）	数量	占比（%）	数量	占比（%）	数量	占比（%）	
华北	北京	38	0.86	1068	0.39	697	0.17	2912	0.26	−34.74
	天津	58	1.31	4400	1.61	4971	1.20	14659	1.31	12.98
	河北	229	5.19	10995	4.01	15694	3.79	42206	3.78	42.74
	山西	109	2.47	6628	2.42	8111	1.96	21745	1.95	22.37

续表

地区		开办专业数		毕业生数		招生数		在校生数		招生数较毕业生数增幅（%）
		数量	占比（%）	数量	占比（%）	数量	占比（%）	数量	占比（%）	
华北	内蒙古	107	2.42	2913	1.06	3565	0.86	9782	0.88	22.38
	小计	541	12.26	26004	9.49	33038	7.97	91304	8.18	27.05
东北	辽宁	94	2.13	5309	1.94	12415	3.00	29909	2.68	133.85
	吉林	62	1.40	1307	0.48	2332	0.56	8172	0.73	78.42
	黑龙江	121	2.74	5213	1.90	7515	1.81	21634	1.94	44.16
	小计	277	6.28	11829	4.32	22262	5.37	59715	5.35	88.20
华东	上海	43	0.97	2541	0.93	2438	0.59	8193	0.73	-4.05
	江苏	305	6.91	17738	6.47	25659	6.19	64035	5.73	44.66
	浙江	121	2.74	11113	4.05	11321	2.73	38220	3.42	1.87
	安徽	226	5.12	11387	4.15	20165	4.87	51419	4.60	77.09
	福建	154	3.49	8425	3.07	13299	3.21	38185	3.42	57.85
	江西	187	4.24	13177	4.81	16804	4.06	46925	4.20	27.53
	山东	257	5.82	18674	6.81	22747	5.49	71838	6.43	21.81
	小计	1293	29.29	83055	30.30	112433	27.14	318815	28.55	35.37
中南	河南	358	8.11	22268	8.12	29541	7.13	85938	7.70	32.66
	湖北	238	5.39	14710	5.37	19326	4.66	54267	4.86	31.38
	湖南	129	2.92	12778	4.66	17645	4.26	48393	4.33	38.09
	广东	242	5.48	17693	6.45	35371	8.54	77111	6.91	99.92
	广西	195	4.42	15755	5.75	27040	6.53	77782	6.97	71.63
	海南	30	0.68	1604	0.59	3472	0.84	8214	0.74	116.46
	小计	1192	27.00	84808	30.94	132395	31.96	351705	31.50	56.11
西南	重庆	171	3.87	9024	3.29	19011	4.59	51707	4.63	110.67
	四川	267	6.05	17807	6.50	26862	6.48	67025	6.00	50.85
	贵州	148	3.35	10437	3.81	17779	4.29	46056	4.12	70.35
	云南	152	3.44	11211	4.09	16238	3.92	41209	3.69	44.84
	西藏	4	0.09	184	0.07	282	0.07	758	0.07	53.26
	小计	742	16.81	48663	17.75	80172	19.35	206755	18.52	64.75
西北	陕西	164	3.72	8483	3.09	17304	4.18	42063	3.77	103.98
	甘肃	79	1.79	4063	1.48	8113	1.96	20893	1.87	99.68
	青海	22	0.50	1270	0.46	977	0.24	3445	0.31	-23.07
	宁夏	32	0.72	1547	0.56	2346	0.57	6013	0.54	51.65

续表

地区		开办专业数		毕业生数		招生数		在校生数		招生数较毕业生数增幅（%）
		数量	占比（%）	数量	占比（%）	数量	占比（%）	数量	占比（%）	
西北	新疆	72	1.63	4386	1.60	5266	1.27	15910	1.42	20.06
	小计	369	8.36	19749	7.20	34006	8.21	88324	7.91	72.19
合计		4414	100.00	274108	100.00	414306	100.00	1116618	100.00	51.15

（1）2020年土木建筑类专业专科生按各大区域分布特点

1）开办专业数。从多到少依次为华东、中南、西南、华北、西北、东北地区。处于前两位的华东、中南地区共2485个专业点，占开办专业总数的56.29%，而后两位的东北、西北合计仅646个，占14.64%。与2019年比较，各大区域的排列顺序没有变化；处于前两位的华东、中南地区的开办专业数之和减少了54个，但占比增加了0.05%；处于后两位的西北、东北地区的开办专业数减少了23个，减幅为3.44%。

2）毕业生数。从多到少依次为中南、华东、西南、华北、西北、东北地区。处于前两位的中南、华东地区共167863人，占毕业生总数的61.24%，而处于后两位的西北、东北地区仅31578人，占总数的11.52%。与2019年比较，各大区域的排列顺序有变化；2019年的顺序为：华东、中南、西南、华北、西北、东北。

3）招生数。从多到少依次为中南、华东、西南、西北、华北、东北地区。处于前两位的中南、华东地区共244828人，占招生总数的59.09%，而后两位的华北、东北地区仅56268人，占13.58%。

4）在校生数。从多到少依次为中南、华东、西南、华北、西北、东北地区。在校生数处于前两位的为中南、华东地区，共670520人，占在校生总数的60.05%；处于后两位的为西北、东北地区，共148039人，占13.26%。

5）招生数较毕业生数的增幅。各大区域均为正数，即均处于进大于出的状态。增幅从大到小依次为：东北、西北、西南、中南、华东、华北。与2019年比较，排列顺序没有发生变化。

（2）2020年土木建筑类专业专科生按省级行政区分布情况

1）开办专业数。开办专业数位居前五位的省级行政区依次为：河南、江苏、四川、山东、广东；开办专业数位居后五位的省级行政区依次为：西藏、青海、海南、宁夏、北京。与2019年比较，开办专业数位居前五位和后五位的省级行政区的排序有变化，

2019 年的前四和 2020 年一致，第五名是湖北，开办专业数位居后五位的省级行政区第五是上海。

2）毕业生数。毕业生数位居前 5 位的是河南、山东、四川、江苏、广东。毕业生数位居后五位的省级行政区依次为：西藏、北京、青海、吉林、宁夏。与 2019 年比较，毕业生数位居前五位的省级行政区排序，仅宁夏和吉林的位置对调。

3）招生数。招生数位居前五位的省级行政区依次为：广东、河南、广西、四川、江苏。招生数位居后五位的省级行政区依次为：西藏、北京、青海、吉林、宁夏。与 2019 年比较，招生数位居前五位和位居后五位的省级行政区及排序都发生了变化，2019 年的招生数位居前五位排序为：广西、河南、山东、广东、重庆。2019 年的招生数位居后五位排序为：西藏、北京、青海、宁夏、海南。

4）在校生数。在校生数位居前五位的省级行政区依次为：河南、广西、广东、四川、江苏。在校生数位居后五位的省级行政区依次为：西藏、北京、青海、宁夏、吉林。与 2019 年比较，在校生数位居前五位和后五位的省级行政区有变化，2019 年，在校生数居前五位的省级行政区依次为：河南、广西、山东、广东、四川；居后五位的依次为：西藏、北京、青海、宁夏、海南。

5）招生数与毕业生数相比，有 3 个省级行政区减少，有 28 个省级行政区增加。招生数较毕业生数减少的 3 个省级行政区，按减少幅度由大到小依次为：北京、青海、上海。招生数较毕业生数增加的前五个省级行政区，按增加幅度从大到小依次为：辽宁、海南、重庆、陕西、广东。与 2019 年比较，2019 年只有一个省级行政区减少，即西藏，2019 年招生数较毕业生数增加的前五个省级行政区，按增加幅度从大到小依次为：吉林、重庆、广西、宁夏、陕西。

1.2.3 建设类专业高等职业教育发展面临的问题

在习近平总书记职业教育重要讲话精神和全国教育大会精神的鼓舞下，在"双高计划""提质培优计划""职教 20 条""1+X"证书制度、"院校内部质量保证体系建设""现代学徒制""课程思政""产业学院"等新政策、新模式、新机制、新理念的推动下，各高等建设职业院校对立德树人、全人培养、体制机制建设、校企深度融合、内涵建设、团队建设、优质资源建设、技能培养、生源多样化应对策略等的重视程度不断提高，研究水平不断加强，也提炼出一些行之有效的实施方法。

在这样良好的外部环境下，各院校对我国建设行业转型升级的关注度进一步增强，积极应对我国建设行业转型升级的新形势、新要求、新机遇、新挑战，对建筑新技术和新管理模式更加重视，专业人才培养与企业及岗位需求的对接更为紧密，对先进职教理念进入专业与课程创新手段的掌握更加成熟，对构建职教体系的研究不断深入，对生源多样化的适应程度不断提高。主动服务建设行业、建筑企业、地方经济，主动适应职业岗位要求的自觉性、主动性和行动能力，均有显著提高。

在当前外部环境日益有利的同时，高等建设职业教育在发展中仍存在诸多亟待解决的问题。顶层设计和大政方针的推进速度仍然不快，"想法变成做法"的途径仍需继续畅通，国家在赋予高等职业教育的社会责任的同时，配套的社会地位、社会认同度仍与政府、行业、企业及学生的期望存在相当的差距，这在一定程度上制约了高等建设职业教育的健康发展。

1.2.3.1 国家重视、政策支持，落实要跟上

习近平总书记在全国教育大会的讲话中指出："党的十八以来，我们围绕培养什么人、怎样培养人、为谁培养人这一根本问题，全面加强党对教育工作的领导，坚持立德树人。要努力构建德智体美劳全面培养的教育体系，形成更高水平的人才培养体系。要把立德树人融入思想德育教育、文化知识教育、社会实践教育各环节，贯穿基础教育、职业教育、高等教育各领域，学科体系、教学体系、教材体系、管理体系要围绕这个目标来设计，教师要围绕这个目标来教，学生要围绕这个目标来学"。习近平总书记在2021年4月对职业教育工作也做出了加快构建现代职业教育体系，培养更多高素质技术技能人才、能工巧匠和大国工匠的批示。

国家和教育行政部门继续出台有利于促进职业教育发展的政策，加大了对职业教育投入的力度，院校建设成效显著，职业教育在社会的影响力有所提高，职业教育和院校的发展建设进入了良性发展黄金时期。教育部《关于开展现代学徒制试点工作的意见》《高等职业教育创新发展三年行动计划（2015～2017年)》《国家职业教育改革实施方案》《职业教育提质培优行动计划（2020～2023年)》等指导性行动计划的发布，对今后职业教育的发展制定了具有前瞻性的规划和脉络清晰的路线图。

从职业教育的发展特色角度看，高等职业教育要聚焦服务行业、服务岗位、服务经济，服务地方，肩负着重要的社会责任。政府的大力引导与有效扶持，行业企业的热情关注与积极参与，社会对职业教育的认同度，高等职业教育自身建设是关

系到高等职业教育发展壮大的关键要素。

高等职业教育具有"院校与行业对接、院校与企业融合、知识与技能并重、育人与成才兼具"的属性，"跨界"特色鲜明，院校教育对企业和社会资源参与教育的依赖程度较高，单靠职业院校的自身力量通常很难完成人才培养的全部任务。由于高职教育从教育内涵属性来说，兼具"教育与职业，教育与培训"的双重色彩，倡导以育人为核心、以就业为导向。培养人才"专业与素养兼具、应用性与可持续互通"是衡量院校育人质量的重要标准，毕业生知识技能与职业岗位要求"无缝对接"是高职教育持续追求的理想目标。

自 2004 年国家技能紧缺人才项目启动以来，职业教育理论的研究成果丰厚，在借鉴国外（境外）先进经验的基础上，也有了具有中国特色的成果积淀。在国家政策的指导下，顶层设计日渐完善，体系构建不断推进，也创新了诸多行之有效的模式和手段。但在促进先进政策和理论"落地与发挥实效"上仍然存在短板，具体的实施细则相对滞后，在推进制度与机制方面力度不大，在统筹协调方面没有形成"合力"，仍没有形成"多家参与、多方协力、齐抓共管"的机制，尚存在"想法多、做法少"的问题。在行业企业参与职业教育法律与政策、校企深度融合制度建立与机制形成、调动企业参与人才培养积极性的配套激励政策、校外实训基地建设的体制机制、学生获取职业岗位证书有效途径的可行性研究、企业专家参与学校专业设计及教学活动的模式与激励制度、企业专家真正介入日常专业教学等方面，仍存在政府部门之间协调力度不够，教育行政部门出台的政策得不到真正贯彻落实的问题。

当务之急是，政府要真正从国家的层面认真研究，形成部门间协同的推进机制，在政策层面积极推进、在机制方面认真设计、在协同方面有所突破、在措施方面狠抓落实，把构建中国特色职业教育体系看成是建设新时期中国特色社会主义的有机组成部分。通过锲而不舍的努力，制定真正能够有效实施的，由政府、行业、企业、院校齐抓共管的职业教育制度，形成良性发展的氛围，完成国家、社会、家长、学生对建设类高等职业教育的期望。

1.2.3.2　发展窗口已开启，"类型"特色要加强

自 2014 年国家启动 600 所地方本科院校向应用型转型以来，构建"中高本"一体化的职业教育体系蓝图日渐清晰，特别是《职业教育专业目录（2021）》的研制明确提出了"中高本一体化设计"的要求，困扰多年的职业教育"断头局面"终于

显现了突破的端倪。随着国家重视建筑生产一线人员的技能水平，建筑业转型升级和实现新型工业化对高素质技术技能型人才的需求仍会持续旺盛。

国家把高职教育定位为高等教育的一种类型，高职院校也把突出高职的类型特色作为追求的目标。但在对类型教育核心内涵的研究，尤其是在教育教学过程中的落实方面还有许多有待破解的问题，还没有真正摆脱"本科压缩型"的藩篱。在职业教育本科专业已经列入《职业教育专业目录》的当下，高等建设职业教育如何能在构建类型特色方面，特别是职业教育本科与职业教育专科在人才定位、对应岗位及知识、技能的异同，已经成为事关高等职业教育今后发展前景的重大课题。

近年来，越来越多的本科院校在调整专业重心，引入应用技术，培养学生岗位能力等方面进行了积极的实践。随着我国建筑业把打造一支建筑产业工人队伍作为建设目标之一，加之我国在世界技能大赛屡创佳绩的推动，中职院校土木建筑类专业对专业核心能力的关注度逐渐向技能方面转移，办学特色更加鲜明。这种"上层重心下移，下层基础稳固"的局面为传统高等建设职业教育增加了新的内涵，如何借助职业教育本科开辟的新领域，积极做好应对研究，是摆在建设类高等职业教育面前的艰巨任务。

1.2.3.3　社会认同度仍然不高，亟待转变

自 2015 年以来，高等建设职业教育的在校生规模持续缩减，许多省区面临生源不足的问题，部分院校难以完成招生计划。生源质量不高，相当数量院校的新生录取分数已经触碰到当地招生录取的最低控制线。这种局面随着高职扩招有所缓解，但大量民办高职院校升格为本科，部分本科院校向应用型转型，部分高职院校"合并升格"，导致专科层次高等建设职业教育生源数量不足的局面仍在延续。受招生政策的制约，高职院校在招生中往往处于劣势，优质生源不足，生源数量紧缺。不断扩大的单独招生比例、技能高考的推进和高职扩招在吸引生源渠道的同时，又进一步加大了社会对高职教育认识的偏差，这种政策和措施能否成为推进高职招生可持续的发展动力，还需要时间的检验。

细究高等建设职业教育社会认同度不高的原因，除了院校本身在专业定位、人才特色、知识技能水平等人才质量方面的原因之外，主要是建筑业属于典型的艰苦行业，对学生和家长的吸引力不高，尤其是相对发达地区的考生不愿意报考土木建筑类专业，部分面向一线生产及施工岗位的专业更不受学生及家长青睐。近年来，

大型国企入职门槛不断提升，高学历背景的学生进入施工生产一线，也在一定程度上动摇了高职学生对今后发展预期的自信心。但在同时，建筑企业对技术技能型人才的需求仍很旺盛，普遍存在"企业有需求、有岗位，进口难、出口旺"的结构性失衡问题。

高等职业教育作为我国高等教育的一种类型，长期以来受到学历层次局限在专科水平的限制。虽然当下已经在学历层次方面有了突破，但办学规模较小，惠及的院校和学生过少。学历上的局限使学生在就业谋职、落户安家、薪酬待遇、转岗提升等方面受到了较多的限制和歧视，这已成为制约部分优秀高职院校继续发展的瓶颈之一。

1.2.3.4　行业转型快，院校跟进慢

当前，我国建筑业正处于转型升级的关键阶段，提出的行业发展新目标、新理念、新技术在逐渐实施和落实，正在向实现建筑业新型工业化目标迈进。行业转型升级，实现产业化、工业化，从业人员的岗位构成、岗位内涵、岗位职责的新变化对从业人员的知识技能提出新要求，既是摆在业内人士面前的重大课题，也对院校人才培养提出了新挑战、新要求。

在现阶段，大部分院校对建筑业技术创新和管理创新（建筑信息化、装配式建筑、绿色建筑、智慧城市、双碳减排等）的动态给予了积极的关注，并在行动上有所作为，但也有相当多的院校对这个方面关注不够、研究不深、思考不多、投入不大、缺乏应对的策略和实施的手段。还在依靠传统的思维方式和手段办学，仍然沉浸在"以不变应万变"的状态，这在一定程度上制约了建设类高等职业教育的健康持续发展。

1.2.3.5　专业结构性失衡仍无转变，新兴专业增速不明显

多年来，我国建筑业持续高速发展，为国民经济发展提供了有力的支持，为人民生活水平提高做出了突出的贡献。随之而来的是旺盛的市场人才需求，高等建设职业教育一直呈现"规模持续扩张、全社会广泛参与"的局面。这其中既有市场需求旺盛的因素，也有盲目跟风的选择，旺盛的需求在一定程度上掩盖了人才培养质量方面的缺失。在总体规模持续扩展的同时，结构性失衡的问题也比较突出。

高职土木建筑专业大类分为建筑设计类、城镇规划与管理类、土建施工类、建筑设备类、建设工程管理类、市政工程类、房地产类七个专业类，共设置 32 个专业。其中，建筑工程管理类、土建施工类、建筑设计类三个专业类占整个土木建筑类高

职在校生总量的近 90%。而与国家倡导和建筑业转型需求对接度较高的村镇建设与管理专业、建筑钢结构工程技术专业、城市信息化管理专业、建筑智能化工程技术的在校生数虽然较上一年有所增长，但在规模和发展速度上仍与行业需求严重脱节，亟待转变。

数据显示，专业设置过于集中在"热门专业"的问题虽然有所改变，但体量大的问题仍没有根本转变，这既有主干与传统专业适应岗位数量多、就业面广、市场需求量大和市场认同度高的客观实际，也有部分院校对专业设置缺乏前期调研、盲目跟风、仓促上马的结果。

长期以来，参与高等建设职业教育办学院校的背景繁杂，既有行业内院校，更多的是行业外学校；既有工科院校，也有综合院校；既有公立院校，也有民办院校。有些院校把专业设置作为一种市场行为，只是为了解决扩大办学规模和生均经费的问题。不顾自身行业、专业背景、对应市场及资源的实际，匆忙开办高职土木建筑类专业，甘于在"低投入、粗加工"的背景下办学，"重包装、轻内涵"，缺乏创新意识、长远观点和积极投入的胆识。对具有潜在发展前景的新兴专业关注不够，乐于开设投入相对较少的"软专业"，热衷于"抢市场、打快锤，盲目跟风现象严重"。在专业设置上轻率布点，没有形成以核心专业为引领的专业集群，很难形成相互支撑的发展团队，缺乏规模效益，不易实现资源共享，存在院校办学与企业需求不对称，信息不通畅，沟通不力的现象。在当前行业转型时期，又有部分学校对新专业、新领域"注重表皮，不注重内涵"，没有把精力放在专业定位、适应岗位、内涵建设、资源配置上。

1.2.3.6　人才培养质量需提升，规范办学应重视

在国家政策的推动下，在职业教育理论的引领下，建设类职业教育得到了长足的发展。大多数院校在专业准确定位、理性面对人才市场、人才培养方案设计与优化、合理资源配置、校企深度融合机制的探索、新技术融入、努力提高人才培养质量方面做了许多有益的尝试，办学理念、办学实力、办学自律性和整体质量有所提高。国家及省级示范校、骨干校、"双高校"在其中发挥了积极的引领、示范与骨干推动作用。但也存在部分高职院校在办学理念、专业设置、培养目标、适应岗位、课程体系及资源配置方面与市场要求存在偏差与脱节，仍习惯于眼光向内、关门办学，不关注我国建筑业转型升级的动态和趋势，不研究人才知识技能的更新，人才规格

与行业企业需求严重脱节。还存在专业培养目标定位不准、描述不清，适应的岗位及岗位群设置不够清晰、合理，院校教育与岗位知识技能要求对接不高的现象。

部分院校仍存在课程体系不科学、课程衔接不紧密，课程设置与培养目标契合度不高，课程内容和教学手段相对陈旧和"随意设课、因师设课，以不变应万变"的现象。对教育信息化技术的应用研究不到位，缺乏系统设计，往往局限在减轻教师劳动付出的工具上面，信息化资源的实效性不高，对信息化技术融入教育教学的核心价值研究不到位，普遍存在"重展示、轻应用"的现象。没有引入人才质量行业认证的理念与做法，制定的课程标准、评价指标体系没有企业专家参与，评价结论不够科学、准确。

经过不断的建设和积累，当前国家及省级示范校、骨干校、双高校及行业内高职院校的办学实力及资源配置相对齐整，办学水平高，引领功效突出。越来越多的院校对内涵建设和资源配置的重视程度显著提高，但仍有相当数量的院校存在办学实力较弱，资源严重匮乏的现象。主要表现在：

（1）配套教学资源不足。个别院校仍然依靠通用机房、定额、图集、参考书和少数低端仪器等简陋的辅助资源作为教学的支撑，而且更新不及时。教师"照本宣科"、学生"纸上谈兵"的现象普遍存在。有些院校虽然拥有部分校内教学资源，但缺乏整体设计、配套水平低、共享度差、系统性不强、应用效果不够理想。许多教师热衷于使用"自编教材"，导致应用教材的质量整体不高，教学辅助功效降低。

（2）资源投入不科学。少数院校仍然热衷于"白手起家、低成本办学"，在师资队伍建设和教学资源配置方面投入不足。有些院校对有限的建设资金使用的合理论证不够，资源建设的资金的使用效率不高，使用效果不理想，存在"形象工程、摆设工程，新建即落后、粗放建设"的现象。

1.2.3.7　"校企深度融合，多元主体办学"仍待突破

经过多年的实践，"校企合作"已经发展到"校企深度融合"的新阶段，这为高等建设职业教育办学描绘出了新的、更高的前景。"产业学院""协同创新""现代学徒制""服务行业、服务地方经济"等新理念的实施，为校企深度融合注入了新活力，也为土木建筑类高职人才培养拓展了新空间。校企深度融合是职业教育的显著标志，积极利用行业企业资源是院校育人的有力保障和必要途径。"综合实践与顶岗实习"是实践教学的核心环节，也是校企深度融合的核心任务之一，涉及诸多法律法规、

制度、规则、机制的问题。

从社会责任的角度看，高等建设职业教育担负着为建筑生产一线培养适应基层技术及管理岗位要求的高素质技术技能型人才的责任，单靠学校的资源和力量很难完成这个任务。在国家政策的引领下，在经过不长的探索和比对之后，大多数高职土木建筑类专业均把"校企合作、工学结合"作为人才培养的主攻方向，创建了"2+1""2.5+0.5"及"411"等多种人才培养模式，在实践中也取得了一定的成效，得到了各方面的认同。但在实践的"破冰期"之后，这种模式在不同程度上遇到了合作水平提升不力、合作领域扩展不大、合作机制建设滞后，管理不够精细、学生配合不力、企业支撑不力的"天花板"。

目前，校企深度融合的制度建设还相对滞后，全社会参与、互利共赢的机制还没有真正地建立起来，"校企合作"依托校友和感情维系的局面没有根本转变，缺乏制度保障与可持续发展的推动力，也缺乏"利益共享、风险共担"的法律机制。校企合作动力和热情不均等，"学校热、企业冷"的现象普遍存在，"互动、共赢"的局面仍未真正形成。校企合作多数局限在学生顶岗实习这一环节，合作领域尚没有遍布教学全过程，与"双主体教学，双身份育人"的目标存在较大距离，合作水平也有待提升。在顶岗实习阶段，企业提供的岗位与学生的实习教学需求（岗位的对口率、轮岗的要求）仍然存在一定的矛盾与偏差。严密顶岗实习过程管理、科学设计评价指标方面还有许多工作要做。现代学徒制提出的"双主体、双身份"育人理念有可能成为破解以上问题的有效办法，但目前仍存在诸多法律、制度、体制和机制方面的问题，需要有智慧、有力度的顶层设计和各方面的协力攻关。

产业学院作为多元主体办学的一个载体，得到了院校的积极呼应，但在具体实施的时候往往遇到办学体制的制约，在一定程度上影响了这一创新人才培养模式的实施。产业学院在解决实习轮岗的同时，如何复制真实工作场景、工作岗位也是需要重点关注的问题。

1.2.3.8 专业水平不均衡，育人质量存在差异

目前多数院校在专业建设方面取得了显著成效，育人质量较高。但仍有相当数量的院校在专业定位、内涵建设方面投入不够，尤其是在专业定位，《人才培养方案》编制方面投入的思考不多，"拿来主义"普遍存在。对国家《专业教学标准》重视不够、领会不深、执行不力。在专业建设上缺乏科学准确定位和顶层设计，对行业、企业、

岗位的关注度不够，对课程体系关注多，对课程的价值和实效关注少。

部分院校在制定人才培养方案时没有认真关注行业的发展动态，仍然按照自身的行业背景和自身对专业的理解去设置课程体系。市场调研和论证不够充分，专业内涵"同质化"突出，自身特色体现的不够充分。缺乏对行业发展和岗位变迁的细分研究，与市场需求对接的不紧密。校本人才培养方案和教学文件多处于"有无"阶段，与人才培养方案配套的课程标准存在缺失或执行不严的现象。院校教学质量内部监控体系建设相对滞后，对教学设计、教学过程及教学结果的评价仍处于粗放型阶段，没有真正形成"过程评价"体系，仍然存在重课堂教学、轻实践教学的现象。课程设置不够合理、内容不新、衔接不进、分工不清，课程体系存在缺失和空挡，"链条效应"不够鲜明，"相互支撑"不力的问题。教学督导体系的功能发挥不够充分，通常只是解决了"有没有"的问题，"重督轻导"的局面没有真正改观。

1.2.3.9　与行业结合不紧密，与市场结合度不高

全国建设类专业高等职业教育的专业办学点遍布全国各个省区（市），在高等职业教育领域地位突出。总的说来，行业内院校与建设行业对接较为紧密，对行业发展脉络认识比较清晰，院校之间的沟通也较为频繁，基本形成了发展的合力。从全局看，开设高职土木建筑类专业的院校之间交流互动仍然普遍存在"面不广、量不大、效果不突出"的现象，缺乏抱团取暖、互利互助、协同发展的主动意识和积极行动。相当数量行业外的部分院校仍然处于"自娱自乐、关门办学"的状态，对建设行业发展的关注度不够，对专业发展前沿问题缺乏研究，育人质量不高。

据统计，目前参与中国建设教育协会高等职业与成人教育专业委员会活动的会员单位只有近 200 个，这其中还包括 40 余家本科继续教育学院、出版单位及科技企业，不到开设土木建筑类专业高职院校数量的 15%。全国住房和城乡建设职业教育教学指导委员会能够有效联系到的高职院校也只有 500 余所，这其中多为行业内院校和办学规模大、办学历史长的省级高职院校。大多数开设有土木建筑类专业的高职院校，尤其是边远省区、地市级及民办院校仍然游离在专业指导机构或专业社团的视线之外，也缺少和兄弟院校沟通的欲望，习惯处于"单打独斗、自我发展"的境地。这种局面导致院校之间信息不畅、沟通不力、互动交流不够，行业动态、人才新需求、专业建设与发展的前沿信息、新规范、新技术和最新的研究成果往往不能及时传递到全部院校，导致专业指导机构、行业社团和核心院校的指导与引领作

用无法充分发挥，也不利于形成专业办学团队的合力与共同发声的良好环境。

1.2.3.10　教师队伍建设需加强，高水平团队建设任务繁重

当前，高职院校师生比不达标的现象仍然存在，教师教学任务繁重的局面仍没有得到根本的缓解。受到学校编制、用人门槛的限制，专任教师，尤其是优秀的专任教师数量严重不足，内陆省份一线教师向一线和沿海城市流动的现象仍然严重。从本科院校引进的教师面临着比较繁重的"转观念、再培训、再教育"的任务，许多新教师往往没有经过认真的培训和再学习就承担了满额的教学任务，教育理论应用水平不高，过早的成为"成熟的教学型教师"。许多青年教师对积累工程实践经验的价值和紧迫感存在认识上的偏差，不愿意沉下去积累对今后工作有益的东西，习惯于"愿意动口、不愿意动手，自己不会，却想教会别人"，不利于他们自身的发展。

从企业引进的教师存在教育理论水平提高的问题，教育方法论的缺失也影响了他们价值的体现。引进企业兼职教师参与院校教学，尤其是工程与实践类课程教学，是一个解决当前师资问题的积极办法，也是探索校企深度融合的有效途径。但是在实施的时候经常遇到行业企业一流专家很难承担日常教学任务，院校所在地企业资源相对匮乏，授课薪酬缺乏吸引力的问题，导致行业企业专家主要是参与专业论证、专题讲座等阶段性教学工作，参与日常教学的比例较低，稳定率也不高。

1.2.3.11　多样化教学资源的效能需提升

随着国家对职业教育投入的持续增加，教育信息化技术的不断进步，《提质培优计划》对教育信息化任务的规划，国家示范型虚拟仿真实训基地建设项目的启动，国家规划与优秀教材项目的推动，使建设类高等职业教育在配套资源方面有了长足的进步。疫情期间应用的线上教学，进一步展现了信息化技术和教学资源的价值。但在教学资源多样化和实效性方面仍有诸多有待破解的课题，尤其是"人人时时处处"学习情境的构建，校内实训基地建设，校本教材和活页教材的开发等方面的任务很重。使教学资源尽快从"有没有、全不全"向"成龙配套、功能齐全、效能突出"方面转型。

1.2.4　促进建设类专业高等职业教育发展的对策建议

针对目前高等职业教育普遍存在的主要问题，在政府不断出台扶持政策的支持与推动下，院校主要应在以下八个方面着重进行理论研究、积极实践。

1.2.4.1　用好政策，狠抓落实

紧紧握当前我国职业教育仍处于发展黄金时期的难得机遇，把握住国家倡导培养"大国工匠"的时代需求，认真学习、深入领会习近平总书记在全国教育大会重要讲话的精神，认真贯彻国务院《国家职业教育改革实施方案》《关于加快发展现代职业教育的决定》《职业教育提质培优行动计划（2020—2023）》和全国职教会议确定发展职业教育的路线图，把诸多利好的政策和措施作为促进高等建设职业教育发展的有力抓手。在认真学习和领会职业教育发展顶层设计核心内涵的同时，更要把政策"尽快落地、有效实施、发挥功效"当成亟待完成的重要任务。

政府部门要创新工作思路和方法，在广泛调查研究、认真倾听基层呼声的基础上出台"有智慧、能落地、可实施"的政策和实施细则。职业院校也要解放思想，积极开展实践。通过政府引领、企业支持、社会关注，让有关政策和先进的职教理念得到配套制度的有力支持，使之早日进入学校，进入专业、进入课堂，让学生受益，助推人才培养质量的提高。

继续充分发挥国务院职业教育工作部际联席会议的职能和功效，做好"顶层设计"，搞好部门间协调，理清相互的管理责任。开拓工作思路，出台能够真正调动企业积极性，有利于校企合作、共同培养人才而且能真正实施的政策与制度。行业主管部门应继续保持和发扬重视教育，重视人才培养，重视队伍建设的优良传统，加大对高等建设职业教育的关注、指导和扶持力度，从有利于为党的事业培养合格接班人和为住房和城乡建设行业输送又好又多合格人才的高度来关注政策的落实。

在产业学院、现代职教集团、混合所有制办学、现代学徒制、学分银行、校内外实训基地建设、各层级教育互通衔接、职业教育本科、学生企业实践、"1+X"证书等方面为院校办学提供更加有力的政策支持。只有这些有利于高等建设职业教育发展的政策真正"落地并有效实施"，才能够实现有利于院校发展、有利于人才培养、有利于提升社会认同度、有利于服务行业服务企业、实现高等建设职业教育可持续发展的目标。

1.2.4.2　服务行业，适应转型

近年来，在中央城市工作会议的重要精神的推动下，国家和行业主管部门陆续出台了《住房城乡建设事业"十三五"规划纲要》《中共中央国务院关于进一步加强城市规划建设管理工作的若干意见》、国务院办公厅《关于大力发展装配式建筑的指导意见》、住房和城乡建设部《2016—2020 年建筑业信息化发展纲要》《关于推动智能建造与建筑工业化协同发展的指导意见》（住房和城乡建设部等 13 部委联合发布）、《住房和城乡建设部等部门关于加强新型建筑工业化发展的若干意见》（9 部委联合发布）等一系列重要文件。这些文件对今后一个时期我国住房和城乡建设事业提出了转型发展的目标、任务、技术路线提出了明确的要求。

以实现建筑业"新业态"为标志的智能建造，以 BIM 技术应用为核心的建筑信息化，以构建建筑工业化体系为目标的装配式建筑，以实现农村人口转移为标志的新型城镇化，以提高管理水平和宜居程度为目的智慧城市、城市综合管廊与海绵城市，以实现建筑可持续发展为前景的绿色建筑、"双碳双减"等新概念、新技术和新的管理模式正在成为我国住房和城乡建设领域可持续发展的新目标、新动力、新内容。

建设类高等职业教育应当紧贴行业发展，密切关注、积极学习、主动适应这些新政策、新事物、新环境，借鉴本科院校"新工科"的理念，结合高职教育的定位和社会责任，在专业"数字化升级"和融合方面开展研究和实践，行业、企业和院校结合设计人才培养教学方案、教学资源和实施环节。在把握住发展新机遇的同时，也要做好应对新挑战的准备。

1.2.4.3　把握机遇，突出特色

借助《职业教育专业目录 2021》展现的专业"中高本"一体化设计和实现专业"数字化升级"的契机，花大气力在职业教育体系和类型设计方面开展深入研究。搭建中等职业教育、专科层次高等职业教育、本科层次高等职业教育的互通衔接体系。在各自的定位、人才规格、适应岗位方面做好科学规划，做好做实具有中国特色的职业教育体系，彰显类型教育特色。办学基础较好、综合实力较强的高职院校应当积极行动，开展设置职业教育本科专业的相关研究，练好内功，蓄势待发。

1.2.4.4　立德树人、全人培养

深入研究企业对员工的期望和要求，突出全人培养。要在培养学生职业操守、道德品质、团队意识、创新能力、健康心理方面下功夫、多投入、见实效。积极应用"课程思政"理念，把育人理念融入院校教育的全过程，坚持德育为先的育人要求，探索出一条适应我国高等建设职业教育人才培养实际需求的育人手段。

理性面对当前高等建设职业教育面临的生源数量不足、生源构成复杂、生源质量参差不齐、办学水平不一的现实。认真剖析行业企业对高素质技术技能型人才规格、关键指标和发展预期的期望，积极开展因材施教和分类分层教育的研究与实践，

使不同起点的学生都能各有所得，探索"多措并举、殊途同归"育人效果。

1.2.4.5　多措并举，创新发展

主动适应行业发展的要求，适应建筑业规模不断扩大，对一线技术技能人才的需求量一直持高不下的大局，在育人方面多下功夫，在服务行业的同时实现院校的创新发展。全国住房和城乡建设职业教育教学指导委员会、中国建设教育协会应在住房和城乡建设部、教育部的指导和统领下，利用竞赛、会议、论坛、宣贯等渠道和媒介宣传、通报、推介建筑业的发展动态和趋势，使各院校了解、领会和掌握行业、企业对人才的需求。要主动宣传建筑转型对提高建筑技术含量、实现建筑产业化、对从业人员知识技能等方面的新变化、新需求，发展的新理念、新前景，提高社会认同度，努力消除社会对建筑业在认识上的疑虑和偏差，吸引更多的学生投身建筑业。

发挥"1+X"证书制度、现代学徒制、产业学院等模式的优势，在培养学生技能方面积极探索、积极实践、有所作为。

各院校要对认真学习、深入领会我国住房和城乡建设事业转型升级的内涵，尤其要密切关注新技术、新材料、新的施工方式的发展动态，做出合理的预判，并在人才培养过程中加以体现。要理性面对建筑业技术创新对一线技术技能型人才知识技能的新要求，准确定位、合理把控，把新技术的核心与院校教育教学紧密结合。在准确领会行业转型升级的深远意义、技术路径、核心价值的基础上，要合理开设新专业、及时优化老专业和传统专业，大胆开拓、积极创办新专业。要创新人才培养方案、创新课程模式、构建优质教育教学资源，培养出更好、更多的创新创业人才，更好地为行业服务、为企业服务、为地方经济服务。

1.2.4.6　练好内功，协同发展

充分发挥国家和省级示范校、骨干校、"双高校"及行业内核心院校在人才培养、专业与课程改革、院校与资源建设方面的示范、引领、骨干作用。整合优势院校的优质资源，归纳和优化先进院校办学的成功经验，并利用各种媒介加以推广。引领各院校根据自身的办学定位、基础条件、资源配置、市场实际等要素开展具有特色的建设与创新，进一步提高规范办学和院校正规化建设的水平。借助教育行政部门在职业院校推进内部质量保证体系的契机，引导规范办学、突出自律、精益求精促发展的理念。

结合"双高"项目，把加强内涵建设、特色建设、专业群建设作为院校发展建设的持续动力，调动各方面的积极性，结合院校发展的整体规划，大力促进"三教改革"，在办学的全过程树立"质量第一、抓好内涵、创建品牌、持续发展"的理念。在世界主流教育思想的引领下，有机吸收国外（境外）的先进职教经验，并有所创新。积极探索在高等建设职业教育领域实施行动导向课程、现代学徒制、CDIO 教育模式、极限学习、分类分层教学等新型人才培养和课程模式的有效途径，通过行之有效的人才培养过程来达到培养高质量创新创业人才的目标。认真学习和领会教育部《院校人才培养质量"诊改"制度》文件的内涵和做法，规范院校的办学行为，对不同院校进行分类指导，实现优胜劣汰，保证人才培养质量。

做好团队建设，发挥"创新团队""思政团队"在教师队伍建设中的骨干作用，打造一支适应新时代建设类高等职业教育的铁军。

1.2.4.7 精准定位，服务为先

根据当前普遍存在的"生源不同、层次不一"的实际，积极开展"因材施教，分层教学"方面的探索。要积极创新思维，从发挥社会服务职能、为行业人才培养服务、为学生职业生涯发展服务的角度出发，积极拓展渠道，认真实施"1+X"证书制度。在完成学历教育任务的同时，眼光向外，转变观念，加大对业内人士培养培训的工作力度、提升服务能力。真正把为行业服务、为地方经济服务作为今后院校发展新的增长点，把社会服务能力作为助推学历教育水平提升的助推动力，把提升育人功能作为院校教育教学的核心任务。在打造一支能胜任教育培训需要，具备工程服务能力的"双师型"专任教师队伍方面有所作为，使院校的服务领域逐步从全日制人才培养向教育培训、标准及工法研究、应用技术研究与创新、工程咨询与社会服务的领域扩展。

认真研究建筑业转型升级"新业态"形势下生产与施工一线对岗位的迁移、职责、知识和技能的新变化、新要求，把进一步突出高职学生技能水平、适应建筑技术含量提升的要求，理性应对就业岗位重心可能进一步下移作为人才培养的重要任务，理性面对、准确定位、积极引导。

1.2.4.8 实践创新，推进改革

认真对待信息化技术参与和融入院校教育教学的实际，继续认真落实教育部《教育信息化"十三五"规划》和《职业教育提质培优行动计划（2020—2023）》精神，

借助国家示范型虚拟仿真实训基地建设项目，积极推进信息化技术融入专业、融入课程的进程，构建"人人皆学、时时可学、处处能学"的学习氛围。发挥教育信息化技术优势，探索适应高等建设职业教育特点、适应高职学生学习习惯、有利于教师教学和学生学习的有效途径。要积极推介行之有效的信息化教学方法与手段，使之"既好看、又好用"。鼓励教师与有关技术公司组建开发团队协同攻关，借助技术优势早日实现"仿真度高、人机互动、过程可控、感知性强"的实训环境。

充分利用当前职业教育发展的黄金时期和国家加大对职业教育投入的有利时机，以内涵建设为核心，搞好师资队伍、实训基地、教学资源配资的建设，把资源配置与教学需要有机结合。关注和应对我国住房和城乡建设转型升级的整体态势，在智能建造、建筑信息化、装配式建筑、新型城镇化建设、绿色建筑、双碳双减等新技术应用于教学方面进行积极的探索和实践。不断更新教学手段，探索适应高职生源实际和学习兴趣的教学情境和教学方法，进一步提升人才培养质量，为国民经济发展做出更大的贡献。

探索后疫情环境下院校教学的新情境、新途径、新手段，认真研究和归纳线上教学有效载体和方法，在教育信息化技术应用方面多做实践。

1.3　2020 年建设类专业中等职业教育发展状况分析

1.3.1　建设类专业中等职业教育发展的总体状况

根据国家统计局的统计数据，2020 年，开办中等职业教育土木建筑类专业的学校为 1528 所。开办学校数较 2019 年的 1556 所减少 28 所，减少比例为 1.80%。开办土木建筑类专业点数 2519 个，较 2019 年的 2568 个减少 49 个专业点，减少比例为 1.91%。毕业生数 127238 人，较 2019 年的 128724 人减少 1486 人，减少比例为 1.15%；招生数 159860 人，较 2019 年的 151331 人增加 8529 人，增加比例为 5.64%；在校生规模达 412042 人，较 2019 年的 392217 人增加 19825 人，增加比例为 5.05%。

图 1-9 和图 1-10 分别示出了 2014 ～ 2020 年全国土木建筑类中等职业教育开办学校、开办专业情况和学生培养情况。

图 1-9　2014 ~ 2020 年全国建筑类中等职业教育开办学校、开办专业情况

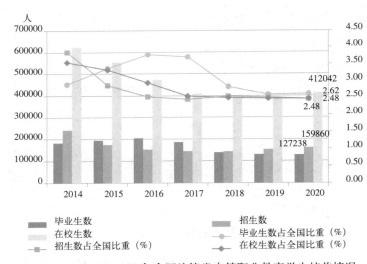

图 1-10　2014 ~ 2020 年全国建筑类中等职业教育学生培养情况

1.3.2　建设类专业中等职业教育发展的统计分析

1.3.2.1　土木建筑类中职教育学生按学校类别培养情况

1. 土木建筑类中职教育学生按学校办学类型分布情况

开办中职教育土木建筑类的学校按办学类型分为七类：调整后中等职业学校（普通中等专业学校）、中等技术学校、中等师范学校、成人中等专业学校、职业高中学

2020 年土木建筑类中职教育学生按学校办学类型的分布情况见表 1-32。

2020 年土木建筑类中职教育学生按办学类型分布情况　　　　　表 1-32

学校类别	开办学校		开办专业		毕业生数		招生数		在校生数	
	数量	占比(%)	数量	占比(%)	数量	占比(%)	数量	占比(%)	数量	占比(%)
调整后中等职业学校	213	13.94	374	14.85	22167	17.42	30791	19.26	77668	18.85
职业高中学校	518	33.90	676	26.84	31826	25.01	46364	29.00	118856	28.85
中等技术学校	440	28.80	836	33.19	49077	38.57	54371	34.01	141204	34.27
成人中等专业学校	36	2.36	65	2.58	7264	5.71	6103	3.82	12408	3.01
附设中职班	296	19.37	534	21.20	16052	12.62	20338	12.72	57729	14.01
其他中职机构	24	1.57	33	1.31	852	0.67	1850	1.16	4092	0.99
中等师范学校	1	0.07	1	0.04	0	0.00	43	0.03	85	0.02
合计	1528	100.00	2519	100.00	127238	100.00	159860	100.00	412042	100.00

按表 1-32 的统计数据分析，调整后中等职业学校、职业高中学校和中等技术学校等三个学校类别的开办学校数为 1171 所，占开办中职教育土木建筑类专业学校总数的 76.64%；开办专业数为 1886 个，占开办土木建筑类专业总数的 74.87%；毕业生数达 103070 人，占土木建筑类专业毕业生总数的 81.01%；招生数达 131526 人，占比达 82.28%；在校生数达 337728 人，占比达 81.96%，每所学校平均在校生数为 269 人。

与 2019 年相比，土木建筑类中职生按学校类别分布情况的变化如下：

（1）调整后中等职业学校的开办数、开办的土木建筑类专业数分别减少 5 所、14 个，下降幅度分别为 2.29%、3.61%；毕业生数、招生数、在校生数分别增加 647 人、2287 人、4827 人，增加幅度分别为 3.01%、8.02%、6.63%。

（2）职业高中学校的开办数、开办的土木建筑类专业数、毕业生数分别减少 15 所、26 个、2940 人，下降幅度分别为 2.81%、3.70%、8.46%；招生数、在校生数分别增加 2310 人、7754 人，增加幅度分别为 5.24%、6.98%。

（3）中等技术学校的开办数、开办的土木建筑类专业数、毕业生数、招生数、在校生数分别增加 6 所、13 个、866 人、3273 人、2162 人，增加幅度分别为 1.38%、1.58%、1.80%、6.41%、1.55%。

（4）成人中等专业学校的开办数保持不变，招生数、在校生数分别减少2568人、1617人，下降幅度为29.62%、11.53%；开办的土木建筑类专业点数、毕业生数分别增加1个、635人，增加幅度分别为1.56%、9.58%。

（5）附设中职班的开办数、开办的土木建筑类专业点数、毕业生数分别减少14所、21个、191人、1294人，下降幅度分别为4.52%、3.78%、1.18%、2.41%；招生数、在校生数增加2569人、5245人，增长幅度为14.46%、9.99%。

（6）其他中职机构的开办数保持不变，开办的土木建筑类专业点数、毕业生数分别减少2个、503人，下降幅度分别为5.71%、37.12%；招生数、在校生数分别增加657人、1411人，增加幅度分别为55.07%、52.63%。

2. 土木建筑类中职教育学生按学校举办者分布情况

土木建筑类中职教育学生的学校按举办者分为四类：一是教育行政部门举办，包括省级教育部门、地级教育部门和县级教育部门；二是行业行政主管部门举办，包括国务院国有资产监督管理委员会、中央其他部门、省级其他部门、地级其他部门和县级其他部门；三是企业举办，包括中国建筑工程总公司、地方企业；四是民办。与2019年比较，2020年土木建筑类中职教育学生的学校举办者类别没有变化。表1-33给出了2020年土木建筑类中职教育学生按学校举办者的分布情况。

2020年土木建筑类中职教育学生按学校举办者的分布情况　　　表1-33

举办者		开办学校		开办专业		毕业生数		招生数		在校生数	
		数量	占比(%)	数量	占比(%)	数量	占比(%)	数量	占比(%)	数量	占比(%)
教育行政部门	省级教育部门	102	6.68	215	8.54	12189	9.58	12690	7.94	37335	9.06
	地级教育部门	283	18.52	552	21.91	26714	21.00	31781	19.88	82105	19.93
	县级教育部门	583	38.15	782	31.04	36758	28.89	54472	34.07	137560	33.38
	小计	968	63.35	1549	61.49	75661	59.47	98943	61.89	257000	62.37
行业行政主管部门	国务院国有资产监督管理委员会	1	0.07	2	0.08	33	0.03	83	0.05	262	0.06
	中央其他部门	1	0.07	2	0.08	134	0.11	168	0.11	385	0.09
	省级其他部门	135	8.84	331	13.14	23593	18.54	25504	15.95	64945	15.76
	地级其他部门	98	6.41	162	6.43	7833	6.16	8816	5.51	24941	6.05
	县级其他部门	11	0.72	19	0.75	802	0.63	482	0.30	1853	0.45
	小计	246	16.11	516	20.48	32395	25.47	35053	21.92	92386	22.41

续表

举办者		开办学校		开办专业		毕业生数		招生数		在校生数	
		数量	占比(%)	数量	占比(%)	数量	占比(%)	数量	占比(%)	数量	占比(%)
企业	中国建筑工程总公司	1	0.07	5	0.20	241	0.19	535	0.33	1251	0.30
	地方企业	10	0.65	19	0.75	1576	1.24	850	0.53	2887	0.70
	小计	11	0.72	24	0.95	1817	1.43	1385	0.86	4138	1.00
民办		303	19.83	430	17.07	17365	13.65	24479	15.31	58518	14.20
合计		1528	100	2519	100	127238	100	159860	100	412042	100

与 2019 年相比，土木建筑类中职学生按学校隶属关系分布情况的变化如下：

（1）教育行政部门举办的学校开办数、毕业生数分别减少 17 所、6723 人，下降幅度分别为 1.73%、8.16%；开办的土木建筑类专业数、招生数、在校生数分别增加 2 个、3559 人、12926 人，增加幅度分别为 0.13%、3.73%、5.30%。

（2）行业行政主管部门举办的学校开办数、开办的土木建筑类专业数分别减少 16 所、35 个，下降幅度分别为 6.11%、6.35%；毕业生数、招生数、在校生数分别增加 3535 人、2863 人、3718 人，增加幅度分别为 12.25%、8.89%、4.19%。

（3）企业举办的学校开办数、开办的土木建筑类专业数、毕业生数、招生数、在校生数分别减少 3 所、10 个、34 人、375 人、1144 人，下降幅度分别为 21.43%、29.41%、1.84%、20.86%、21.66%。

（4）民办学校开办数、毕业生数、招生数、在校生数分别增加 8 所、1736 人、2472 人、4325 人，增加幅度分别为 2.71%、11.11%、11.23%、7.98%；开办的土木建筑类专业数减少 6 个，下降幅度为 1.38%。

（5）按在校生规模，四类隶属关系的学校从大到小的顺序未变，占比变化为：教育行政部门举办的学校占比增加 0.05%，行业行政主管部门举办的学校占比下降 0.72%，民办学校占比增加 0.87%，企业举办学校占比下降 0.18%。

1.3.2.2　土木建筑类中职教育学生按地区培养情况

1. 土木建筑类中职教育学生按各大区域分布情况

根据华北（含京、津、冀、晋、内蒙古）、东北（含辽、吉、黑）、华东（含沪、苏、浙、皖、闽、赣、鲁）、中南（含豫、鄂、湘、粤、桂、琼）、西南（含渝、川、贵、云、藏）、西北（含陕、甘、青、宁、新）等六个区域板块划分，2020 年土木建筑类中职教育学生按各大区域板块分布情况，见表 1-34。

2020 年土木建筑类中职教育学生按区域板块分布情况　　　　　表 1-34

地区	开办学校		开办专业		毕业生数		招生数		在校生数		招生数较毕业生数增幅（%）
	数量	占比(%)	数量	占比(%)	数量	占比(%)	数量	占比(%)	数量	占比(%)	
华北	203	13.29	310	12.31	13017	10.23	16103	10.07	40369	9.8	23.71
东北	105	6.87	179	7.11	4643	3.65	3686	2.31	9267	2.25	-20.61
华东	440	28.8	756	30.01	43345	34.07	50993	31.9	130806	31.75	17.64
中南	329	21.53	523	20.76	30742	24.16	41050	25.68	110154	26.73	33.53
西南	299	19.57	515	20.44	26668	20.96	36101	22.58	91826	22.29	35.37
西北	152	9.95	236	9.37	8823	6.93	11927	7.46	29620	7.19	35.18
合计	1528	99.99	2519	100	127238	100	159860	100	412042	100.01	25.64

2020 年土木建筑类中职教育学生按各大区域分布的特点如下：

（1）开办学校数从多到少依次为：华东、中南、西南、华北、西北、东北。处于前两位的华东、中南地区共 769 所，占六大区域总数的 50.33%。处于后两位的西北、东北地区共 257 所，占总数的 16.82%。

（2）开办专业数从多到少依次为：华东、中南、西南、华北、西北、东北。处于前两位的华东、中南地区共 1279 个，占六大区域总数的 50.77%。处于后两位的西北、东北地区共 415 个，占总数的 16.47%。

（3）毕业生数从多到少依次为：华东、中南、西南、华北、西北、东北。处于前两位的华东、中南地区共 74087 人，占六大区域总数的 58.23%。处于后两位的西北、东北地区共 13466 人，占总数的 10.58%。

（4）招生数从多到少依次为：华东、中南、西南、华北、西北、东北。处于前两位的华东、中南地区共 92043 人，占六大区域总数的 57.58%。处于后两位的西北、东北地区共 15613 人，占总数的 9.77%。

（5）在校生数从多到少依次为：华东、中南、西南、华北、西北、东北。处于前两位的华东、中南地区共 240960 人，占六大区域总数的 58.48%。处于后两位的西北、东北地区共 38887 人，占总数的 9.44%。

从统计分析可见，在各大区域的开办学校数、专业点数、毕业生数、招生数、在校生数等五项数据中，华东和中南地区均处于前两位，且两地区的数据之和都超过六大区域总数的50%。可以看出，中等建设职业教育的区域发展情况，与区域人口规模、经济发展水平和中等建设职业教育的发展水平等方面是一致的。

与2019年相比，2020年土木建筑类中职教育学生按各区域分布变化有以下特点：

（1）开办学校数整体趋势为减少。2020年各大区域按开办学校数减少幅度从大到小依次为：西北减少6所，降幅3.8%；华东减少16所，降幅3.51%；华北减少7所，降幅3.33%；东北减少2所，降幅1.87%；中南减少5所，降幅1.5%；西南增加8所，增幅2.75%。

（2）在校生规模整体趋势为增加。2020年各大区域按在校生规模增加幅度从大到小依次为：西南增加6203人，增幅7.24%；华北增加2414人，增幅6.36%；西北增加1665人，增幅5.96%；中南增加5847人，增幅5.61%；华东增加4944人，增幅3.93%；东北减少1248人，降幅11.87%。

（3）招生数较毕业生数增幅指标显著好转。2019年各大区域的招生数较毕业生数增幅指标从大到小依次为：中南地区为27.82%、西南地区为26.98%、西北地区为26.66%、华北地区为14.5%、华东地区为7.93%、东北地区为–18.9%。2020年各大区域按招生数较毕业生数增幅指标从大到小依次为：西南地区35.37%、西北地区为35.18%、中南地区33.53%、华北地区23.71%、华东地区17.64%、东北地区–20.61%。仅东北地区的指标继续下滑，降幅增大。

2. 土木建筑类中等职业教育学生按省级行政区分布情况

2020年土木建筑类中等职业教育学生按省级行政区分布情况，见表1-35。

2020年土木建筑类中等职业教育学生按省级行政区分布情况　　　　表 1-35

地区	开办学校		开办专业		毕业生数		招生数		在校生数		招生数较毕业生数增幅（%）
	数量	占比（%）	数量	占比（%）	数量	占比（%）	数量	占比（%）	数量	占比（%）	
北京	13	0.85	23	0.91	542	0.43	362	0.23	908	0.22	-33.21
天津	4	0.26	13	0.52	1135	0.89	1121	0.7	2789	0.68	-1.23
河北	88	5.76	122	4.84	6520	5.12	9804	6.13	24005	5.83	50.37
山西	46	3.01	69	2.74	3222	2.53	2860	1.79	7763	1.88	-11.24
内蒙古	52	3.4	83	3.29	1598	1.26	1956	1.22	4904	1.19	22.4

续表

地区	开办学校		开办专业		毕业生数		招生数		在校生数		招生数较毕业生数增幅（%）
	数量	占比（%）	数量	占比（%）	数量	占比（%）	数量	占比（%）	数量	占比（%）	
辽宁	25	1.64	49	1.95	1933	1.52	1292	0.81	2955	0.72	-33.16
吉林	42	2.75	65	2.58	1339	1.05	1228	0.77	3344	0.81	-8.29
黑龙江	38	2.49	65	2.58	1371	1.08	1166	0.73	2968	0.72	-14.95
上海	8	0.52	24	0.95	1527	1.2	1928	1.21	5206	1.26	26.26
江苏	89	5.82	173	6.87	9270	7.29	11591	7.25	30463	7.39	25.04
浙江	61	3.99	117	4.64	7055	5.54	9975	6.24	26519	6.44	41.39
安徽	80	5.24	118	4.68	11360	8.93	6250	3.91	14800	3.59	-44.98
福建	63	4.12	125	4.96	5025	3.95	7932	4.96	20462	4.97	57.85
江西	48	3.14	70	2.78	2636	2.07	3783	2.37	9337	2.27	43.51
山东	91	5.96	129	5.12	6472	5.09	9534	5.96	24019	5.83	47.31
河南	142	9.29	227	9.01	12443	9.78	18028	11.28	48495	11.77	44.88
湖北	37	2.42	56	2.22	3156	2.48	4383	2.74	12754	3.1	38.88
湖南	62	4.06	83	3.29	4724	3.71	4375	2.73	12854	3.12	-7.39
广东	43	2.81	74	2.94	4150	3.26	4541	2.84	13177	3.2	9.42
广西	37	2.42	66	2.62	5711	4.49	8808	5.51	20734	5.03	54.23
海南	8	0.52	17	0.67	558	0.44	915	0.57	2140	0.52	63.98
重庆	47	3.08	77	3.06	3029	2.38	6390	4	14530	3.53	110.96
四川	98	6.41	136	5.4	9243	7.26	12318	7.71	29436	7.14	33.27
贵州	55	3.6	106	4.21	5653	4.44	6219	3.89	17317	4.2	10.01
云南	93	6.09	185	7.34	8484	6.67	10511	6.58	29226	7.09	23.89
西藏	6	0.39	11	0.44	259	0.2	663	0.41	1317	0.32	155.98
陕西	33	2.16	45	1.79	973	0.76	1455	0.91	3395	0.82	49.54
甘肃	51	3.34	72	2.86	2707	2.13	4403	2.75	9085	2.2	62.65
青海	10	0.65	19	0.75	655	0.51	1008	0.63	2423	0.59	53.89
宁夏	12	0.79	30	1.19	980	0.77	1290	0.81	3653	0.89	31.63
新疆	46	3.01	70	2.78	3508	2.76	3771	2.36	11064	2.69	7.5
合计	1528	99.99	2519	99.98	127238	99.99	159860	100	412042	100.01	25.64

2020 年土木建筑类中等职业教育学生按省级行政区分布的特点如下：

（1）开办学校数占全国总数 5% 以上的依次为：河南、四川、云南、山东、江苏、河北、安徽。开办学校数占全国总数不足 1% 的有：北京、宁夏、青海、上海、海南、西藏、天津。

（2）开办专业数占全国总数 5% 以上的依次为：河南、云南、江苏、四川、山东。开办专业数占全国总数不足 1% 的有：上海、北京、青海、海南、天津、西藏。

（3）毕业生数占全国总数 5% 以上的依次为：河南、安徽、江苏、四川、云南、浙江、河北、山东。毕业生数占全国总数不足 1% 的有：天津、宁夏、陕西、青海、海南、北京、西藏。

（4）招生数占全国总数 5% 以上的依次为：河南、四川、江苏、云南、浙江、河北、山东、广西。招生数占全国总数不足 1% 的有：陕西、辽宁、宁夏、吉林、黑龙江、天津、青海、海南、西藏、北京。

（5）在校生数占全国总数 5% 以上的依次为：河南、江苏、四川、云南、浙江、河北、山东、广西。在校生数占全国总数不足 1% 的有：宁夏、陕西、吉林、辽宁、黑龙江、天津、青海、海南、西藏、北京。

（6）招生数较毕业生数增幅指标，有 21 个省级行政区为正值，即招生数大于毕业生数。招生数较毕业生数增幅最大的是甘肃，增幅达 69.91%，其次为重庆，增幅达 66%。增幅在 30%～50% 的依次为海南、广西、云南、福建、河北、湖北、河南；招生数较毕业生数增幅指标，有 8 个省级行政区为负值，即招生数小于毕业生数。招生数较毕业生数减少幅度最大的是安徽（44.98%）。减少幅度为 30%～40% 的依次为北京、辽宁；减少幅度为 10%～20% 的依次为黑龙江、山西；减少幅度在 10% 以下的依次为吉林、湖南、天津。

与 2019 年相比，2020 年土木建筑类中职教育学生按省级行政区分布情况变化如下：

（1）开办学校数。在 31 个省级行政区中，有 6 个增加，11 个持平，14 个减少。数量增加的 6 个省级行政区及其增量依次为云南 6 所，甘肃 4 所，江西 2 所，湖南、重庆、四川各 1 所。持平的 11 个省级行政区为天津、山西、辽宁、上海、江苏、浙江、河南、湖北、贵州、西藏、宁夏。数量减少达 5 所及以上的省级行政区有 3 个，依次为福建 8 所，安徽 6 所，新疆 5 所。

（2）在校生规模。2020 年在校生规模较上年有所增加的省级行政区有 20 个，增幅前 5 位的依次为：西藏（32.49%）、重庆（24.88%）、湖北（16.12%）、甘肃（15.54%）、河北（13.67%）。2020 年在校生规模较上年有所减少的 11 个省级行政区中，降幅超过 20% 的为安徽（–29.54%）、辽宁（–21.93%）。

1.3.2.3　土木建筑类中职教育学生按专业培养情况

中等建设职业教育以《中等职业教育专业目录（2021 年修订）》土木建筑大类设置的建筑工程施工等 22 个专业为主，并包括各省级行政区开设专业目录外的土木水利类专业或专业（技能）方向。2020 年土木建筑类中等职业教育学生按专业分布情况，见表 1-36。

2020 年土木建筑类中等职业教育学生按专业分布情况　　　　表 1-36

专业	开办学校		毕业生数		招生数		在校生数	
	数量	占比（%）	数量	占比（%）	数量	占比（%）	数量	占比（%）
建筑工程施工	1021	40.53	63720	50.08	83217	52.06	205590	49.90
建筑装饰	423	16.79	18727	14.72	25470	15.93	68184	16.55
古建筑修缮与仿建	12	0.48	139	0.11	327	0.20	860	0.21
城镇建设	14	0.56	896	0.70	768	0.48	2170	0.53
工程造价	391	15.52	16427	12.91	21576	13.50	55169	13.39
建筑设备安装	31	1.23	965	0.76	1445	0.90	3671	0.89
楼宇智能化设备安装与运行	88	3.49	2064	1.62	2588	1.62	7770	1.89
供热通风与空调施工运行	7	0.28	162	0.13	45	0.03	90	0.02
建筑表现	24	0.95	670	0.53	877	0.55	2373	0.58
城市燃气输配与应用	10	0.40	595	0.47	764	0.48	2356	0.57
给排水工程施工与运行	16	0.64	412	0.32	417	0.26	1091	0.26
市政工程施工	43	1.71	1534	1.21	1737	1.09	4168	1.01
道路与桥梁工程施工	92	3.65	4372	3.44	4402	2.75	12111	2.94
铁道施工与养护	34	1.35	2924	2.30	1990	1.24	6132	1.49
水利水电工程施工	72	2.86	3115	2.45	2971	1.86	8379	2.03
工程测量	140	5.56	5966	4.69	7056	4.41	20194	4.90
土建工程检测	18	0.71	630	0.50	1045	0.65	2499	0.61
工程机械运用与维修	47	1.87	2340	1.84	1788	1.12	5996	1.46
水利工程运行与管理	3	0.12	176	0.14	180	0.11	272	0.07
机电排灌工程技术	1	0.04	0	0.00	36	0.02	36	0.01
水土保持技术	1	0.04	0	0.00	15	0.01	15	0.00
土木水利类专业	31	1.23	1404	1.10	1146	0.72	2916	0.71
合计	2519	100.00	127238	100.00	159860	100.00	412042	100.00

2020 年土木建筑类中等职业教育学生按专业分布的特点如下：

（1）开办学校数超百所的专业共 4 个，依次为：建筑工程施工、建筑装饰、工程造价、工程测量。4 个专业开办学校数合计 1975 所，占比 78.4%。开办学校数较少的专业为机电排灌工程技术和水土保持技术、水利工程运行与管理。

（2）毕业生数超过万人的共 3 个专业，依次为：建筑工程施工、建筑装饰、工程造价。毕业生数排在倒数三位的专业依次为：机电排灌工程技术、水土保持技术、古建筑修缮与仿建。

（3）招生数超过万人的共 3 个专业，依次为：建筑工程施工、建筑装饰、工程造价。招生数排在倒数三位的专业依次为水土保持技术、机电排灌工程技术、供热通风与空调施工运行。

（4）在校生数超过万人的共 5 个专业，依次为：建筑工程施工、建筑装饰、工程造价、工程测量、道路与桥梁工程施工。在校生数较少的专业是水土保持技术、机电排灌工程技术、供热通风与空调施工运行。

（5）招生数较毕业生数的增幅，有 14 个目录内专业为正值，即招生数大于毕业生数，按增幅大小依次为：古建筑修缮与仿建、土建工程检测、建筑设备安装、建筑装饰、工程造价、建筑表现、建筑工程施工、城市燃气输配与应用、楼宇智能化设备安装与运行、工程测量、市政工程施工、水利工程运行与管理、给排水工程施工与运行、道路与桥梁工程施工。招生数较毕业生数的增幅为负值，即招生数小于毕业生数的目录内专业，按降幅大小依次为：供热通风与空调施工运行、铁道施工与养护、工程机械运用与维修、土木水利类专业、城镇建设、水利水电工程施工。

依据 2020 年按专业分布的数据统计可以看出，建筑工程施工、建筑装饰、工程造价专业的开办学校数、毕业生数、招生数和在校生数，继续分别排列前三位。三个专业的开办学校数合计为 1835 所，占 72.84%；毕业生数合计 98874 人，占 77.71%；招生数合计 130263 人，占 81.49%；在校生数合计 328943 人，占 79.84%。

与 2019 年相比，2020 年土木建筑类中职教育学生按专业分布情况的变化如下：

（1）建筑工程施工专业：2019 年的开办学校数、毕业生数、招生数、在校生数依次为 1031 所、65071 人、80145 人、194618 人，2020 年的数值变化和变化幅度依次为减少 10 所（–0.97%）、减少 1351 人（–2.08%）、增加 3072 人（3.83%）、增加 10972 人（5.64%）

（2）建筑装饰专业：2019 年的开办学校数、毕业生数、招生数、在校生数依次为 432 所、19548 人、23421 人、64156 人，2020 年的数值变化和变化幅度依次为减少 9 所（-2.08%）、减少 821 人（-4.20%）、增加 2049 人（8.75%）、增加 4028 人（6.28%）。

（3）古建筑修缮与仿建专业：2019 年的开办学校数、毕业生数、招生数、在校生数依次为 13 所、123 人、423 人、727 人，2020 年的数值变化和变化幅度依次为减少 1 所（-7.69%）、增加 16 人（13.01%）、减少 96 人（-22.70%）、增加 133 人（18.29%）。

（4）城镇建设专业：2019 年的开办学校数、毕业生数、招生数、在校生数依次为 14 所、762 人、740 人、2331 人，2020 年的数值变化和变化幅度依次为持平、增加 134 人（17.59%）、增加 28 人（3.78%）、减少 161 人（-6.91%）。

（5）工程造价专业：2019 年的开办学校数、毕业生数、招生数、在校生数依次为 398 所、16235 人、19297 人、50704 人，2020 年的数值变化和变化幅度依次为减少 7 所（-1.76%）、增加 192 人（1.18%）、增加 2279 人（11.81%）、增加 4465 人（8.81%）。

（6）建筑设备安装专业：2019 年的开办学校数、毕业生数、招生数、在校生数依次为 34 所、920 人、1547 人、3653 人，2020 年的数值变化和变化幅度依次为减少 3 所（-8.82%）、增加 45 人（4.89%）、减少 102 人（6.69%）、增加 18 人（0.49%）。

（7）楼宇智能化设备安装与运行专业：2019 年的开办学校数、毕业生数、招生数、在校生数依次为 106 所、2581 人、2898 人、7687 人，2020 年的数值变化和变化幅度依次为减少 18 所（-16.98%）、减少 517 人（-20.03%）、减少 310 人（-10.70%）、增加 83 人（1.08%）。

（8）供热通风与空调施工运行专业：2019 年的开办学校数、毕业生数、招生数、在校生数依次为 8 所、184 人、62 人、216 人，2020 年的数值变化和变化幅度依次为减少 1 所（-12.50%）、减少 22 人（-11.96%）、减少 17 人（27.42%）、减少 126 人（-58.33%）。

（9）建筑表现专业：2019 年的开办学校数、毕业生数、招生数、在校生数依次为 22 所、602 人、891 人、2221 人，2020 年的数值变化和变化幅度依次为增加 2 所（9.09%）、增加 68 人（11.30%）、减少 14 人（-1.57%）、增加 152 人（6.84%）。

（10）城市燃气输配与应用专业：2019 年的开办学校数、毕业生数、招生数、在校生数依次为 10 所、511 人、888 人、2226 人，2020 年的数值变化和变化幅度依次为持平、增加 84 人（16.44%）、减少 124 人（13.96%）、增加 130 人（5.84%）。

（11）给排水工程施工与运行专业：2019 年的开办学校数、毕业生数、招生数、在校生数依次为 20 所、486 人、353 人、1113 人，2020 年的数值变化和变化幅度依次为减少 4 所（−20.00%）、减少 74 人（−15.23%）、增加 64 人（18.13%）、减少 22 人（−1.98%）。

（12）市政工程施工专业：2019 年的开办学校数、毕业生数、招生数、在校生数依次为 36 所、1503 人、1484 人、3945 人，2020 年的数值变化和变化幅度依次为增加 7 所（19.44%）、增加 31 人（2.06%）、增加 253 人（17.05%）、增加 223 人（5.65%）。

（13）道路与桥梁工程施工专业：2019 年的开办学校数、毕业生数、招生数、在校生数依次为 94 所、4616 人、4168 人、12335 人，2020 年的数值变化和变化幅度依次为减少 2 所（−2.13%）、减少 244 人（−5.29%）、增加 234 人（5.61%）、减少 224 人（−1.82%）。

（14）铁道施工与养护专业：2019 年的开办学校数、毕业生数、招生数、在校生数依次为 33 所、2479 人、1962 人、6030 人，2020 年的数值变化和变化幅度依次为增加 1 所（3.03%）、增加 445 人（17.95%）、增加 28 人（1.43%）、增加 102 人（1.69%）。

（15）水利水电工程施工专业：2019 年的开办学校数、毕业生数、招生数、在校生数依次为 76 所、3945 人、2605 人、8981 人，2020 年的数值变化和变化幅度依次为减少 4 所（−5.26%）、减少 830 人（−21.04%）、增加 366 人（14.05%）、减少 602 人（−6.70%）。

（16）工程测量专业：2019 年的开办学校数、毕业生数、招生数、在校生数依次为 133 所、5118 人、6820 人、18569 人，2020 年的数值变化和变化幅度依次为增加 7 所（5.26%）、增加 848 人（16.57%）、增加 236 人（3.46%）、增加 1625 人（8.75%）。

（17）土建工程检测专业：2019 年的开办学校数、毕业生数、招生数、在校生数依次为 19 所、396 人、759 人、1785 人，2020 年的数值变化和变化幅度依次为减少 1 所（−5.26%）、增加 234 人（59.09%）、增加 286 人（37.68%）、增加 714 人（40.00%）。

（18）工程机械运用与维修：2019 年的开办学校数、毕业生数、招生数、在校生数依次为 50 所、2200 人、2004 人、7232 人，2020 年的数值变化和变化幅度依次为减少 3 所（−6.00%）、增加 140 人（6.36%）、减少 216 人（−10.78%）、减少 1236 人（−17.09%）。

依据 2020 年按专业分布的数据统计，排在前三位的为建筑工程施工、建筑装饰、工程造价专业，三个专业的开办学校数合计为 1835 所，占 72.84%，毕业生数合计 98874 人，占 77.71%；招生数合计 130263 人，占 81.49%；在校生数合计 328943 人，占 79.84%。

与 2019 年相比，开办学校数合计减少 49 所，减少幅度为 1.91%；毕业生数合计减少 1486 人，减少幅度为 1.15%；招生数合计增加 8529 人，增加幅度为 5.64%；在校生数合计增加 19825 人，增加幅度为 5.05%。

依据 2020 年按专业分布的变化情况分析，在专业目录内的土木水利类 18 个专业中，开办学校数增幅前三位的专业是：市政工程施工（19.44%）、建筑表现（9.09%）、工程测量（5.26%）；降幅较大的末三位是：给排水工程施工与运行（-20.00%）、楼宇智能化设备安装与运行（-16.98%）、供热通风与空调施工运行（-12.50%）。

在专业目录内的土木水利类 18 个专业中，毕业生数增幅前三位的专业分别是：土建工程检测（59.09%）、铁道施工与养护（17.95%）、城镇建设（17.59%）；降幅较大的末三位是：水利水电工程施工（-21.04%）、楼宇智能化设备安装与运行（-20.03%）、给排水工程施工与运行（-15.23%）。

在专业目录内的土木水利类 18 个专业中，招生数增幅前三位的是：土建工程检测（37.68%）、给排水工程施工与运行（18.13%）、市政工程施工（17.05%）；降幅较大的末三位是：供热通风与空调施工运行（-27.42%）、古建筑修缮与仿建（-22.70%）、城市燃气输配与应用（-13.96%）。

在专业目录内的土木水利类 18 个专业中，在校生数增幅前三位的是：土建工程检测（40.00%）、古建筑修缮与仿建（18.29%）、工程造价（8.81%）；降幅较大的末三位是：供热通风与空调施工运行（-58.33%）、工程机械运用与维修（-17.09%）、城镇建设（-6.91%）。

1.3.3　建设类专业中等职业教育发展面临的问题

依据中等职业教育土木建筑类专业近几年的相关数据作分析对比，以及发展所呈现的趋势，当前我国建设类专业中等职业教育发展还面临以下问题。

1.3.3.1　开办中职教育土木建筑类专业学校数量呈下降趋势

2018～2020 年开办中职教育土木建筑类专业的学校数分别为 1599 所、1556 所、

1528 所，2019 年比 2018 年减少 43 所，减少幅度为 2.69%；2020 年比 2019 年减少 28 所，减少幅度为 1.80%。开办学校数呈现连续两年减少的趋势。

从 2018～2020 年的学校类别分布情况分析，调整后中等职业学校的开办学校数分别为 224 所、218 所、213 所，2019 年比 2018 年减少 6 所，减少幅度为 2.68%；2020 年比 2019 年减少 5 所，减少幅度为 2.29%。

职业高中学校的开办学校数分别为 550 所、533 所、518 所，2019 年比 2018 年减少 17 所，减少幅度为 3.09%；2020 年比 2019 年减少 15 所，减少幅度为 2.81%。

中等技术学校的开办学校数分别为 439 所、434 所、440 所，2019 年比 2018 年减少 5 所，减少幅度为 1.14%；2020 年比 2019 年增加 6 所，增加幅度为 1.38%。

成人中等专业学校的开办学校数分别为 42 所、36 所、36 所，2019 年比 2018 年减少 6 所，减少幅度为 14.29%；2020 年与 2019 年持平。

以上四类学校中的调整后中等职业学校和职业高中学校在 2019 年和 2020 年均呈现开办学校数连续减少的趋势；中等技术学校在 2019 年开办学校数减少，但是 2020 年开办学校数有所增加；成人中等专业学校在 2019 年开办学校数减少，2020 年处于持平的状态。

按 2018～2020 年学校举办者分布情况分析，教育行政部门举办的学校数分别为 1015 所、985 所、968 所，2019 年比 2018 年减少 30 所，减少幅度为 2.96%；2020 年比 2019 年减少 17 所，减少幅度为 1.73%；行业行政主管部门举办的学校数分别为 280 所、262 所、246 所，2019 年比 2018 年减少 18 所，减少幅度为 6.43%；2020 年比 2019 年减少 16 所，减少幅度为 6.11%；民办学校分别为 289 所、295 所、303 所，2019 年比 2018 年增加 6 所，增加幅度为 2.08%%；2020 年比 2019 年增加 8 所，增加幅度为 2.71%；企业举办的学校数分别为 15 所、14 所、11 所，2019 年比 2018 年减少 1 所，减少幅度为 6.67%；2020 年比 2019 年减少 3 所，减少幅度为 21.43%。

1.3.3.2　开办专业数继续减少

2018～2020 年中职教育土木建筑类专业开办专业数连续三年呈现递减趋势，其中，2019 年比 2018 年减少 95 个，减少幅度为 3.57%；2020 年比 2019 年减少 49 个，减少幅度为 1.91%。三年累计降幅较大的省级行政区有陕西（−31.37%）、海南（−30.00%）、福建（−29.80%）、黑龙江（−26.76%）、北京（−26.67%）、内蒙古（−20.00%）、辽宁（−18.87%）、吉林（−16.92%）、四川（−15.07%）、山东（−14.89%）、新疆（−14.29%）等。

1.3.3.3　多头管理导致职业学校办学定位差别大

由于职业教育本身具有社会和经济双重属性。目前全国各级教育部门、多个行业行政主管部门均开办中等职业学校，分属教育行政部门、地方行政主管部门、企业等机构，再加上民办等社会办学力量。这些学校互不隶属，会产生不同的结果。劳动经济部门管理职业学校，会强化其经济属性；相反，教育部门管理职业学校，则会强化其教育属性；原来由企业行业管理具有的"校企结合"的先天优势丧失，职业学校的"实践性"成为突出问题。

1.3.3.4　土木建筑类中等职业教育区域发展差距较大

当前我国经济发展的新形势下，虽然职业教育已获得空前发展，但国内各区域的职业教育发展水平并不一致。从统计分析可见，在各大区域的开办学校数、开办专业数、毕业生数、招生数、在校生数等五项数据中，华东和中南地区均处于前两位，且两地区的数据之和都超过六大区域总数的一半，达到50.33%～58.48%。可以看出，中等建设职业教育的区域发展情况，与区域人口规模、经济发展水平和中等建设职业教育的发展水平等方面是一致的，大致呈现由东部沿海省市向内陆地区逐次递减的阶梯型结构分布，表现为区域性不平衡的发展状态。

1.3.3.5　土木建筑类专业设置前瞻性不足与产业发展需求不同步

一些中等职业学校土木建筑类专业设置未能与我国经济发展的产业结构调整、建设行业提质发展的新形势、新要求相适应。大部分土木建筑类专业开设主要分布在建筑工程施工、工程造价、建筑装饰专业等传统土木建筑类专业。有些专业开设未做科学合理地调研，使学生培养数量超过社会实际需要，造成毕业生就业难。通过2020年的分析数据显示：供热通风与空调施工运行专业在学校开办专业数降幅，招生数降幅中排在前三位；楼宇智能化设备安装与运行专业在学校开办专业数降幅，毕业生数降幅中排在前三位。相反，对于建设行业各种新方向、新要求，如：绿色建筑、建筑节能，新型建筑工业化及装配式建筑技术等，土木建筑类院校不能及时地做好相应的联动反应，专业设置前瞻性不足。

1.3.4　促进建设类专业中等职业教育发展的对策建议

针对上述中等职业教育专业建设中存在的问题，各级教育行政部门和学校要在不同的层面，采取相应措施加以解决。

1.3.4.1　抓住职业教育发展新机遇推动职业学校新发展

当前，我国经济正处在转型升级的关键时期，需要大量技术技能人才，为职业教育大发展提供经济基础。2021年教育部职业教育工作要点中提出，"坚定办好中等职业教育""推进高等职业教育高质量发展""完善质量保障机制""加大投入保障力度"以及"着力营造良好社会氛围"五大新要求，职业教育迎来新的发展机遇。这就要求职业学校加快改革发展，进一步对接市场，优化调整专业结构，更大规模地培养培训技术技能人才，有效支撑我国经济的高质量发展。

1.3.4.2　完善政府统筹的专业建设管理机制

政府要从宏观层面统筹建设类专业中等职业教育发展专业结构布局的总体规划，通过制定相关的实施计划，利用强化督查、经费支持以及政策引导等手段，加强其专业建设的统筹协调和分类指导。

具体来说，一方面，为适应建筑类产业结构调整的需要，随时掌握产业发展动态，把握产业对人才需求的标准、数量和发展走向，一是学校要和各级主管部门以及行业建立专业设置随产业发展的联动机制，避免重复设置专业和有限资源的浪费。二是在专业建设上要考虑到和产业发展的适配度：对过冷专业采取鼓励措施，积极促进和推广；对部分过热专业则采取限制措施，避免造成人才过剩。另一方面，改革新专业审批管理模式。一是在专业设置上要注重专业的长期发展，关注专业设置和专业建设的规划是否与新型产业结构和社会经济发展相一致。二是加强专业后续建设和发展的"阶段性评估"，允许符合经济发展的新专业有2～3年的积累期，弥补不足，彰显特色，促进建设类专业中等职业教育专业结构的适时调节，保证专业建设的良性发展。

1.3.4.3　建立专业发展动态调整机制

（1）准确定位办学方向。一方面，建设类专业中等职业教育需要把握建筑产业发展趋势，做好专业发展规划，准确定位学校的专业发展方向和目标，积极研究相关产业的发展动态与趋势，将自身发展与地区产业发展战略相融合。另一方面，职业学校应建立长效的市场信息反馈机制和服务系统，通过不断提高人才就业、市场需求等信息的准确性和开放度，使学生能够更加理性、客观地对专业、就业做出判断和选择。

（2）做好人才需求的调研工作。人才需求调研是职业学校专业建设的前提。一方面，职业学校应进行有效的人才需求调研和预测工作从而了解未来建筑产业结构的发展方向和社会用人趋势，根据人才需要提前调整相关专业结构，据此进行人才储备。另一方面，职业学校要根据预测情况对学校专业进行评估、判断与再整合，并稳定发展市场需求较高就业较好的专业，开设一些与新兴建筑产业相关的专业，利用好职业学校的教学资源，减少专业建设的盲从性。

1.3.4.4　加大新兴高新技术专业的开发力度

建设类专业中等职业教育在改造传统专业的同时，还应积极促进新兴专业的发展，更要重视发展直接与区域经济社会发要密切相关的应用型专业，大力发展新专业，统筹整合现有资源。对技术、设施设备要求高、投资大的相关专业，如绿色建筑、建筑节能、新型建筑工业化及装配式建筑技术等，政府应以政策激励和示范带动等方式，为建筑产业相关专业的开发提供技术和资金支持，加快建筑行业新兴产业发展。

第2章 2020年建设继续教育和执（职）业培训发展状况分析

2.1 2020年建设行业执业人员继续教育与培训发展状况分析

2.1.1 建设行业执业人员继续教育与培训的总体状况

2.1.1.1 执业人员概况

1992年6月，建设部发布了《监理工程师资格考试和注册试行办法》（建设部第18号令），标志着我国工程建设行业第一个执业资格制度正式建立。随着改革开放与社会主义市场经济建设进程的不断深化，建设部及有关部门在事关国家公众生命财产安全的工程建设行业相继又设立了房地产估价师、注册建筑师、造价工程师、监理工程师、注册城乡规划师（注册城乡规划师职业资格实施单位于2019年1月调整为自然资源部、人力资源社会保障部及相关行业协会）、勘察设计注册工程师、房地产经纪人、建造师和物业管理师（根据国发〔2015〕11号，物业管理师注册执业资格认定已取消）等9项执业资格制度，积极推进我国建设行业与国际市场接轨，形成了覆盖工程建设各专业领域的执业资格制度体系，有效提升了相关人员的整体从业水平。最新统计数据显示，截至2020年年底，全国住房和城乡建设领域取得各类执（职）业资格人员共约249.1万（不含二级），有效注册人数约151.6万。

2.1.1.2 执业人员考试与注册情况

1.执业人员考试情况

住房和城乡建设部相关部门、有关行业学（协）会高度重视执业资格制度改革与考试考务相关工作。一是根据行业发展实际情况，深化推进各类资格考试制度改革。《监理工程师职业资格制度规定》和《监理工程师职业资格考试实施办法》相继发布；对全国二级注册结构工程师执（职）业资格考试考题数量和作答时间优化调整。二是根据新冠肺炎疫情防控进展情况，适时调整各类执（职）业资格考试日程安排，最大限度保障考生生命财产安全。三是做好命题专家和考试工作人员的疫情防控与保密教育，完善疫情防控与保密管理制度，平安、规范、有序开展考试工作。

（1）住房和城乡建设部会同交通运输部、水利部和人力资源社会保障部共同印发了《监理工程师职业资格制度规定》和《监理工程师职业资格考试实施办法》。新发布的《规定》和《办法》旨在贯彻落实国务院"放管服"改革要求，加快建立公开、科学、规范的职业资格制度，持续激发市场主体创造活力。《规定》明确了监理工程师职业资格管理的基本依据和职业资格考试、注册、执业等内容；《办法》调整和细化了考试的科目设置、命题阅卷等内容，明确了各部门工作职责。

（2）根据《监理工程师职业资格制度规定》和《监理工程师职业资格考试实施办法》有关精神，住房和城乡建设部建筑市场监管司会同有关部门编制了《全国监理工程师职业资格考试大纲》，经人力资源社会保障部审定，于2020年启用。

（3）经住房和城乡建设部、人力资源社会保障部同意，全国勘察设计注册工程师管理委员会对全国二级注册结构工程师执（职）业资格考试考题数量和作答时间进行了优化调整，考试总题量由80题调整为50题，上、下午各25题；作答时间由8小时调整为6小时，上、下午各3小时；每题分值由1分调整为2分，满分为100分。

（4）根据疫情防控工作需要，经人力资源社会保障部与其他有关部门会商，原计划于上半年举行的2020年度注册建筑师等职业资格考试，调整至下半年举行。北京地区2020年度一级建造师、一级注册建筑师等专业技术人员职业资格考试并入2021年度统一组织。

2020年，全国共有超过250万人次报名参加住房城乡建设领域职业资格全国统一考试（不含二级），当年共有约35.7万人通过考试并取得资格证书。其中报名人数最多的是一级建造师，超过148万人次参加考试，与2019年数据基本持平。报考人数增幅最大的是注册监理工程师，2020年报考人数较上一年度增幅超100%。

2020年，住房和城乡建设领域职业资格全国统一考试报考人数专业分布情况（不含二级）见表2-1。

2020 年住房和城乡建设领域职业资格全国统一考试报考人数专业分布情况（不含二级）

表 2-1

序号	专业	2020 年报名考试人数	比例（%）
1	一级注册建筑师	61,465	2.46
2	勘察设计注册工程师	89,422	3.57
3	一级建造师	1,482,424	59.28
4	注册监理工程师	217,256	8.69
5	一级造价工程师	449,816	17.99
6	房地产估价师	16,903	0.68
7	房地产经纪人	59,154	2.36
8	中级注册安全工程师（建筑施工安全）	124,251	4.97
	合计	2,500,691	100

2. 执业人员注册情况

2020 年，住房和城乡建设部相关部门及各省（市、区）住房和城乡建设主管机构严格依照《行政许可法》和注册管理有关规定，按照"高效、便民、透明"的原则，不断梳理注册审批管理流程，进一步简化审批流程与申报材料，大幅提高了工作效率和服务水平。一是坚持"服务于执业人员"的工作理念，根据疫情防控要求，适时调整注册审核要求及办理方式，助力企业复工复产。二是贯彻关于修订《< 内地与香港关于建立更紧密经贸关系的安排 > 服务贸易协议》的协议和关于修订《< 内地与澳门关于建立更紧密经贸关系的安排 > 服务贸易协议》的协议精神，推进港、澳相关专业技术人士在内地注册执业相关工作。三是持续开展对违规注册行为的常态化查处，严格依照各专业注册管理规定，加强对投诉举报情况的受理与核查工作。

（1）为贯彻落实党中央国务院关于统筹推进新冠肺炎疫情防控和经济社会发展工作的决策部署，精准稳妥推进企业复工复产，住房和城乡建设部建筑市场监管司印发了《关于注册监理工程师有效期延期的通知》（建司局函市〔2020〕42 号），决定注册监理工程师有效期于 2020 年 6 月 30 日前期满的，统一延期至 2020 年 7 月 31 日，并在全国建筑市场监管公共服务平台自动延期。在此期间，注册监理工程师可根据全国建筑市场监管公共服务平台显示的有效期正常开展执业活动。同时，为推进监理工程师执业资格认定"全程网办"，部执业资格注册中心明确自 2020 年 8 月 1 日起，申请办理监理工程师执业资格认定，不再提交纸质申报材料，可通过"国家政府服务平台"直接申办。

（2）根据各地关于做好新冠状肺炎疫情防控工作的部署要求，建设行业各执（职）业资格注册管理机构相继调整了疫情防控期间相关业务服务工作方式，暂停受理各类现场咨询业务，切实有效减少人员聚集，阻断疫情传播。对确需现场办理的业务，执业人员可通过预约方式，通过邮寄等方式远程办理。

（3）住房和城乡建设部积极落实贯彻内地与港、澳服务贸易协议有关精神，发布《关于取得内地勘察设计注册工程师、注册监理工程师资格的香港、澳门专业人士注册执业有关事项的通知》（建办市〔2020〕19号），规范取得内地勘察设计注册工程师、注册监理工程师资格的香港、澳门专业人士的注册执业工作，明确已启动执业的勘察设计注册工程师、注册监理工程师资格，在内地注册的香港、澳门专业人士的执业要求与同专业内地注册人员一致。

截至2020年年底，住房和城乡建设领域部分专业累计取得资格人数及有效注册情况（不含二级）见表2-2。

住房和城乡建设领域部分专业累计取得资格人数及
有效注册情况统计表（不含二级）　　　　　　　表2-2

序号	类别	累计取得资格人数	有效注册人数
1	一级注册建筑师	45,813	31,544
2	勘察设计注册工程师	205,388	123,766
3	一级建造师	1,303,609	761,883
4	注册监理工程师	394,438	215,171
5	一级造价工程师	323,428	208,953
6	房地产估价师	71,367	64,890
7	房地产经纪人	126,629	49,057
8	中级注册安全工程师（建筑施工安全）	20,705	60,998
	总计	2,491,377	1,516,262

备注：中级注册安全工程师自2019年开始分专业考试，有效注册人数含分专业考试前已选择"建筑施工安全"专业人员。

2.1.1.3　执业人员继续教育情况

执业人员继续教育对持续提高从业人员专业技术能力素质具有重要作用，其内容主要围绕住房和城乡建设部重点工作及建筑业最新政策，涉及国内外建设行业技术、经济、规范、管理等方面的最新发展与研究成果，旨在帮助执业人员及时更新知识储备，促进工程质量和执业水平稳定提升，更好地服务于新时代建筑产业高质量发展的需要。

为在疫情防控常态化阶段持续推动建设行业执业人员继续教育工作平稳有序开展，结合"放管服"提出的为基层减负要求，各地住房和城乡建设主管部门及相关管理机构主动作为，适时调整教育培训组织管理方式，致力于在确保参训人员生命财产安全的前提下，为执业人员提供更加便捷、高效、优质的继续教育服务，放管结合，优化服务，激发企业创新发展活力。

2020 年，在住房和城乡建设部的正确领导下，部执业资格注册中心、全国各省(市、区)有关单位、行业学(协)会积极筹措，主动担当，在精准施策助力停训不停学、教学培训课程更新、深化培训市场化改革、创新培训学习方式等方面做了有益的探索。

(1)落实疫情防控，精准施策助力停训不停学。各地住房和城乡建设主管部门及相关管理机构积极应对突如其来的新冠肺炎疫情，本着简化、高效的基本原则，为切实减少人员聚集，相继暂停了包括注册结构工程师、注册建筑师、注册房地产估价师和一级注册造价工程师等执(职)业资格的继续教育面授培训工作，改为在线或个人承诺方式进行学习。住房和城乡建设部人事司会同部干部学院在疫情防控期间，通过"全国住建系统专业技术人员在线学习平台"，为住房城乡建设系统专业技术人员免费提供了丰富的线上培训课程，在面授培训无法开展的情况下实现了停训不停学，为助力企业复工复产与执业人员技能提升提供了有力保障。

(2)及时更新课程，引领行业高质量发展。2020 年，各地管理部门结合建设行业发展特点与执业人员实际业务工作需要，持续更新继续教育课程内容，致力于推动执业人员执业能力与时俱进，更好地服务于经济社会高速发展。山东省建设执业资格注册中心组织召开了山东省建设执业师继续教育座谈会，明确提出建设行业执业人员继续教育要在抓"量"的基础上，更加重视"质"的提升，相关培训活动要及时关注国际国内建设行业发展动向、国家建设行业政策法规变化，适时调整教学内容，体现行业发展最新成果与进展。为进一步完善注册建筑师、注册土木工程师(岩土)的知识结构，提高相关专业人士的执业水平，全国注册建筑师管理委员会秘书处、全国勘察设计注册工程师岩土工程专业管理委员会秘书处相继发布了新一周期的继续教育必修教材《装配式建筑系统集成与设计建造方法》和《岩土工程典型案例述评》，不断以前沿技术、理论武装执业人员知识技能储备。

（3）搭建多元培训主体，持续推进"放管服"改革。为进一步深化"放管服"改革，各地建设行业执（职）业资格管理机构结合本地执业人员与行业发展情况，相继开展了多样化的培训方式优化调整，打破了原有封闭化的培训体系，以市场化改革为主导思想，在提升建设行业执业人员继续教育高质量发展方面重点发力。广东省结合本省实际，明确二级建造师在办理注册业务时所需满足的继续教育培训既可参加用人企业组织的培训，也可参加有关机构组织的培训，明确教育培训的内容要注重对于综合素质和执业能力的提升，其根本目的在于保证工程质量安全。天津市注册建筑师管理委员会在组织开展 2020 年注册建筑师继续教育过程中，明确本年度继续教育培训工作可由具备教育主管部门核发教学资格的社会培训机构承担，也可由具备建筑行业（建筑工程）甲级资质、建筑行业甲级资质证书 10 年以上，且注册有 20 名以上一级注册建筑师等条件的用人单位自行承担。

（4）开设云端直播课堂，创新在线学习新模式。2020 年，突如其来的新冠肺炎疫情严重制约了各类面授培训工作的开展，为保障各专业执业人员利益，各地建设行业相关管理机构大力挖掘互联网＋教育模式与专业技术人员继续教育培训工作的契合点，大胆创新，勇于尝试，为执业人员在疫情期间提供了丰富的学习课程，既保障了相关人员注册业务的顺利开展，更为后续继续教育的互联网转型开展了积极尝试。广东省注册建筑师协会在 2020 年疫情期间多次借助"腾讯会议"平台，为执业人员提供继续教育必修、选修课程，在保障注册申请业务的同时，也为纾解执业人员居家隔离期间心理压力做出了有力贡献。中国建筑标准设计研究院作为《装配式建筑系统集成与设计建造方法》教材编写单位，为规范各地注册建筑师继续教育工作，提高教学水平，通过线上直播形式，为各地选派的开展注册建筑师继续教育培训工作的有关机构、用人企业的专业教师开展了师资培训，为后续各地全面铺开注册建筑师继续教育培训工作打下了坚实基础。

2.1.2　建设行业执业人员继续教育与培训存在的问题

2020 年，建设行业执业人员继续教育与培训工作因疫情原因遇到了诸多困难，虽然在包括创新组织形式、更新培训课程等方面投入了大量精力，在优化服务、助力企业复工复产等领域取得了不错的成效，但仍存在不少问题和困难，需要各方进一步加强研究。

2.1.2.1　制度建设尚不完善

（1）建设行业各执（职）业资格继续教育有关规定亟待完善。以一级注册建造师为例，相关继续教育管理办法在 2015 年向社会公开征求意见后，至今仍未正式发布，注册申报所需继续教育证明仍采取个人承诺的过渡政策，相关管理部门对于继续教育学习情况的监督管理无法可依。

（2）执业人员继续教育与终身教育体系尚未从制度层面打通。终身学习是当今社会发展的必然趋势，执业人员继续教育作为执（职）业资格制度与教育体系的衔接环节，有待进一步明确自身的"教育属性"定位，充分融入终身教育体系，在满足工作和职业基本需求外，更好地服务于人格及个性的塑造等自我发展需要。

2.1.2.2　远程学习难于监管

（1）碎片化的远程学习难于实施统一监管。远程在线学习主要以直播课程与录播课程两种方式呈现。执业人员在学习录播课程时，可通过手机或电脑等终端设备自行安排时间、地点，培训机构及相关管理部门对于学习过程难以实施有效的监督管理，"只闻视频声、不见学习人"的情况偶有发生，培训质量难以保证。

（2）远程学习后台数据审查智能化水平有待提升。在信息化平台建设尚未完善的前提下，远程学习模式的继续教育后台数据审查认定需要耗费大量人力、物力，借助人像对比、实时监控等技术的智能化数据审查处理水平有待进一步提升。

2.1.2.3　质量标准有待明确

（1）教学质量考核自由裁量尺度过大。现行市场化继续教育培训考核大多以培训机构组织的结业考试为学习质量的最终考核标准，自由裁量尺度较为宽松，难以客观反映执业人员对于所学知识和应知应会的新技术、新工艺等相关内容的真实掌握情况。

（2）培训机构质量评估体系不健全。随着继续教育培训市场化进程的不断推进，现行监督管理模式难以对继续教育培训活动开展切实有效的质量评估，客观量化的机构运行及教学评价体系尚未形成，无法形成对培训组织机构形成有效监管，进而制约了奖惩、退出等机制的建立。

2.1.2.4 数据平台尚未搭建

（1）培训机构正面清单难以查询。在市场化培训模式下，建设行业各执（职）业资格管理机构尚未建立集中或相对统一的培训机构备案、公示及课程开设情况共享平台，执业人员难以通过官方渠道高效、便捷地寻找到符合自身教育培训需求的培训机构。

（2）继续教育数据与注册管理数据相对独立，制约行政审批效率提升。现有培训机构的继续教育数据尚未与注册管理平台实现实时对接，对于前置证明材料审核及告知承诺制方式下的事后监管均带来不利影响，制约相关工作效率的提升。

2.1.3 促进建设行业执业人员继续教育与培训发展的对策建议

受 2020 年新冠肺炎疫情影响，建设行业传统的建造方式受到较大冲击，粗放型的发展模式难以为继，基于工业化、信息化、智能化的绿色建造转型已成为我国建设行业未来发展的必然趋势。住房和城乡建设部等 13 部门联合印发《关于推动智能建造与建筑工业化协同发展的指导意见》（建市〔2020〕60 号），明确以加快建筑工业化升级、加强技术创新、提升信息化水平等为重点任务，实现建筑业转型升级和持续健康发展。执业人员继续教育作为普及新技术、新产业、新业态、新模式的重要手段，要肩负起应有的使命与责任，助力建筑产业逐步摆脱传统生产模式，实现华丽转型。

2.1.3.1 明确培训工作目标，完善管理制度体系

执业人员继续教育作为终身教育体系的重要组成部分，应秉持促进个体自我发展、自我完善的基本原则，通过规范有序、协同统一的运作，在提供专业知识能力与知识体系更新，服务工作需要的同时，帮助相关人员更好地实现个人成长，适应时代变迁。

（1）在充分体现行业发展特点的基础上，着力打通执业人员继续教育与终身教育体系贯通培养渠道，通过选修课、沙龙等形式，将更具多元化、多样性的学习教育资源与培训主体引入执业人员继续教育培训过程中，充分调动最广泛的社会化教育资源与设施，推动实现继续教育与终身教育的一体化进程。

（2）推进建设行业各执（职）业资格继续教育管理办法编修进度，指明执业人员继续教育总方针、教育目标与教学体系，明确相关工作组织与监督管理架构，制

定市场化培训机构及培训师资基本条件，建立起一套规范的备案、评估、奖惩和退出机制，充分实现通过继续教育不断提高执业人员职业素质与个人成长的目标。

2.1.3.2 科学制定评估标准，保证教育培训质量

适应继续教育市场化改革，系统性强化教育教学评估体系建设，并以此作为对各类培训主体常态化监管的抓手，不断推动建设行业执业人员继续教育高质量运作。

（1）评估是继续教育改革与发展的"助推器"，是提高教育教学质量的有效手段。参考职业教育评估经验，进一步建立健全执业人员继续教育教学评估体系，由相关管理机构或委托第三方机构定期开展定性、定量考核评估，以求全面、客观、真实反映相关培训机构的师资力量、管理水平、课程建设、教研能力和培训效果等综合情况，为实施监管提供科学依据。

（2）教学评估应坚持"阳光透明"的基本原则，增强评估工作的透明度。针对机构自评、管理机构进驻考核评估等多环节相关数据、信息，每年度定期公布相关培训机构继续教育教学培训基本状态数据与最终教学评估结论，接受社会公众监督。

2.1.3.3 建立动态诚信档案，规范培训监管体系

诚信是推动社会发展、维持社会和谐的重要基础，围绕打造诚信，构建和谐社会的总体目标，诚信档案在诸多领域均发挥了关键性作用，对于树立企业与个人诚信理念，营造良好诚信环境起到了良性作用。

（1）从管理机构有效实施监管角度出发，针对培训机构所组织实施的教育培训活动，以对制度建设、教学质量等方面开展的量化评估为基准，对培训机构设定不同的监管级别，实行评价跟踪、定期复核和等级升降的动态管理模式，同步开展包括远程督导、定期抽查、重点监管等差异化监督管理措施。

（2）进一步完善执业人员执业行为诚信档案信息共享，将其继续教育参训情况纳入社会信用体系。针对通过弄虚作假等手段获取继续教育合格证明或数据信息的，一经发现，在取消其继续教育学时，承担相应违法违规成本的基础上，同步将相关情况记入社会信用体系，助力实现"诚信走遍天下，失信寸步难行"。

2.1.3.4 搭建数据对接平台，适应多元主体模式

持续深化继续教育培训工作与互联网＋政务的充分融合对接，适应后疫情时代在线远程教育模式快速普及的必然趋势，积极筹措多元主体参与的建设行业执业人员继续教育信息展示与数据对接平台建设。

（1）由相关管理机构牵头建立继续教育信息展示平台，为执业人员与培训机构通过互联网平台搭建起畅通的沟通、联络渠道，将符合相关基本条件的培训机构与相关课程内容集中展示给有参训需求的人员，在规避不法机构扰乱继续教育培训活动的同时，可有效减轻参训人员用于寻找合法合规培训机构的时间成本，充分践行"服务于执业人员"的工作理念。

（2）进一步完善注册审核平台与继续教育平台数据实时对接，在实现"一网通办"管理运作机制建设方面下功夫，提高执业人员、培训机构、管理机构等多元主体协同办公效率，执业人员可通过登陆单一平台，完成包括执（职）业实践登记、注册申报、继续教育学习、执业活动档案登记等各个环节，让数据多跑路，着力打造执（职）业资格全生命周期一体化服务平台。

2.2 2020 年建设行业专业技术人员继续教育与培训发展状况分析

2.2.1 建设行业专业技术人员继续教育与培训的总体状况

2020 年初，全国爆发了新冠肺炎疫情，建设行业专业技术人员培训以面授为主，网络授课为辅，受疫情影响较大。各地建设行政主管部门、行业组织、培训机构等单位在做好防疫工作的基础上，积极探索网络授课为主的培训模式，在原有网络教学的基础上，打造了集报名、授课、平时测验、考试、评价、继续教育等多种功能于一体新型教学平台，并根据学习需求，录制更多、覆盖面更广的新版网络课程，全年的培训及继续教育工作稳步推进。

2.2.1.1 专业技术人员培训情况

2020 年全年，全国各地培训机构汇总培训计划 9000 余条，参训人数 33 万余人，其中土建施工员 5.7 万人，装饰装修施工员 0.5 万人，设备安装施工员 0.8 万人，市政工程施工员 2.7 万人，土建质量员 4.6 万人，装饰装修质量员 0.4 万人，设备安装质量员 0.6 万人，市政工程质量员 2.5 万人，材料员 3.9 万人，机械员 2 万人，劳务员 2.7 万人，资料员 4.4 万人，标准员 1.8 万人。

受各地政策不同的影响，在未能通过住房和城乡建设部认证的省市或在统考平台中未包括的岗位等情况，全国或地方性的行业组织、职业院校、培训机构发挥积极作用，成了必要的补充力量，承担了大量培训工作。

2.2.1.2　专业技术人员考核评价情况

2020 年全国住房和城乡建设系统专业技术人员教育培训工作以习近平新时代中国特色社会主义思想为指导，以服务行业为本，积极推进从业人员职业培训改革工作。在住房和城乡建设部及各地建设行政主管部门的指导下，按照国家对于建筑业发展改革提出的要求，积极开展建筑业专业技术人员培训工作，为行业向高质量发展提供智力保障和人才支撑。

全国各地在专业技术人员岗位培训考核评价工作上继续推进网络化（无纸化）考核和电子证书使用工作。培训严格按照"统一计划、统一大纲、统一教材、统一考试、统一收费、统一发证、考培分离"的要求推进。在条件允许的情况下，为减少疫情聚集性风险，各地积极推进培训全程网络学习的教学模式，充分利用互联网资源，大力推进网络教育。由于原有网络资源相对有限，无法适应全方位开展的网络教育，各地、各机构积极组织专家，组织开发了涵盖更多专业的新版网络课程，并在新版课程中融入了更多信息化技术，更新技术标准、规范、工艺等多方面内容，有利于学员学习，提高学习效率。除在教学和考试等环节的改革外，各地积极完善教学互动答疑平台的建设，在原有的单向网络教学的技术上，逐步形成了以 AI 人工智能为主，专家在线答疑为辅的，全方位课后辅导答疑系统，并辅以微信平台、在线语音问答和 QQ 群等服务方式以提高服务质量。

2020 年全国共有 23.9 万人通过考试并获得住房和城乡建设部门统一生成的电子合格证书。其中，土建施工员 3.8 万人，装饰装修施工员 0.3 万人，设备安装施工员 0.6 万人，市政工程施工员 1.7 万人，土建质量员 3.8 万人，装饰装修质量员 0.3 万人，设备安装质量员 0.4 万人，市政工程质量员 1.9 万人，材料员 3.1 万人，机械员 1.8 万人，劳务员 2.0 万人，资料员 2.9 万人，标准员 1.3 万人。

2.2.1.3　专业技术人员继续教育情况

2020 年，各地积极开展专业技术人员继续教育工作，更新的课程内容包括：城市建设动态与发展、绿色低碳建筑节能关键技术、环境保护与绿色施工管理、装配式混凝土建筑技术标准、装配式混凝土结构技术规程、新型城镇化发展进程与思考、房屋建筑工程常见质量通病的原因及防治措施、中国古代建筑探索研究、建设工程法律制度与工程合同管理等内容。受疫情影响，继续教育主要以网络课程形式完成。

2.2.1.4　专业技术人员职业培训管理情况

2020 年，各省坚持以科学发展观为统领，认真贯彻党的十九大精神，在做好疫情防护工作的前提下，积极推进专业技术人员培训的各项工作，创新思路，转变教学方式，奋发进取，在各种不利于开展面授教育培训工作开展的局势下，稳定、高效的完成了人才培养任务，开启了网络教育的快速发展之路。

（1）全力防疫，以信息化服务保障培训工作顺利开展。疫情对于以面授形式开展的教育培训工作影响巨大，2020 年上半年各地均不同程度的停止或缩减专业技术人员面授培训活动。近年来，各地不断加大力度建设网络教育平台，逐步实现了无纸化考试和电子证书的使用，为防范疫情，减少接触和聚集，各地将原有的学习、考试平台进一步优化，基本实现了教育培训全程网络化，大大减少了疫情对于开展教育培训工作的影响。各地在 2020 年的工作中逐步建立了适合本地的信息化教育培训平台，实现了从报名、学习、模拟考试、正式考试、制作证书全流程的信息化。

（2）紧抓转型契机，优化网络教学资源。疫情期间，政府号召"停课不停学"，这也给行业教育培训线上教育带来了难得的快速发展机遇。各地在前几年积累的网络教育的基础上，持续不断地根据学员实际学习需求，开发各类网络教育课程，利用新型信息化技术，逐步优化原有课程资源，除教师授课录像视频外，大量引入图片、动画、案例视频等内容，极大地提升了学员的学习兴趣。积极组织相关专家，将原有课程转化为更加细小的单元，可使学员根据工作情况更加自主的进行学习。

（3）优化考试考务管理。江苏、河南等省在组织安排上，多次召开有各地市建设教育行政主管部门、行业协会、建设类培训机构和考点负责人参加的视频会议，深入分析学员需求，不断优化测试管理流程，提高了便捷性和工作效率，获得了学员的好评。各地还根据测试中存在的问题，分别出台了新版考试管理规定等文件，严格管理测试中各关键节点，强化了纪律意识。

（4）强化监管，提高培训质量。各地受疫情影响均开展网络教育培训形式，但各地并未放低监管要求，采取各项网络监管、检查手段，不定期检查学员学习测试情况，如在学习课程中进行视频采集、面容对比，对学员进行刚学过知识的小测验、抽查等。

2.2.2　建设行业专业技术人员继续教育与培训存在的问题

2020 年，在疫情防控的大形势下，在住房和城乡建设部的指导下，各省按照住房和城乡建设部的工作部署和行业发展需要，稳步开展建筑业从业人员继续教育和培训工作，在取得不错的成绩、培训方式转型获取很多经验的同时，也发现了一些问题和不足。

（1）覆盖面广的培训认证体系尚未建立。一是在住房和城乡建设部推出施工现场专业技术人员统一认证体系后，各省市积极申请，具备条件的地区已开始试点工作。但一些未通过评估或所在地有其他政策限制的地区，未能纳入统一体系，这些地区有的继续使用所在地原来的证书体系，有的暂时停止了该项工作，还有的使用行业组织颁发的培训证书。这就使得不同的持证者在全国流动作业时碰到了证书不通用、不被认可等问题，为持证者从业增加了难度。二是住房和城乡建设部的培养体系内岗位覆盖不够广，如一些新兴的岗位或专业，短缺的岗位培训不得不采用其他体系作为补充，这使得持证者对证书体系概念产生混淆。

（2）大面积信息化服务能力不足。建设行业网络教育之前具有一定基础，但各地只是将网络教育作为面授教育的有益补充，并逐年稳步提高其应用比例。2020 年初，突如其来的新冠肺炎疫情打乱了各地信息化建设的步骤，不得不将大比例的面授课程转化为网络授课，这就暴露了前期技术、人员、管理手段等方面的不足，个别地方学员上网学习会出现卡顿、掉线、延迟、账号信息错乱等问题，影响了学员学习的良好体验。

（3）从业人员学习积极性下降。住房和城乡建设部等相关部门减少或取消了建筑业企业资质对于从业人员持证的硬性要求，从业人员在工作的同时，自主提升的要求逐步降低，主动参加教育培训的人数有所降低。另一方面，2020 年受疫情及国外经济形势放缓的影响，建筑业新开工和在建工程数量都受到了一定的影响，不少从业人员失去了工作，再就业成为其首要问题，没有时间和资金提升知识储备和岗位技能。

（4）网络课程覆盖面有限。近几年，各地加大了网络课程的录制，但对于一些网络课程难以完成的以案例教学为主的课程，还是以面授教学为主。疫情对于网络教育提出了更高的要求，各地虽然抓紧录制了一些新版网络课程，但总体上课程资源还不足以覆盖所有行业教育培训的需求，数量和质量上都有一定的差距。

（5）教学内容相对滞后。近年来，建设行业的各项技术及管理流程取得了突飞猛进的进步，而行业中所用的教材中的教学内容较为陈旧，课件更新速度缓慢，不能够完全满足行业教育培训的需求。

（6）企业主体意识不足。建筑企业是用人主体，从业人员通过教育培训，获得了新知识、新技能，提高了其工作能力，最终受益的是企业。但不少企业缺乏这种认识，在企业资质和招标投标减少了相关要求后，企业对其员工的教育培训积极性逐步降低，这些都限制了行业从业人员素质提升的速度。

（7）个别社会培训机构办学不够规范。由于个别社会培训机构过于追求经济受益，在培训过程中有走过场、管理不严格等问题，使得学员实际培训效果达不到要求。教育培训市场化进程的不断推进，行政部门对培训情况难以全面掌握，缺少有效的监管依据和必要保障，对参与行业培训的机构及师资没有相应的管理措施。

2.2.3 促进建设行业专业技术人员继续教育与培训发展的对策建议

贯彻落实习近平总书记重要指示精神和《中共中央国务院关于进一步加强城市规划建设管理工作的若干意见》及《国务院办公厅关于促进建筑业持续健康发展的意见》，推动建筑业转型升级，促进建筑业高质量发展，在疫情防护常态下，快速推进网络教育、优化管理服务流程，紧抓转型机遇，变革人才培养和考核方式，努力使支撑行业人才发展的职业培训工作达到更高的水平。

（1）落实贯彻党的十九大精神，在积极防护疫情的前提下，继续推进网络管理、教学、考试、考核各环节的科学性、合理性，积极调动企业主体积极性，促进产教融合，推进职业教育改革，根据建筑业发展情况和岗位需求，制定人才培养规划、培养方案、培训大纲等。

（2）构建全国融通的职业人才教育培训体系。打破现有各种壁垒，积极探索以政府为主导，行业组织、行业企业、职业院校、培训机构为辅助的培训、考核、证书发放、流通监管、综合服务的体系。

（3）以服务为主导思想，提高学员网络学习体验。在实际教学过程中，要以学员为中心，从学员实际需求出发，提供更加优质的教学内容和教学服务，设计更好的学习平台，提供更舒适的学习体验，共享各地的优质学习资源。在疫情防控允许的情况下，逐步加入线下学习内容，加强互动交流，解决学习中的重点、难点知识。

（4）用信息化技术实现差异化教学。线上教育要从传统录播形式，逐步发展到直播互动、课程点播、智能学习等水平，通过大数据分析技术对学员的学习过程进行监控，从点击率、文字作业、课堂测试、学习表现等多个方面进行精准分析，实时掌握学员的学习习惯和学习状况，推断学员学习中的各种行为和需求，争取提供针对个人特点的个性化学习课程。

（5）创新教学方式，提高学习效率。行业技术更新迭代速度越来越快，要继续研发包含新标准、新技术、新工艺的新型微课程，充分利用学员的碎片化时间进行教学。网络教育需要进一步的创新思维，让学员在繁重的工作之余，快速准确地掌握新知识，不断提高其学习效率。

（6）打造跨机构的学习共同体。相关部门应加强行业从业人员网络教育的顶层设计，做好整体规划，加大政策引导力度，鼓励参与培训的各方主体加大投入，引导传统培训机构与优质线上平台合作，优势互补，协同发展网络教育。融合跨平台教学资源，为学员提供优质丰富的课程资源；加大对教师的技术培训，使教师可以用互联网、信息化思维来设计课程，加强师生互动，发挥学习共同体的群体动力作用。

（7）保障授课内容的时效性。根据行业转型升级需求，紧抓行业发展热点，组织行业专家积极更新授课内容，将智能建造与建筑工业化协同发展、城市群＋新基建、BIM、GIS、云计算、大数据、人工智能、3D 打印、物联网、机器人等内容融入其中。

2.3　2020 年建设行业技能人员培训发展状况分析

2.3.1　建设行业技能人员培训发展的总体状况

2020 年，全国建筑业从业人数超过百万的地区共 15 个，与上年持平。江苏从业人数位居首位，达到 855 万人。浙江、福建、四川、广东、河南、湖南、山东、湖北、重庆和安徽等 10 个地区从业人数均超过 200 万人。

与 2019 年相比，11 个地区的从业人数增加，其中，增加人数超过 20 万人的有江苏、四川、福建等 3 个地区，分别增加了 53.7 万人、42.0 万人和 26.5 万人；20 个地区的从业人数减少，其中，浙江减少 58.9 万人、山东减少 37.7 万人、湖北减少 26.6 万人。

四川、西藏从业人数增速超过 10%，分别为 12.0% 和 10.3%；天津、吉林、黑龙江、内蒙古、山东、广西、湖北和青海等 8 个地区的从业人数降幅均超过 10%。

2020 年，全国建设行业技能人员培训统计情况为：全国培训机构共计 1830 家，新增 182 家。鉴定机构 787 家，新增 53 家，考评员 27627 人。全国培训人数约为 186 万人，按等级划分，其中普工 27.3 万人，初级工 25.7 万人，中级工 124.8 万人，高级工 7.8 万人，技师与高级技师 0.7 万人。按类别划分，其中建筑类 165.4 万人，市政类 18.8 万人，其他类 2 万人。

2020 年共发放培训证书 123.9 万本，按等级划分，其中普工 9.4 万人，初级工 14.3 万人，中级工 92.8 万人，高级工 6.8 万人，技师与高级技师 0.6 万人。按类别划分，其中建筑类 110.6 万人，市政类 12 万人，其他类 1.3 万人。发放职业资格证 36.8 万本，按等级划分，其中初级工 13.6 万人，中级工 17.9 万人，高级工 4.6 万人，技师与高级技师 0.6 万人，按类别划分，其中建筑类 28.9 万人，市政类 6.9 万人，其他类 0.3 万人。

2.3.2　建设行业技能人员培训的成绩与经验

2.3.2.1　取得的主要成绩

（1）服务企业，推进校企合作。与大型骨干企业、院校合作，建立培训基地。

（2）创新工作思路，不断强化一线工人培训鉴定体系。加强各省、市、县、国有大型企业等培训鉴定工作指导、鉴定培训体系建设、经费保障、新型师徒培训制度、强化督导，确保高质量开展技能大赛，着力打造高技能人才队伍。

（3）加强网络建设，推进信息管理。

（4）加强对建设类社会培训机构的工作指导和服务。

2.3.2.2　主要经验

在重点省、市、国有大型企业设立培训中心。培训中心主要承担建设部门所管岗位培训具体工作，组织开展和管理建设系统各行业职工岗位培训、职业资格培训、鉴定、核发建设职业技能岗位证书，编制统一使用的建设类各专业、工种培训教材、大纲和考核鉴定标准、规范等。对符合条件的培训中心又加挂建设行业国家职业技能鉴定所，增加职能，加强各类培训、鉴定取证工作。有条件的省市还设立远程教学中心，做好远程教学服务。

2.3.3 建设行业技能人员培训面临的问题

2020 年的新冠肺炎疫情对职业技能提升行动的开展产生了较大的影响, 以往的线下培训模式遭到严重打击, 线上培训参与度也不高, 主要有以下两方面原因。

2.3.3.1 线上培训模式参与度低, 学员没有参与条件

线上培训模式对于参加培训的学员来说是一种新的方式, 基于学员大多是学历较低、他们对于新事物的接受度有限, 很多连线上培训的硬件设施都无法满足, 所以对于线上培训的参与度较低, 积极性也不高, 疫情冲击下, 更加没有竞争力, 只会加速淘汰。现在国内疫情稍微缓和, 政府和社会可以利用闲置的培训机构, 开设机房, 在做好防控消杀措施后, 免费对没有条件的学员开放, 加大宣传力度, 让学员认识到培训的意义和必要性, 最大限度地提供学习平台。

2.3.3.2 职业院校能力水平有限, 线上线下培训质量不高

不少职业院校 (特别是民办), 以追求利润最大化为宗旨, 负责培训的老师存在无证上岗的现象, 还有从企业一线退休的工人, 即使有丰富的实践经验, 但是文化水平低, 缺乏教学能力。而且许多职业院校的理论技能和教学设备都过于陈旧, 不能与社会的先进技术接轨。长此以往, 院校名气越来越差, 生源必然越来越少, 学员需求再大, 也不愿白白浪费钱在职业院校里面, 但是又找不到也不知道其他培训的地方, 社会需求与用人技能的矛盾就会越来越大。政府在这方面要加强管制力度, 对于培训老师出台相关上岗资格政策, 遴选一批资质双优的院校和线上培训网校向社会人员开放, 加大财政补贴, 可尝试通过社区精准投放到需要的人员上。

古人云: "授人以鱼, 三餐之需; 授人以渔, 终生之用。" 技能人才是人才队伍的重要力量, 要引导技能人才向高精尖技术领域发展, 塑造 "国之大匠" 的形象, 予以他们物质、荣誉和政治地位方面的褒奖, 让技能人才和其他人才一样, 享受阳光雨露, 加快成长成功步伐。同时整顿职业院校, 不断提高技能培训和技术提升的精准度, 提高学员参与度与积极性, 双管齐下, 定能打开职业技能培训新局面。

2.3.4 促进建设行业技能人员培训发展的对策建议

2.3.4.1 加强宣传工作, 提升对建设行业教育培训工作的重视程度

在市场经济环境下, 只有学习型的企业才能够真正的在激烈的市场竞争中立于

不败之地，取得最终的胜利。企业领导应当认识到这一点，在此基础上要加强宣传，让各级领导职工明白教育培训工作对于企业发展和职工个人发展的重要性。要积极满足建筑企业教育培训工作对于资金、人力和硬件设施的需求，领导干部要以身作则，在企业内部树立起"尊重知识"的良好氛围。在对教育培训工作的资金投入上，建筑企业应当有计划性地将每年企业总收入的一定比例投入教育培训工作当中，确保企业教育培训活动的开展能够有足够的经费做支撑。企业应当招聘相关专业的优秀人才作为培训讲师为职工讲授专业知识，提升培训水平。尤其是对于建筑施工类企业来说，培训当中对于硬件设施以及具有专业技术讲师的需求尤其明显。企业在开展教育培训工作的时候要关注先进人物事迹对职工的激励作用，将积极参与教育培训工作的个人作为典型向全体职工大力宣传。让广大职工在先进人物的影响和带动下积极参加教育培训，努力提升自己的各方面素质和能力，为今后从事更加高水平的工作打下良好的基础。

2.3.4.2　完善建设行业教育培训工作的评价体系

对建筑企业教育培训工作进行评价是督促培训参与者，提升教育培训工作质量的重要方式。一般情况下，对企业教育培训的评估主要分为两部分，一是对职工的评价，二是对培训工作本身的评价。对职工的评价主要是从职工在参加教育培训过程中的出勤率、参与培训活动的积极性以及最后的开展情况等。通过建立完善的针对职工的评价体系，能够有效地提升广大职工参与教育培训的积极性和主动性，能够有效地促进职工个人业务能力的提升。对培训工作本身的评估主要是从培训讲师的课堂授课情况以及讲师的授课方式等方面进行。通过对这些方面进行有效的评估能够及时发现教育培训工作当中存在的问题，能够有效地提升教育培训工作的质量和水平。

2.3.4.3　规划设计建设行业培训教育制度

有能力的大型建筑企业需将职工教育培训与人才招募、战略发展、经济增长关联在一起，规划设计富有全局性、宏观性、全面性的培训教育制度，制定阶段性、周期性培训教育方案，以此为由调配职工教育培训所需资源，使培训教育得以朝着正规化、系统化、规范化方向发展。部分暂时无能力建立独立性较强教育培训制度体系的中小型企业需与专业培训机构建立稳定的合作关系，及时提供企业发展信息，获得针对性的培训教育指导，使培训教育制度更具可行性，根据新形势下各类企业发展需求加以实施，旨在妥善运用教育培训方法。

2.3.4.4　树立科学教育适时培训意识

（1）从建筑企业发展宏观战略角度着眼设立职工教育培训目标，确保职工综合素养符合企业战略发展要求，例如，在供给侧结构性改革新形势下有些建筑企业积极应用智能化技术手段降低成本，用先进技术为企业管理赋能，如自动化生产制造技术等，在此基础上组织职工学习该技术，提高生产制造经济效益，达到企业宏观战略发展目标。

（2）从企业各部门微观发展角度着眼制定职工教育培训方案，使职工能够提高部门绩效。

（3）根据部门变动及战略规划及时调整教育培训方法，满足企业新形势下竞争资源重组调配切实需求，使企业职工教育更为科学，培训活动更加适时，企业教育培训方法更加有效。

第 3 章　案例分析

3.1　学校教育案例分析

3.1.1　传优秀文化，融技术创新，展设计才华——北京建筑大学建筑学专业建设改革与实践

3.1.1.1　专业概况

北京建筑大学建筑学专业筹建于 1979 年，1980 年开始四年制招生，1991 年为五年制，迄今已有 40 余年的办学历史。1996 年首次通过全国高等学校建筑学专业教育（学士、硕士）评估，2012 年和 2019 年获得"优秀"，专业排名位居国内前列。2005 年为北京市品牌建设专业，2007 年为教育部特色专业，2011 年为"教育部卓越工程师教育培养计划"试点专业，2019 年获批国家级一流本科专业建设点，建筑设计本科育人团队获"北京市优秀本科育人团队"称号。专业依托的建筑学一级学科是北京市属高校高精尖学科。拥有建筑学一级学科硕士、博士授权点，形成了"本 - 硕 - 博"人才培养体系。

北京建筑大学建筑学专业坚持以北京地区高等教育布局框架为基准坐标，以北京地缘优势为专业发展立足点，以北京城乡建设人才需求为专业服务基础，以特色化发展模式为专业发展路径。坚持中国优秀文化与建筑技术复合型的人才培养目标，构建以建筑师职业基本素质训练为主轴，以文化传承自觉意识和技术创新主动精神培养为两线的人才培养体系，倡导并推行富有专业特色的"教学评展著"五位一体教学建设模式。

3.1.1.2　推进专业建设和改革的主要思路

抓住获批国家级一流本科专业建设点和北京市重点建设一流专业的重要契机，

坚持"立足北京，面向全国，放眼世界"的战略定位，紧扣国家对人才培养提出的新需求，实施创新与特色发展，力求把建筑学专业建设成国际知名的本科专业。

（1）对标《堪培拉协议》，紧扣国家及行业发展新要求，建设国际水准的建筑学专业创新人才培养体系。

（2）发挥特色优势，全面探索专业方向的发展特色。

（3）夯实内功，引育人才和团队，建设一流师资队伍。

（4）坚持立足北京，开展教科深度融合。

（5）瞄准前沿知识，注重学科交叉与新技术的应用。

（6）深度挖掘国际资源，拓展师生国际视野。

（7）以学生为中心，深入探索创新创业发展模式。

3.1.1.3　深化专业综合改革的主要措施和成效

1. 全方位加强人才培养的内涵建设

主要措施包括：

（1）调整专业人才培养目标。根据国家对人才培养提出的新要求，依托多年来形成的专业特色与优势，将人才培养目标由"实用型高级专业人才"调整为"培养具有社会责任感、实践能力、创新精神和国际视野的城乡建设高级专业骨干和领军人才"。

（2）优化专业人才培养体系。遵循将中国优秀文化自觉意识的培养融入人才培养全过程的教育理念，构建了以建筑师职业基本素质训练为主轴，以中国优秀文化传承自觉意识和技术创新主动精神培养为两线的人才培养体系；从思想意识、知识结构、业务能力三个方面明确了建筑学专业"3-20 人才培养规格"，制定了富有自身特色的培养方案。

（3）构建具有专业特色的"教学评展著"五位一体教学模式。

（4）深化教学改革，全面实施"一人一教改、教改全覆盖"。注重专业特点，强化理论教学与实践训练相结合，调动学生的主动性与参与性；通过顶层设计系统构建教育学管理模式，激发师生主体的责任感和创新意识。

（5）加大人才培养国际化力度。借助未来城市设计高精尖创新中心等国际化教学研发平台，组织国际联合教学工作营，拓展师生的国际化视野。

取得的主要成效：

（1）2019 年建筑学专业获批国家级一流专业建设点，2018 年获批北京市重点建设一流专业。

（2）多元视角的教学改革与研究获得了肯定。《注重中国优秀文化传承的建筑学专业人才培养体系研究与实践》获国家级教学成果一等奖，北京市教学成果一等奖；《以创新思维为引导的虚拟仿真设计教学体系研究与实践》获北京市教学成果一等奖；《多校联合、协同共享，探索地方高校卓越工程人才培养新机制》获北京市教学成果一等奖、《铸造大国工匠——"工程技术综合能力"培养的研究与实践》获北京市教学成果二等奖；教育理念与办学特色得到了全国建筑学专业教学指导委员会及同行院校的普遍认可，并产生了良好示范效应。

（3）紧密围绕专业特色，建立了以专业启蒙课程和建筑设计课程为核心，建筑理论课程、建筑史论课程和建筑技术课程为支撑，实践课程为延伸的立体化的课程体系；构建了"教学评展著"五位一体教学模式，实现了常态化的"评展"机制，如每学期的评展季，毕业设计评展，已经形成具有一定社会影响力的品牌活动。

（4）深入开展卓越工程师教育培养计划，包括崔愷院士、庄惟敏院士、王建国院士和张杰、胡越、张宇等勘察设计大师等近20名国内外设计师进入本科教学，受到学生们的热烈欢迎。

（5）坚持"教科深度融合，科研反哺教学"的指导思想，将服务于首都北京城市建设、服务于国家文化自信战略和服务于国家乡村振兴战略的科学研究和工程实践项目融入毕业设计、课程设计、实习、课外科技立项等6类教学环节中，产生广泛的社会影响。近五年建筑学专业学生在国内外设计竞赛中，获各类奖励110余项，其中31人次获得包括"国际建协UIA大学生建筑设计竞赛"在内的顶级国际奖项，学生创新实践能力显著增强。

（6）依托国际化平台，每年20余人次的本科学生赴国外参与学习交流。

2. 加强师资队伍建设

主要措施包括：

（1）注重人才引育。充分利用北京市高精尖学科和高精尖创新中心政策和平台优势，引进高水平专业人才；对标国家级教学名师、北京市教学名师、北京市青年教学名师的评选标准，建立教师的培育机制，加强名师培育。

（2）强化教学团队建设。组建以课程建设为依托的教学团队，形成了立体化的"课程建设负责制"教学组织架构。打造具有特色的教学示范团队。

（3）积极为青年教师培养搭建平台，建立传帮带机制，开展教学培训，鼓励青年教师参与国际交流，参加各种教学科研活动。

取得的主要成效：

（1）引进高层次人才 3 名（穆钧教授、林文洁教授、徐宗武教授级高工），围绕学科方向新进教师 12 名，其中 11 名有海外教育经历，构成了稳定合理的师资队伍。

（2）目前拥有长城学者 1 人，北京市高创计划领军人才 2 人，市级教学名师 3 人，市青年教学名师 1 人，北京市青年拔尖人才 1 人，市级青年骨干教师 4 人。获北京市青年教师基本功比赛（B 组）一等奖 1 人（囊括所有奖项），10 人获全国高等院校建筑学学科专业指导委员会优秀教案奖，多人指导全国大学生建筑设计竞赛获优秀指导教师称号。

（3）建立了全方位的青年教师培养机制。设立新入职教师导师制组织常态化的教学培训，观摩教学基本功比赛、参加教案比赛；每年组织安排参加全国性的教育教学会议和专业建设活动。全方位创造机会与条件拓展青年教师们的国际视野。借助"北京未来城市设计高精尖中心"平台，组织团队老师们作为来访的国际知名专家的联络人（助手），或作为暑期国际设计工作营的带队老师参与各种国际交流活动中。团队中所有青年老师们参与度为 100%。

（4）已陆续派俞天琦等 4 位教师赴国际知名大学如 MIT，美国北卡罗来纳大学等进行为期一年的研修。

（5）以核心建筑设计课程为示范，建立了纵横结合的立体化"课程建设负责制"教学组织架构，和以"教学评展著"教学模式为核心的教学示范团队。目前已经形成了不同的本科教学育人队伍，如"建筑设计本科育人团队""美术教学本科育人团队""建筑技术本科育人团队"等。2019 年"建筑设计本科育人团队"获得"北京市优秀本科育人团队"。

（6）已经形成建筑理论与建筑评论研究、绿色建筑与可持续技术研究、传统聚落与民居研究等约 10 支科研团队，先后获得"世界人居奖"三等奖、英国皇家建筑师学会"国际建筑奖"、住房和城乡建设部田园建筑优秀案例一等奖、世界建筑节"最佳推荐奖"、国家传统建筑文化保护示范工程、华夏建筑科技奖、全国优秀勘察设计奖、联合国教科文组织亚太地区文化遗产保护创新设计奖等 50 余项重要奖项。

3. 加强专业教学质量保障体系建设

主要措施包括：对标《堪培拉协议》和《全国高等学校建筑学专业教育评估标准》要求，通过"课程管控（课程目标、教师配置、教学内容、教学模式）、运行管控（运行制度化、规范化）与评价管控（课程外聘教师评图、教学督导、专业评估）"构建专业教学质量保障体系。加强教学质量管控协同力度，确保建设实效。

取得的主要成效：

（1）2019 年以"优秀"成绩通过全国高等学校建筑学专业教育评估。

（2）构建了校院两级相结合的教学质量监控体系。实现了以学院为组织实施主体、以系部或实验中心（实验室）为基础教学单位、教师与学生共同参与、学校为主导的全过程管理。学校教学工作委员会协调和组织全校教学管理工作；校督导委员会监督、检查和指导全校各个教学环节和各类教学活动；院教学督导组落实校督导委员会的工作计划，并监督、指导本学院（部）的教学环节和教学活动。

（3）教学文件管理规范化、制度化。按教育部《本科教学工作水平评估指标体系》和《全国高等学校建筑学专业教育评估标准》的要求进行编目、建档。院系（部、中心）两级分别存档。学院教学管理文件由学院办公室主任负责存档；各系（部、中心）教学管理文件由本部门主任负责存档。教学成果原始资料，包括理论教学和实践教学，其中理论教学按照考试课、考查课（讲授类、图示表达类），实践教学按照毕业设计、课程实习、实验，经课程负责人自检和系主任审核完后提交资料室验收存档。

3.1.2　双高专业群改革实践——内蒙古建筑职业技术学院

3.1.2.1　问题的提出

随着我国"一带一路"倡议、中国制造 2025 国家战略的实施，推进人类命运共同体建设的支柱性产业——建筑业，正在由规模数量型增长向质量效益型增长，建筑产业的"绿色节能、智能建造"转型升级，人才培养已然成为关键。建筑业转型升级带来的新技术、新理念、新需求，是职业教育人才培养模式革新的内生动力。

内蒙古建筑职业技术学院"供热通风与空调工程技术"专业群（以下简称供热专业群）以培养高素质复合型节能减排技术技能人才为目标，2019 年立项为国家高水平专业群。专业群的培育和建设基于三个方向的思考：

1.动态分析专业群岗位变化，确定专业群人才培养定位

通过多元融合的方式，对绿色建筑安装业岗位群的职业能力进行分析，确定专业群核心能力培养，即：在绿色建筑环境系统的决策与设计环节，准确把握绿色建筑设计标准要求，基于 BIM 的管线综合、融入新能源应用技术；在建造环节，建立绿色施工理念，编制绿色施工方案，采用绿色施工技术；在运行环节，基于"物联网 +BIM 技术"的水、暖、电、空调等运行系统的有序、高效集成。依靠"三阶段递进式"的人才培养模式，培养出可以适应绿色建筑安装业的规划设计、安装施工、运行维护等全产业链需求的具有可持续发展能力的复合型技术技能人才。

2.紧密对接现代建筑安装产业链发展，打造高水平专业群

依托绿色建筑安装产业，应用"物联网 + BIM 技术"将水、暖、电、空调等运行系统从设计思路到工程实体及后期运维全过程高效协同，实现最大程度的节能降耗。对应"绿色建筑节能决策 - 系统节能设计 - 绿色施工 - 运行维护"产业链，准确把握产业对高水平技术技能人才的需求变化趋势，以"供热通风与空调工程专业"为引领，加入给排水工程技术专业、建筑电气工程技术专业、建筑智能化工程技术专业、建筑设备工程技术专业构建专业群，打造绿色建筑安装业全生命周期的产业链。推行"1+X"证书制度，重构专业群课程体系。共享专业群教学资源，为建筑节能降耗提供人力资源和技术保障。

3.集群优势，多专业融合，定靶绿色节能

根据"服务产业相同、工作岗位相关、专业基础相近、教学资源共享"的原则，组建供热通风与空调工程技术专业群。专业群以国家级示范、国家级骨干专业—供热通风与空调工程技术专业引领，带动给排水工程技术、建筑电气工程技术、建筑智能化工程技术、建筑设备工程技术专业共同发展，凝聚专业群优势，共同打造绿色建筑安装产业，创设宜居的建筑环境，形成绿色运营模式，实现最大程度的建筑设备及系统节能，满足国家建设资源节约型、环境友好型生态文明社会要求。

供热通风与空调工程技术专业群效果图如图 3-1 所示。

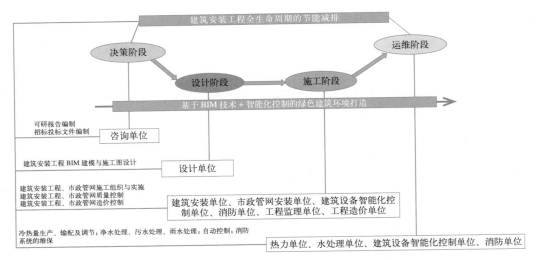

图 3-1　供热通风与空调工程技术专业群效果图

3.1.2.2　解决方案

供热专业群立足北方地区经济发展和建筑产业"绿色节能、智能建造"转型升级，主动服务国家绿色可持续发展战略。通过专业群建设，聚焦建筑安装业绿色节能发展，优化资源配置，深化教学改革，整体提升专业群发展水平。

依托学校政行企校理事会平台，以订单培养为抓手，创新"三阶段递进式"人才培养模式，立德树人，实施"职业岗位认知与职业素养培养 - 职业能力基础培养 - 职业岗位体验与职业能力提升"三阶段递进式人才培养，构建供热通风与空调工程技术专业群课程体系，凝练专业群人才培养方案。专业群培养具备国际视野和家国情怀的建筑安装产业绿色建筑运行系统设计、安装施工、运行维护工作的创新型、发展型、复合型技术技能人才，推进建筑安装业向绿色环保、智慧化方向发展。

供热专业群紧密对接现代建筑安装产业链发展，打造"能力突出、国际视野"的创新型、服务型教师团队，依托建筑安装技术技能培训中心，有效利用职业技能培训课程，为建筑安装企业技术人员、再就业人员、农民工等进行技术技能培训，为绿色施工、节能降耗技能提升提供人才保障。依托与建筑安装行业协会共同组建"建筑安装工程技术咨询室"，促进技术积累，面向社会开展技术攻关，服务地方经济。依托学校"引进来 走出去"发展战略，加强国际交流合作，拓宽团队教师视野，提升专业国际化能力。依托"企业学院"，与"一带一路"沿线国家开展建筑安装工程行业技能培训与技术服务。通过实施专业群建设项目，把供热通风与空调工程技术专业群建设成为综合实力强、服务国家支柱产业、培养质量高的国内一流、特色鲜明、国际领先的高水平专业群。

（1）人才培养方面：专业群构建育训一体、多元融合的"三阶段递进式"人才培养模式，实施"1+X"证书制度。

（2）专业群建设方面：建设开放共享的专业群课程教学资源；一个线上暖通博物馆；校企共建院级＋自治区级精品在线开放课程；校企合作开发培训课程资源；校企共同开发新形态教材；充分利用各类课程库资源，实施"线上＋线下"混合式教学。采用 VR 和智能控制技术融合，校企合作开发专业群模拟仿真系统，实现沉浸式体验教学；打造"能力突出、国际视野"的创新型服务型国家级教学团队；完善"双师三能"型特色教师队伍建设，聚焦"1+X"证书制度开展教师培训；聘任行业精英，建立高水平兼职教师队伍；加强校内外实训基地建设，为建筑安装工程全生命周期进行职业能力培养提供实践场所。

（3）技术创新和研发能力方面：以"产学研训创"为中心，搭建"职业技术技能培训平台""大学生科技创新创业平台"双平台，成立建筑安装工程技术咨询室，积极开展对社会的技术服务、业务咨询等工作，成为区域技术服务中心，形成较强的社会服务能力，通过与企业合作完成或独立完成工程项目，为北方地区经济建设服务。

（4）积极参与国际化技术交流，搭建师资培养平台。发挥区位优势，面向服务中蒙俄经济走廊，伴随"一带一路"服务企业走出去，服务产业与企业的国际化服务；积极搭建亚非拉发展中国家提供职业教育服务渠道。参照国际建筑类专业认证标准，开展专业群建设与认证，构建形成具有中国特色的、国际标准的建筑设备类职业教育标准体系，并向国外进行推广。

3.1.2.3　方案实施

1. 开发"三阶段递进式"的人才培养模式

在学校"政行企校"合作发展理事会的平台上，由"政府主导、行业推动、企业参与、学校育人"四方联动，成立由行业、企业、学校共同参与的供热通风与空调工程技术专业群建设指导委员会。建立"校企双主体"合作长效机制，推动校企双方合作主导作用，形成发展共同体。在人才培养方面，供热通风与空调工程技术专业群创新"三阶段递进式"的人才培养模式。校企合作开发适应"1+X 证书"需求的课程，面向职业院校学生、从业人员、劳动力转移、下岗再就业、复转军人等群体，开展学历教育、职业技能培训和职业资格鉴定。

2. 教学方法改革

（1）基于暖通空调系统、建筑给排水系统、水处理工艺等系统规模庞大且复杂，运行调节困难，采用 VR 和智能控制技术融合，校企合作开发系统调试运行模拟仿真模型，实现沉浸式体验增强学生的代入感，提高系统认知类课程学习效率。通过仿真模型实现系统节能运行试验，开发智能化系统仿真模型，进行真实运行调节试验，探索降低系统能耗的方法，为各实际系统运行调节积累能耗数据，促进建筑安装工程的全生命周期的节能减排、绿色可持续发展。

（2）通过智慧教室，有效调用专业群资源库中的资源，利用暖通博物馆等实训条件，实施"线上＋线下"混合式教学，满足学生个性化学习需求，实现时时可学，提高教与学效率。

（3）采用任务驱动教学，采用理实一体化设计，试行混合式教学手段，采用多元化课程评价手段，注重应用实践操作考核，突出学生职业能力培养，体现以学生就业为导向，践行课岗证融通机制。

（4）根据专业群中不同的岗位课程特点，体现以工作情景为支撑，灵活采用任务驱动、项目导向、案例教学、情景模拟、现场指导、综合练习等教学方式。

3. 打造创新型、研究型服务教学团队

打造创新型、研究型服务教学团队，开展绿色、环保、节能领域方向应用课题研究，与区域供热企业、水处理企业合作开展节能、环保产品的研究与开发，在绿色、环保、节能领域研究成果水平达区域领先。

4. 课程资源建设

秉持"节能减排、绿色可持续发展"理念，建设具有"职业性、情境性、过程性、主体性、智能性"的供热通风与空调工程专业群课程资源库，开发建筑安装工程职业技能培训包。创设"时时可学""样样有学"的平台，培养学生自主学习能力及终身学习意识，培养学生具有可持续发展的能力。

依托内建院网络教学平台，遵循建筑安装岗位"节能减排、绿色可持续发展"理念，与暖通空调企业、水处理企业、建筑电气企业、智能化企业合作成立课程团队，进行课程建设。

5. 开发新型教材

校企合作，开发专业群核心课程新形态教材，按照"决策、设计、施工、运维"的建筑安装工程项目全生命周期，选取典型工作任务，融入新技术、新材料、新工艺。调研论证、规划多学科融合的 MOOC 全媒体教材内容。利用专业群教学资源库资源，编写教材，建立教材与资源的对应关系。跟踪技术前沿，动态调整教材数字资源，试用出版，并推广。

根据建筑安装工程行业发展需求，走访企业，调研四类人员的就业岗位及岗位要求，进行职业岗位分析，提炼典型工作任务，校企"双元"合作，融入新技术、新材料、新工艺，开发工作手册式培训教材，切实提升四类人员的专业能力。

6. 专业群实训基地建设

校内实训基地建设专业群与区内外建筑安装工程企业合作，秉承"节能环保、绿色可持续发展"理念，在原有基础上新建或扩建实训室，形成建筑安装工程智能化中心、建筑安装工程技能训练与鉴定基地、建筑设备类 BIM 技术应用中心 3 类实训基地，用以支撑专业群人才培养及社会培训。

7. 校外实训基地建设

建设"自治区示范性校外实训基地"，筑牢高素质技术技能人才培养根基。根据建筑安装工程产业链人才培养需要，加强与行业领先企业合作，新建建筑安装类企业、供热企业、制冷空调企业、水处理企业、智能化企业等 20 家校外实训基地，使校外实训基地总数达 50 家；依托企业设备、技术和人才资源，形成设备先进、优势互补的企业实训体系，满足专业群校外认识实习、综合实训、顶岗实习等教学需求，培养高素质技术技能人才。

8. 技术技能平台建设

建设技术服务平台。与自治区住房和城乡建设厅、特种设备检验院、建筑业协会、大型供热公司、建筑安装公司等合作，组建成立政行企校四方管理委员会，开发技术服务平台及平台 APP 移动客户端。与建筑安装工程类企业合作，开展关键技术调研，建立技术问题库，确定技术服务方向，定期发布技术攻关人员招募，开展技术攻关。提炼建筑安装领域关键技术解决案例，建立技术方案库。打造建筑安装领域的技术交流平台，推进建筑安装行业"节能减排绿色可持续发展"进程。

建设职业技术技能培训平台。依托内蒙古建筑职业技术学院校企合作理事会，搭建建筑安装技术技能培训平台；与自治区住房和城乡建设厅、特种设备检验院、建筑业协会、大型供热公司、建筑安装公司等合作，开发成立建筑安装技术技能平台；确定职业技能培训规模及方向；利用已开发线上培训资源，结合线下实训资源，开展"线上＋线下"培训；依托供热通风与空调工程技术专业群成立"建筑安装工程技术咨询室"。

建设大学生科技创新创业中心。依托内建院大学生科技发明与创新创业中心，围绕建筑安装工程领域，以"生态、环保、节能、绿色可持续"为主要内容，开展创新创业培训，组建学生社团，指导学生开展创新创业项目，培养学生创新能力。

9. 国际交流与合作

（1）发挥区位优势，面向服务中蒙俄经济走廊，伴随"一带一路"服务企业走出去，服务产业与企业的国际化服务；积极搭建亚非拉发展中国家提供职业教育服务渠道。

（2）发挥桥头堡作用，为自治区引入优质的国际化建筑安装产业资源和职业教育资源。

（3）学习德国、英国等国际先进职业教育模式和北欧高寒国家供热与通风领域先进理念和先进技术，培育具备国际视域的高水平教学、科研、服务师资团队。

（4）参照国际建筑类专业认证标准，开展专业群建设与认证，构建形成具有中国特色的、国际标准的建筑设备类职业教育标准体系，并向国外进行推广。

3.1.2.4　特色与创新

1. 立德树人，创新人才培养模式

（1）以"立德树人"为根本，开发专业群课程思政课程。贯彻习近平生态观和两山理论，围绕"立德树人"根本任务，构建"节能减排、绿色可持续发展"为内核的能力素养模型与课程，全面建设课程思政和专业群特色劳动教育系列课程，支撑专业群人才德智体美劳全面发展。供热通风与空调工程技术专业群的人才培养过程中遵循弹性学制原则，网络学习学分与学校学习学分互认。坚持人文素质养成与专业技能培养并重、综合素质与专业能力共同发展；将企业和岗位要素融入教育教学全过程，推行面向企业真实生产环境的任务式培养模式，推进实体化运作，实现校企资源优势互补、共建共赢。紧紧围绕"立德树人"根本任务，建设以绿色可持续发展为核心，以"生态、环保、节能"为内容的课程思政人才培养创新模式，基于专业课开发典型课程思政案例,支撑专业群的核心定位;加强劳动教育,形成以劳树德、以劳增智、以劳强体、以劳育美,开发特色劳动教育系列课程,支撑专业群高素质复合型人才培养。

(2)开发"三阶段递进式"的人才培养模式。供热通风与空调工程技术专业群将人才培养过程分为"职业岗位认知与职业素养培养 - 职业能力基础培养 - 职业岗位体验与职业能力提升"三个递进阶段,践行"1+X"证书制度。"三阶段递进式"的人才培养模式如图 3-2 所示。

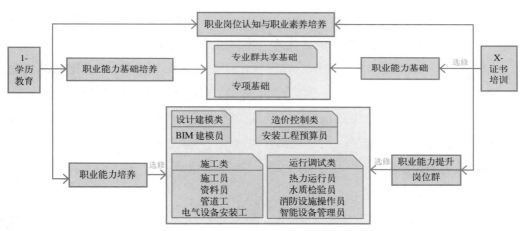

图 3-2　"三阶段递进式"人才培养模式

2. 打造创新型、研究型服务教学团队

打造创新型、研究型服务教学团队,开展绿色、环保、节能领域方向应用课题研究,与区域供热企业、水处理企业合作开展节能、环保产品的研究与开发,在绿色、环保、节能领域研究成果水平达区域领先。团队获得第二批国家级教师教学创新团队。团队建设模型如图 3-3 所示。

3. 技术创新

专业群以内蒙古建筑职业技术学院网络教学平台(泛雅平台)为依托,建立供热通风与空调工程技术专业群资源库,设立"职业技能培训中心"对接行业绿色施工、智能化升级、服务升级的需求,打造创新型服务型教学团队,开展绿色、节能、环保领域方向的施工质量监控、智慧管网运行维护等技术创新研发。围绕绿色、环

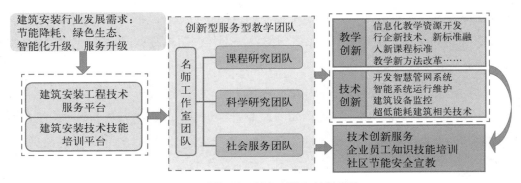

图 3-3　创新型、研究型服务教学团队

保、节能领域方向开发供热、给水排水、智能化设备等节能、环保产品，申报国家专利 10 项，开展技术应用课题研究 2 项；围绕专业群建设，申报教学改革课题 10 项，获自治区教学成果 2 项，发表论文 80 篇；进行 2 次教学改革经验交流分享，推广教学改革成果。在自治区范围内举办职业教师师资培训、职业资格培训等，开展技术研发及技术咨询服务，满足专业群教学和行业企业社会服务的需要，发挥协同创新。

3.1.2.5　效果分析

学校双高专业群建设两年来，在理念革新、队伍培养、示范带动等方面取得良好成效。

（1）理念革新。学校以双高计划实施为契机，启动全员的对《国家职业教育改革实施方案》、《职业教育提质培优行动计划》等党和国家的职业教育方针的大学习和大讨论，全员改革理念大幅提升，激发起全校上下改革创新的主动性。

（2）队伍培养。学校先后成立双高项目、提质培优计划、三级专业群等工作团队，构建学校、团队、二级院（部门）三级工作机制，培育了一大批中青年业务骨干，为学校改革发展奠定人才基础。

（3）示范带动。供热通风与空调工程技术专业群在人才培养、招生就业、技术服务、团队建设等方面均取得突出业绩，带动了学校自治区级、校级专业群的高水平建设，同时也辐射示范自治区中高职兄弟院校的专业（群）建设。并衍生发展出学校的"国家示范性虚拟仿真实训基地"、自治区十四五"书记校长开局项目"、自治区"三全育人试点校"等项目的建设。

3.1.3 落实"三教"改革，推进现代学徒制教育——上海市建筑工程学校

3.1.3.1 实施背景

我国职业教育有近千个专业、近 10 万个专业点，但在教师、教材、教法上存在不少薄弱环节，成为影响职业教育质量的重要因素。

上海市建筑工程学校贯彻落实《国家职业教育改革实施方案》（职教 20 条）方案为背景，开展学校的"三教"改革。重点关注解决职业教育在教师、教材、教法中存在的问题。"三教"改革中，教师是根本，教材是基础，教法是途径，以现代学徒制为切入点，抓住"三教"改革理念核心，深化职业教育改革背景下打造建筑装饰高素质技术技能人才培养高地的实践意义和理论价值。

3.1.3.2 主要目标

上海市建筑工程学校与上海市建筑学会室内外环境设计专业委员会及其副主任单位上海全筑装饰集团股份有限公司在现代学徒制试点建设过程中，落实三教改革主体内容，抓住"教师、教材、教法"创新改革，助力建筑装饰专业现代学徒制人才培养。

3.1.3.3 过程与做法

1. 加强顶层设计，构建双导师队伍

（1）建立制度保障，组建双导师教学团队。学校和企业共同制定《双导师建设方案》《双导师年度双向锻炼计划》和《双导师考核管理办法》，按照"方案—组建—发展—考评"的建设思路构建双导师队伍体系。互派人员、双向兼职、双重身份使兼职人员有岗位职务、有导师职责、有具体任务、有相应待遇、有锻炼提高，有考核评价，充分发挥专兼职教师的组合优势。

（2）校企双向培养，双导师具备双技能。细化措施，将培养工作做实做强。一是针对学校专业课教师开展企业实践锻炼，6 名教师到企业工作，参与企业的技术开发、产品更新、设备改造等，专业岗位操作能力得到提高。二是对企业教师开展教学技能培训，使他们了解中职学徒的心理和学习特点，提升企业导师的带徒教学能力。

2. 创新教学模式，推进教学法改革

（1）采用混合教学模式，推进教学改革技术支撑。线上课堂通过使用建筑装饰

专业教学资源云平台、腾讯课堂、超星学习通和市级精品在线课程平台，传授企业文化、行业标准、基本职业规范，促进拓展学习。线下课堂借鉴"情境认知"学习理论，让学生在模拟工作环境中自主工作、独立学习、共同研讨，把岗位需要的基础知识与工作任务的知识体系结合起来。采用企业岗位课堂，完成综合技能训练，提升实战能力。

（2）突出仿真教学教法，创新现代学徒制深度发展。教师通过教研活动、头脑风暴、校外培训、企业实践、公开课展示、教法比赛，认真钻研教法，积极实践探索，以"需求"为"导向"，在现代学徒制教学中实施项目教学、案例教学、任务驱动等仿真教学等行动导向教学法的共识，建设标准化教学设计，从实际工作任务出发，利用真实有效的工作问题或情境，以激发学徒的学习兴趣和探究欲望，教学过程能在解决具体工作问题中，让学徒按照实际工作操作过程和规范进行。

（3）采用"双向双融通"，构建校企合作新格局。以"双向双融通"为主要途径，校企双方师资互兼互聘；加大教师与企业受聘人员的培训和引进力度，培养学校教师的专业能力、实践教学能力和科学研究能力；建立结构化师资团队，构建"功能整合、结构合理、任务明确"的校企新格局。

3. 校企协同共研，创新教材内容

（1）典型案例转化为教学项目。由企业导师选择典型生产案例，双方导师分析其中蕴含的知识和技能，根据学生的学习习惯和特点，精心组织编排，转化为由浅入深、由易到难的学习项目。每个项目都涵盖完整的工作过程，所有项目遵循"改变的是学习内容，不变的是工作流程"。

（2）开发新型活页式、工作手册式教材。校企双方借鉴企业工单和作业任务书的形式，开发《建筑初步》《建筑装饰设计与方案绘制》活页式、工作手册式任务书，使师生每次课程都有明确的学习任务、明晰的任务完成标准、多方参与的评价讨论和总结反思，构成一个完整的学习过程。

3.1.3.4 效果与经验

（1）坚持质量第一，"三教"改革成果明显。学校建成上海市名师工作室1个，技能大师工作室1个，企业特聘师资团队4个，聘请企业工匠和技能大师4名，企业技术骨干29名，2名教师担任行指委委员。主持开发5项上海市专业教学标准，1项上海市教师企业实践培训标准。近三年，完成市级精品课程和在线开放课程11

门，编写各类教材 33 本，其中《建筑初步》教材被评为上海市优秀校本教材。教师共计荣获省部级以上奖项 99 项，其中国家级教学成果奖 1 项，市级教学成果奖 2 项，全国教师教学能力比赛奖项 3 个。参与 5 个项目"1+X"证书试点。

（2）坚持立德树人，人才培养质量持续提高。学校坚持立德与树人、育人与育才有机结合，学生就业率保持在 98% 以上，企业对毕业生满意率超过 95%。近三年，2 名学生入选第 45、46 届世赛国家集训队，35 名学生获全国职业院校技能大赛奖项，10 名学生获上海市互联网 + 创新创业大赛金奖，学生在全国青少年航空无人机科普大赛中获团体特等奖，学校获得首届上海市黄炎培职业教育奖优秀学校奖。

（3）坚持合作创新，社会服务能力明显增强。学校与上海建工集团、广联达等企业共建产学研合作基地，为社会培训及技能鉴定 4 万余人次。为"一带一路"沿线 11 个国家与地区培训基础设施建设人才 586 人次，师生参与国际交流活动 23 人次，累计开设中小学生职业体验项目 28 项，体验人数达 5000 余人次，2019 年荣获上海市职业体验活动优秀组织奖。参与志愿者服务 4695 人次，学校获"上海市先进志愿者服务集体"荣誉。

3.1.4　聚焦立德树人根本任务，培育建设领域大国工匠——西安建筑工程技师学院

西安建筑工程技师学院是经陕西省人社厅批准成立的一所以建筑类专业为特色的民办全日制省级重点技工院校。现占地面积 200 亩，建筑面积 12 万 m^2，在校生约 5000 人，开设 20 余个专业。学院充分发挥党委的政治核心作用，紧密围绕"旗帜鲜明抓党建，德育为首抓教学，崇尚技能育工匠"的办学指导思想，全面实施"党建引领，世赛推动"的发展战略，充分发挥技能竞赛对技能成才的示范引领作用，积极开展德育教育活动、以党建带团建，主动担责，脱贫攻坚，深化教育教学改革，推进校企深度融合，实现学院招生就业与企业一站式对接，在招生过程中加强诚信宣传，在教育教学过程中规范管理，通过一系列措施，有力地推动了学院持续、稳定、健康发展。目前，学院是国家级高技能人才培训基地和第 46 届世界技能大赛数字建造项目中国集训基地，是陕西省专业技术人员继续教育基地、陕西省技工院校班主任素质拓展基地、陕西省建筑工人技能培训鉴定机构。因办学成绩突出，先后被人力资源和社会保障部、教育部授予"国家高技能人才培育突出贡献单位""全国

中等职业学校德育工作先进集体"荣誉称号。院党委被中共陕西省委组织部评为"社会组织党建先进典型""陕西省非公经济组织和社会组织党建工作优秀品牌"，2018年6月被命名为"五星级党组织"。

3.1.4.1　党建引领，聚焦立德树人根本任务

1. 旗帜鲜明抓党建，立德树人育英才

党的十九大报告指出：党政军民学，东西南北中，党是领导一切的。习近平总书记要求抓好党建工作"两个覆盖"，确保党的政策方针全部落实到位。学院根据这一精神，提高政治站位，深入开展党建工作，强基固本，发挥党组织在学院发展中的政治核心作用，巧妙地把中国梦与教育梦、发展梦、教工梦、学生梦联系在一起，为学院发展、教工奋斗提供了不竭的动力，坚信共产党好、国家好，学院才会好，大家才会好，铭记党恩跟党走，搞好党建，服务于学院长远发展和国家建设，培养合格的社会主义建设者。

西安建筑工程技师学院把习近平总书记在全国教育工作大会重要讲话精神作为办学治学教学的纲领，把培养德智体美劳全面发展的社会主义建设者和接班人作为使命，把正确解答"培养什么人、怎样培养人、为谁培养人"这一根本问题融入教育教学全过程，把立德树人作为中心环节，不断强化政治功能、提升队伍素质、聚力品牌建设，不断增强党组织的凝聚力和战斗力，培师德，铸师魂，为聚焦学院立德树人的根本任务提供了坚强的组织保证。

2. 加强思想政治辅导员队伍建设，发挥战斗堡垒作用

学院结合"两学一做"学习教育的深入开展，对职业教育师资队伍建设进行了积极探索，着力提高教师党员整体素质，发挥教师党员新时代先锋模范作用，打造出一支业务精良、爱生如子、爱岗敬业、师德高尚的师资队伍。

辅导员是第三党支部公寓党员示范岗主要成员，他们实行党建工作进公寓，在四号学生公寓设立党员示范岗，实行了政治思想工作进公寓，为民服务进公寓，脱贫攻坚帮扶进公寓，防控疫情进公寓，将党扎根于学生之中，随时解决学生中发生的各种问题，让党建工作接地气。作为普通教师党员，在平凡的工作岗位中，他们把践行新时代先锋模范，全心全意为人民服务的宗旨落到了实处。

自新冠肺炎疫情发生以来，第三党支部公寓党员示范岗成员始终奋战在抗疫一线。2020年5月14日，学院党委要求第三党支部立即行动，以最快速度完成公寓

楼清扫和消毒任务。党员示范岗的成员向第三党支部主动申请，要求为全院 5000 多名学生晒被子。党员干部冲锋在前，制定了详细的实施方案，一是给每位成员分配任务，每人每天 15 间宿舍，每人每天晾晒 100 床被褥；二是划分晾晒区域，给每床被褥编号，避免被褥拿错放错；三是对每间宿舍进行打扫清理消毒。尽快完成任务，他们连续奋战五天，每天累得腰酸背痛，但坚持轻伤不下火线，最后圆满完成学院交给的疫情消杀任务。很多同学在自媒体上看到了老师给自己晒被子照片，感动得流下了眼泪，给老师打电话、发微信道谢，老师们却说：同学们，我们是共产党员，是党员就要有担当，就要冲锋在前，希望你们将来到工作岗位上也像老师一样，主动担责，做好本职工作，为国家建设做贡献。

3. 设立教师党员先锋岗，发挥模范带头作用

第一党支部积极发挥党员教师的模范带头作用，成立教务部门党小组，设立教师党员先锋岗。先锋岗开展多样的政治学习和教育教研活动，始终把扎实党建和德育教育作为政治任务，在教师队伍中形成了一颗红心万丈光芒的蜡烛精神。教务处发动青年党员教师开设兴趣班，利用课余时间给学生免费辅导，为学生就业拓宽路子。实训中心党员先锋岗的教师牺牲假期和双休时间，加班加点培训世界技能大赛参赛选手，积极筹备各类比赛。

在教师党员的带动下，学院共成立了 17 个专业兴趣班，加强学生动手能力的培养和第二课堂的学习。开展职业技能竞赛活动，在全院形成"人人学技能，人人比技能"的良好学习氛围。通过"大国工匠""中国大能手"等一系列的教育片，让学生树立"技能就业、技能成才"的自信心。激发学生某一技能学习兴趣，树立学生自信，拉动学生各学科全面发展，从而达到技能成才的目的。

学院教师通过思政课程和课程思政巧妙地把中国梦与学子成才梦联系在一起，在教育教学中大力弘扬劳模精神、劳动精神、工匠精神，增进同学们对技能成才观念的认同，切实增强他们的职业荣誉感、自豪感。老师们还通过设立分段晋升制度等激励广大学子积极报名参加技能竞赛，不畏挑战，不懈奋斗，以赛促学，提升技能本领，追逐青春梦想，走技能成才、技能报国之路。

3.1.4.2　世赛推动，培育建设领域大国工匠

1. 崇尚技能育工匠，世赛取得新突破

为深入贯彻习近平总书记对技能人才工作的重要指示和李克强总理批示精神，

充分发挥世界技能大赛和全国技能大赛的引领示范作用，学院以技能竞赛为抓手，树匠心、育匠人、出精品，在教育教学中大力弘扬工匠精神，培育了一批技艺超群、敬业奉献的技能人才队伍，在全校营造出崇尚技能、技能成才的良好氛围。

2018 年学院代表陕西参加第 45 届世赛全国选拔赛，精细木工和砌筑项目共有两名选手入围中国国家集训队。2020 年学院参加第 46 届世界技能大赛全国选拔赛，分别在砌筑、瓷砖贴面、精细木工、抹灰与隔墙系统、建筑信息建模五个赛项中五人晋级中国国家集训队，其中两人荣获"全国技术能手"荣誉称号，一人荣获"最佳选手"荣誉称号，一人荣获"西部技能之星"荣誉称号，六人荣获全国技能大赛"优胜奖"。

2. 以赛促建，办学条件进一步改善

以技能大赛为参照，促进实训基地建设。在技能大赛训练过程中，实训基地是技能训练的最佳场所，因此为取得好成绩，必须加强实训基地的建设，改善实训条件，使学生能够在良好的环境中得到充分的实践训练，同时也为教学改革做好硬件准备。近十年来，学校购进了大量先进的实训设备，加快了实训基地设备的更新换代，使学校实验、实训条件得到改善，为培养更多大国工匠打下了坚实的基础。

作为具有以建筑类专业为特色的技工院校，为了使建筑类专业人才与行业无缝接轨，高度融合，重点解决建筑类专业学生观摩教学难、现场实习周期长、安全隐患多，施工单位不愿承担接纳学生实习任务等诸多疑难问题，学院在教学教研活动中经过充分调研，开发了情景再现模拟教学平台项目，该项目投资 300 余万元，共分 10 大类，涵盖建筑工程所有专业 200 多个知识点，使教学内容得到了扩大和深化，达到了直观、易教、易学、易懂的目的，培养出了一大批懂技术、会管理、能施工、精工艺、善沟通、巧协调的全面型建筑类一线人才。该项目荣获《第十四届全国实验实训设备类优秀科研成果》一等奖。

3. 以赛促教，切实提高教学质量

通过参加世界技能大赛，我们尝到了以赛促教的甜头。技能大赛表面上是在"赛学生"，实质上是在"赛教师"，教师水平的高低直接影响大赛的成败。对于教师来说，不仅仅要掌握扎实的专业知识，更重要的是要知道如何将自己的专业技能传授给学生，如何发挥技工学校的优势，培养出技术强素质高，在技能大赛中能立于不败之地的学生，这就对我们学院的教师提出了更高的要求，经常参加各类技能大赛，对教师的专业能力和教学水平是一个极大的促进。在技能大赛这个"指挥棒"下，教师需要及时更新教学理念，转变教学观念，学习新知识、新设备、新技能，运用先进的教学方法，改变传统的教学模式，主动适应就业岗位及职业技能的要求，将课堂的主动权还给学生，倡导自主学习，培养创新能力，全面提升教师的教育教学水平，切实提高教学质量。

4. 以赛促学，培养大批建设领域未来工匠

我国是技能人才大国，也是制造业大国，当前，我国正处在从工业大国向工业强国迈进的关键时期，培育和弘扬严谨认真、精益求精、追求完美的工匠精神，对于建设制造强国具有重要意义。为此，学院以树匠心、育匠人、出精品为抓手，在教育教学中大力弘扬工匠精神，培育一批技艺超群、敬业奉献的技能人才队伍，为推进中国制造的"品质革命"提供源源不断的动力。学院以技能大赛为载体，促进学生全面发展。在技能大赛的选拔、训练、参赛等过程中，培养了学生扎实的理论知识和操作技能的同时，还培养了学生良好的心理素质、职业素质和就业能力，培养出一批在建设领域生产、服务和管理一线的高素质劳动者和技能型综合性人才。

技工学校学生大部分来自于中考或高考成绩较差升学无望者，缺乏自信，学习积极性较差，但实际上他们绝非是智力和能力不足。技能大赛充分体现选手的责任心、组织纪律性、沟通能力、团队合作能力、终身学习能力、创新意识等职业素质，好的比赛成绩是靠扎实的训练和很高的职业素质来保证，增强了创新意识、具有团队合作精神和沟通能力等，为他们终身学习、继续深造和走向工作岗位都奠定了良好的基础。教师在教学中有效地利用大赛机制，调动学生学习积极性，明确学习动机。从技能大赛的选拔开始，就鼓励学生，使他们增强信心。当学生通过自己的努力很好地完成大赛任务，取得好成绩的时候，自信心更加强大了。

5. 技能扶贫，撑起贫困学子青春梦

为深入贯彻落实国家的扶贫政策，院党委在陕西省人社厅的指导下，勇于担当，认真履行社会责任，通过依托技能帮扶、开展精准扶贫、保证学生无忧入读等方式，帮助贫困家庭拔掉"穷根"，在全校营造关爱农村贫困学生的良好氛围，解除农村贫困家庭的后顾之忧。西安建筑工程技师学院党委批准成立学院脱贫攻坚帮扶资金管理办公室，划拨转款对在校贫困学生实施技能与经济双帮扶，为对口扶贫建档立卡的贫困户子女开设入学、生活、就业绿色通道，免除学费，免除住宿费，免除杂费，利用学院帮扶资金对其生活进行资助。

2018 年、2019 年、2020 年连续三年，党委全体党员放弃寒假休息时间，对在读的建档立卡贫困学生家庭走访慰问，将国家的"技能脱贫千校行动"政策和 500 元现金、米、面、油送到 196 名学生家里，摸清贫困家庭实况，以便在实施精准帮扶工作时"对症下药"，让每一位贫困学生不因家庭困难而辍学，不因贫困而掉队，使他们能够通过一技之长实现自己的青春梦、中国梦。

3.2　继续教育与职业培训案例分析

3.2.1　突出实践导向　致力精准赋能——中国建筑 2020 年"项目铁三角"示范培训

治企之要，首要在人。《2018—2022 年全国干部教育培训规划》明确提出：干部教育培训是干部队伍建设的先导性、基础性、战略性工程。在中国特色社会主义进入新时代，深入推进国有企业全面深化改革的新形势下，中国建筑集团有限公司（以下简称"中建集团"）在 2020 年党的建设工作会议暨 2020 年工作会议上提出了"一创五强"战略目标，即：以创建具有全球竞争力的世界一流企业为牵引，致力成为价值创造力强、国际竞争力强、行业引领力强、品牌影响力强、文化软实力强的世界一流企业集团。在实现"一创五强"这项宏大的系统工程中，持续提升项目建造管理水平无疑是一项关键的基础性、支撑性工作，为此，高质量开展对项目经理、商务经理、技术总工这支"铁三角"队伍其能力素质全面提升的培训，就显得尤为重要和迫切。

中建党校（中建管理学院）秉持"服务集团发展战略、培养核心骨干人才"的工作方向，在中建集团人力资源部（干部人事部）的领导支持下，于 2020 年 10 月举办了中国建筑"项目铁三角"培训班，在示范打造中建特色的项目关键岗位人员培训案例上取得了良好的工作实效。

3.2.1.1　背景介绍

1. 项目缘起

工程项目是建筑企业面向社会的形象窗口，也是企业生产经营的基础支点，更是企业经济效益的根本源泉。由项目经理、商务经理、技术总工构成的"项目铁三角"，其重要性好比项目支柱，只有使这些"项目支柱"在自身能力素质上"站得高、立得住"，才能更好带领项目团队在工程建造管理过程中，不断夯实基础管理水平，推动精益管理和创新能力持续提升，促进项目策划到位、技术保障得力、工程履约优质、商务管理精细，为实现中建集团"一创五强"战略目标、落实"166"战略举措提供项目管理支撑。

2. 实施方式

"项目铁三角"示范培训班，由中建集团人力资源部（干部人事部）主办，中建党校（中建管理学院）、中建五局信和学院联合承办，培训地点设在湖南长沙。培训时间为 2020 年 10 月 11 日～ 14 日，为期 4 天。学员遴选于中建集团各工程局、中建新疆建工、中建西勘院以及中建交通的项目经理、技术总工和商务经理，共计 69 名。同时，为充分发挥示范带动作用，还组织了来自相关参训单位的 8 名培训经理作为此次示范培训班观察员，全程参与培训。

3. 培训目标

此次"项目铁三角"示范培训班，坚持问题导向、突出实践需求。通过前期开展"摸底"调研，了解到基层单位在工程项目管理中的诸多困惑，特别是随着专业要求和职责分工的越来越细，工程项目岗位间存在一定程度上的专业壁垒，各业务线条本位主义凸显，项目班子主要成员主动换位思考的意识动能不足，诸如此类的问题在很大程度上影响了团队互融和项目协同。基于这些问题，举办"项目铁三角"培训恰逢其时、目的明确，就是要突出实践需求，通过强化"项目支柱"人员的思维理念和专业能力，破解企业工程项目管理中的融合难题、活力难题、创效难题，形成"支柱更牢固、运转更高效、协同更顺畅"的管理合力。因此，把以下三个方面作为"项目铁三角"队伍培训的主要目标：一是以绿色发展理念为引领，强化"项目铁三角"的新型建造思维；二是以打破专业壁垒为主旨，强化"项目铁三角"的融合共赢能力；三是以示范引领为目标，盘活集团内部优质师资，带动中建集团各子企业项目培训能力提升。

3.2.1.2　主要做法

1. 策划为先，认真做好培训项目组织

为发挥培训最大效能，确保实现培训目标，培训项目团队采取了一系列措施，科学精准地做好培训项目策划。

（1）专门组建项目培训组织。培训项目领导小组成员由中建集团人力资源部（干部人事部）和中建党校（中建管理学院）相关领导担任；工作小组成员由中建党校（中建管理学院）相关部门和中建五局信和学院培训项目负责人担任。此外，还邀请了中建集团内部工程、商务、技术线条业务专家担任项目小组顾问，共同参与培训项目策划，确保培训与业务紧密切合。通过组建领导小组和工作小组，明确了职责和分工，确保每项工作的顺利开展。

（2）专题召开项目策划会议。项目小组成员与业务专家一起通过"头脑风暴"的方式，讨论培训目标、培训对象、培训主题、需求调研方法及工具、分工节点等问题，最终确定："项目铁三角"培训对象为中建集团范围内具有 5 ～ 8 年岗位年限且至少有 2 个大型项目管理经验的在施项目项目经理、技术总工和商务经理；"项目铁三角"培训主题为"破壁垒，强融合"；"项目铁三角"培训调研采用一对一访谈和焦点小组访谈法；"项目铁三角"培训小组成员要有具体的职责分工和完成阶段目标节点。

（3）深入开展培训需求调研。培训小组坚持问题导向和以用促学原则，遴选中建集团范围内具有代表性的优秀项目经理、商务经理和技术总工，开展一对一访谈调研。从探寻项目管理过程中的难点、堵点入手，还原各业务线工作场景，了解"项目铁三角"工作中面临的实际问题与挑战、知识与能力提升的需求，运用"剥洋葱"访谈方式，层层挖掘"冰山"下的问题，找准理想与现实的真实差距，将收集到的信息进行梳理和分析。

2. 论证为要，系统推进培训项目设计

（1）细致校准培训课程需求。项目小组成员与业务专家就访谈调研结果进行校准、论证，在深入探讨业务和组织对于"项目铁三角"的理解与需求基础上，进一步明确课程设置，需紧紧围绕帮助"项目铁三角"开阔视野、转变思维，打破专业壁垒，强化项目团队的协作和互融，提升项目绩效这个导向来开展内容设计。

（2）全面盘点培训资源供给。培训小组在领导小组的支持下，充分调动全集团相关培训资源，筛选出中建集团内部符合"铁三角"需求的师资力量，结合外部合作机构提供的专业力、领导力课程和通用课程，深入推进培训内容设计。针对项目经理、商务经理、技术总工在专业知识需求上的差异化，重在聚焦项目管理创新要求、共性知识、优秀项目案例教学等方面，全面盘点教学资源，探求最佳教学培训效果。

（3）精准推出培训内容方案。通过充分沟通协调，培训小组前期盘点的教学资源很快得到了有效落实，尤其是中建集团内部各业务专家的教学在课程设计中得到了充分的彰显，也有力保证了此次"项目铁三角"培训的针对性、融合性和实践性。最终确定的培训方案内容为：一是安排业务专家授课，帮助学员激活旧知、输入新知；二是邀请具有典型性的不同类型项目的项目经理分享项目管理经验；三是设计"破壁垒、强融合"打造高绩效"铁三角"的专题研讨会与成果汇报会，引导学员群策群力、破解难题；四是安排项目参观活动，促进系统内经验交流。

3. 实施为重，高效推进培训项目运营

培训项目从策划到实施，在资源配置、教学活动中都做了诸多有益的探索，有力推动"项目铁三角"培训高效运营。

（1）首创培训项目观察员机制。此次培训班邀请了 8 名来自不同单位的培训经理作为观察员全程参与培训，零距离观察和了解学员学习感受，体验培训内容设计是否科学、精准，同时记录教学过程中的问题，并通过培训复盘会，相互交流，提出改进建议，为日后同类培训积累经验。中建新疆建工参照示范班模式，后续组织了 8 期"项目铁三角"培训班，均取得了良好的培训效果。观察员机制为其他子企业开展此类培训输出了模式、资源与经验。

（2）推进内外培训资源互补。"企业最大的浪费，就是经验的浪费"。依托培训项目，此次培训班师资"以内为主、以外为辅"，通过整合中建集团优质资源，定制化开发并优化专业课程，保证了课堂教学的前瞻性和针对性。为此，专门邀请住房和城乡建设部科技与产业化发展中心原副总工程师叶明、中建五局工程管理部总经理胡格文等业务专家授课，从绿色建筑与建筑工业化的创新发展，以及工程总承包管理知识、方法和工具在施工总承包项目管理中的应用方面进行授课，帮助学员激活旧知、输入新知。此外，还邀请中建一局三公司联邦财富西南总部大厦项目执行经理夏榆雄、中建五局三公司市政分公司副总经理皮远明、中建八局一公司工程管理部总经理姬祥、中建八局总承包公司文旅分公司党总支书记张帅分享典型项目施工案例，推广技术创新先进成果，交流项目管理经验。

（3）运用知行结合教学方法。与传统培训不同，此次培训的教学方法十分注重结合学习和实践，让员工在行动中学习。参培期间，安排学员参观特大创新型综合旅游项目——湘江欢乐城，开展现场教学，促进对标学习。在此基础上，培训小组聚焦解决工作难题，定制化设计了"破壁垒、强融合"打造高绩效"铁三角"的专题研讨会，引导学员转变意识，学会换位思考，通过群策群力破解项目管理团队融合中的难题，形成成果，提供借鉴。研讨会催化师由中建五局工程管理部总经理胡格文、中建五局商务管理部副总经理邓浪沙、中建五局科技质量部总经理兼工程创新研究院执行院长何昌杰三位业务专家担任，在引导启发学员思考的同时，也从专业角度给予学员精深指导。同时，还为培养企业内部专业催化师队伍积累了宝贵经验。

3.2.1.3　实施成效

此次"项目铁三角"培训，在中建集团各方的共同努力下，通过认真组织、精细策划、有序实施，项目运营取得了良好成效。

（1）培训效果获得学员高度评价。在培训结束后的评估调查中，学员对所授课程（从课程针对性、实用性和启发性三个维度）的评分均达到了 93 分以上，对培训项目的组织与服务工作满意度达到了 96 分。

（2）专题研讨引起学员热烈反响。在为期一整天的"破壁垒、强融合"打造高绩效"铁三角"专题研讨会上，通过学员深入研讨与小组成果汇报，对项目管理团队融合中的六大难题形成了破解方法，并在深入分析问题的基础上，汇总提炼了 100 多项解决措施，整理出 6 篇成果材料，成为集团各子企业内部交流学习的第一手资料。

（3）培训模式得到普遍复制推广。此次"项目铁三角"培训，在组织模式、师资开发、课程设计、教学创新等方面，都起到了很好的示范引领作用。通过创新配置培训资源，有效激发了中建集团内部培训的活力与动能。通过为各子企业提供选派观察员的机会，也为各单位搭建了培训交流、相互学习的平台。这种高效互动的培训方式，不仅为后续集团各子企业同类培训打造了示范样板，也为推动中建集团全面提升"领导力、专业力、职业力"培训水平提供了有益的探索。

3.2.1.4　感悟与启示

知识经济的出现和学习型组织观念的广泛传播，使得现代企业更加注重加强培训提升团队的核心竞争力。通过全面复盘此次"项目铁三角"培训项目，我们进一步体会到加强关键岗位人员的教育培训，对提升项目价值创造力的重要性，并从中充分感受到在中建集团层面上示范推进各类培训工作的必要性和迫切性。在总结"项目铁三角"培训项目工作中，我们对开展企业内部培训，尤其是针对"专业力"培训项目，还有如下的感悟与启示：

（1）培训内容既要"顶天"，又要"立地"。通过组织此次"项目铁三角"培训，进一步体会到，开展每一次培训教学，在课程策划与设计上，既需要不断提升学员的政治站位和战略眼光，强化以创新理论为指引的新思想、新理念、新知识的学习，还需要结合不同培训项目特点，针对性地加强以实践提升为导向的专业培训，帮助学习上接"天线"，下接"地气"，纵向贯通思维认识，全面提升创造能力。

（2）师资力量既需"大家"，也靠"自家"。在企业内部培训教学中，结合"领导力""专业力""职业力"不同的培训方向，既需要借助社会"大家"、各类"专家"的启迪式培训，也更需要充分发掘企业"自家"力量，打造一支善于课堂教学的由各类专业领导担任的"内部讲师"队伍，以"身边人"带入式的指导性教学，更能起到"润物细无声"的教学成效。

（3）教学场所既要"会场"，也要"现场"。在企业各类培训活动中，选择适宜的会场（教室）开展课堂教学是必不可少的，课堂集中教学也是行之有效的传统教学方式。此外，为推进教学方式创新，还应积极打造各类现场教学点，大力推广体验式教学、案例教学和行动学习等实践性强的教学方法，有力促进"教""学"互促。在工程"现场"开展项目案例教学，只要策划得当、组织有序、讲授精准，就能起到非常好的知识分享、方法传递、行为互通的培训效果。

在中建集团创建世界一流企业的生动实践中，中建党校（中建管理学院）将继续发挥引领、联动子企业培训机构的枢纽作用，立足"主阵地"，创建"双一流"，致力于"理论教育更加扎实""专业培训更加精准""知识培训更加有效""培训体系更加优化"的培训要求，围绕"服务集团发展战略，培养核心骨干人才"的战略目标，不断创新培训模式，持续提升培训质量，为助力实现中建集团"一创五强"做出更大贡献。

3.2.2 开展项目经理培训 培养行业中坚力量——重庆建工集团项目经理培训案例

3.2.2.1 问题的提出

随着我国经济发展进入平稳期，市场竞争机制日趋完善，国内外建筑企业间的竞争日益激烈。近年来建设行业企业利润水平存在分化现象，资质等级高、资金实力雄厚的央企、大型国有企业通过产业价值链延伸，盈利能力逐渐提升，但行业整体利润率依然不容乐观，建筑企业要想求得生存和发展，扩大国内外市场规模，不仅应从施工技术上取得创新，还要从管理上下功夫，挖掘管理潜力，降低管理成本，从标准化管理走向精细化管理。精细化管理是现代企业管理的必然趋势，如何构建核心竞争力，尤其是提升建筑产品的精益化，工程服务方式的多样化、市场化是所有建筑企业不得不面对的问题。

项目是施工企业利润的主要来源，项目的建设质量和效益水平决定了企业的竞争实力和信誉口碑。项目经理作为重庆建工集团重点培育的"六类核心人才"之一，其职业化素养和综合管理能力决定了项目建设的总体水平。为了适应建筑行业以及建工集团供给侧结构性改革、建立现代法人治理结构、实现转型升级发展的新形势、新要求，加速建设一支"懂技术、善管理、会经营、敢担当"的高素质、职业化的项目经理队伍，提升企业核心竞争力。

依据重庆建工集团各子公司的需求汇总，结合重庆建工投资控股有限责任公司关于全面落实《重庆建工集团股份有限公司建设工程项目管理纲要》及配套文件的要求，理清项目管理的现状与问题，进一步规范集团建设工程项目管理，提高以项目经理为代表的项目从业人员的执业能力和职业素质，不断改进和提高项目管理水平，提高项目效益，防范项目风险。

3.2.2.2　解决方案

重庆建工投资控股有限责任公司是以建安和路桥施工、市政建设为主业，集工程设计、机械制造、特许经营、物流配送等为一体的大型企业集团，具有房屋建筑工程施工总承包特级、公路工程施工总承包特级、市政公用工程总承包一级为主的资质体系，涵盖桥梁、隧道、机电、钢结构工程专业施工总承包一级、轨道交通、设计和多个其他业务领域一级、甲级资质。集团注册资本18.145亿元，资产总额636.63亿元，下属全资、控股企业29家，拥有专业技术人才1万余名。

在制定项目经理培训课程体系前由集团组织人事部、总工办、安全生产部组织集团各子公司相关人力资源部负责人、首席专家、工作室大师开座谈会，提出项目经理培训目标、内容、培训方式等，然后开展企业调研提出培训需求，制定中长期项目经理人才培养计划，最终确定了"高级补新、中级补能"的培训思路，以提升项目经理"世界眼光、战略思维、市场意识、竞争策略、科技创新"五种能力为核心，以培养造就高素质职业化项目经理人才为目标制定培训内容，实现培训的知识目标、能力目标和情感目标，努力培养既熟悉质量、安全、进度等技术管理又擅长资金、成本、人力资源等经营管理的高素质职业化项目经理队伍。经过培训，使参训人员能够掌握并遵守集团项目管理标准和管理流程，熟悉应用国内外先进施工管理经验和先进施工技术，进一步提高项目管理规范化、标准化水平；提升战略思维、创新思维能力，具有高端市场对接、高端项目管理能力和国际项目运营管理能力和品牌示范力。通过项目经理能力提升，进一步提升项目市场竞争力、价值创造力、风险控制力，为业主和社会建设更多的满意工程、示范工程、精品工程，为建工集团创造良好的经济效益、社会效益。

3.2.2.3 方案实施

1. 培训对象

所属企业具有一级建造师执业资格人员、现在岗项目经理、执行经理。

2. 培训目标

以提升项目经理"世界眼光、战略思维、市场意识、竞争策略、科技创新"五种能力为核心，以培养造就高素质职业化项目经理人才为目标制定培训内容，实现培训的知识目标、能力目标和文化目标，努力培养既熟悉质量、安全、进度等技术管理又擅长资金、成本、人力资源等经营管理的高素质职业化项目经理队伍。经过培训，使参训人员能够掌握并遵守集团项目管理标准和管理流程，熟悉应用国内外先进施工管理经验和先进施工技术，进一步提高项目管理规范化、标准化水平；提升战略思维、创新思维能力，具有高端市场对接、高端项目管理能力和国际项目营运管理能力和品牌示范力。

3. 培训内容

建筑企业优秀的项目经理对项目的管控能力都有其共同点，具备完整实用的工程项目管理体系，注重制度化的过程培养，以强化职业操守和项目动作能力为重点，以"三控三管一协调"（控进度、质量、成本，管安全、合同、信息，组织协调）为主线，从职业操守、法律法规、专业管控、商务营销、前沿技术和综合素质等六大板块进行课程设计，突出课程的实战性、检验式、权威性、灵活性。聘请院校、企业和行业协会兼具理论水平、实战经验的专家教授，通过案例引入、任务驱动、小组讨论、头脑风暴等教学模式，加强对集团项目管理标准和流程的宣贯，学习先进企业的管理经验和先进技术，加大经验分享和交流互动，实现项目经理队伍素质和管理能力的全面提升。

4. 实施过程

（1）充分调研，有方向有目标的制定培训计划。在制定培训课程体系前由集团组织人事部组织相关专家到各子公司了解现状和需求，根据各子公司实际情况尽量做到全面、准确。由于建筑企业的特殊性，经过多方协调、修改方案，最终达成培训每期不低于 120 学时，以线下集中面授培训和线上网络视频课程的方式进行，集中面授课时间为 7 天，网络视频学习为自学形式。培训师资由院校、行业协会及国内先进建筑施工企业有实战经验的外部师资和建工集团内部专家、工作室大师组成，以集团内部师资为主、外部师资为辅，相辅相成。

（2）专培专责，分工明确，落实到位。整个培训由集团下属单位—重庆建筑技师学院组织实施，学院集后勤保障部、信息中心、校办、培训部等共同参与，在学员的学习过程中主要由岗位培训部负责，后勤保障部主要负责学员的住宿和生活，信息中心主要负责教学设备、网络，办公室负责协调各方力量、组织召开专题会议，从教学、安全、食宿、服务管理等多个工作层层考量、详细分工，使每项工作分工明确，每个细节考虑周详、落实到位。每期培训结束后开专项总结会，参与工作人员汇报工作情况，讨论工作中的"闪光点"和不足之处，同时强调一定要及时纠正，加深印象，防止再犯。对于"闪光点"要继续保持发扬，放大亮度。班级管理根据工作需求配足班主任，各个班主任负责事宜略有不同，第一班主任负责授课教师事宜；第二班主任负责学员考勤、请假事宜；第三班主任负责餐饮、住宿事宜；第四班主任主要负责课堂、课间休息事宜等。当期未排班人员则机动在各个岗位作补充，让学员在温馨、快乐的氛围中感受到优质服务，静心学习，实现培训效果的最大化。

5. 培训管理

培训严格执行考勤制度，培训期间严禁无故旷课、迟到、早退。学员因事因病请假，需提供书面假条并经所在单位批准，上交备案。培训期间不分时段随机考勤两次，对未到人员电话通知，了解情况并做好记录，在每天培训结束后反馈相关单位人事部门。

严格教学质量评估，教学质量是培训的生命线，学员对培训项目、课程设置、教学模式、教学质量、培训服务等进行综合评价，提出意见和建议，为以后更好地开展培训提供依据。

6. 考核方式

（1）信息化＋综合测评。培训结束后实行信息化考试＋综合测评，考核（日常考勤占 30%，信息化考试＋综合测评占 70%）实行百分制，80 分及以上为合格，颁发《重庆建工集团项目经理能力提升培训合格证》，对考核不合格的学员，要参加相应的补学补考，纳入年度考核目标。

（2）任职条件。《重庆建工集团项目经理能力提升培训合格证》作为集团项目经理任职资格条件。项目经理两年未能取得培训合格证书，不得参加集团工程项目的优选；连续三年未能取得培训合格证书，原则上不得上岗，待培训合格后再行上岗。

3.2.2.4　特色与创新

（1）观念创新。在明确项目经理需具备决策能力、组织协调能力、成本控制能力、项目财务管理的能力、人力资源管理和开发的能力以及依法依约、规范运作的能力的前提下，充分提高认识，将培训作为提高从业人员综合素质，提升企业核心竞争力的举措。

（2）理念创新。设计一套全新的培训理念，即变抽象理论教学为具体实践式教学、变被动式培训为主动式培训、变灌输式培训为互动式培训、变一次性培训为持续性培训，切实提高项目经理制定并组织实施项目管理的能力，审定并监督执行施工项目管理财务预算，查验施工现场基础工程、隐蔽工程、承重部位、公共设施相关资料，提高项目经理业务能力和执行能力。

（3）方式创新。紧紧围绕建筑施工企业的实际需求来开展培训，把实际需求作为培训的出发点和落脚点，充分了解培训人员的愿意，以满足形势发展需要和培训人员自身需求为目标，制定适合学员的培训内容，并根据不同班次，不同培训对象，采取灵活多样的方法，力求达到内容与形式的最佳结合，确保培训的质量。

（4）方法创新。根据建筑施工企业项目经理职业素质培训的特点，创新教学方式，将课堂教学与沙盘推演、实地模拟与问题导向等有机结合，并参与 BIM 建模案例教学，针对项目经理的某一技能实行"模块化"方式讲解，同时充分加入辅助性的拓展训练等内容，全方位提高教学效果的实用性和应用性。

基于上述观念、理念、方式和方法的创新，项目经理培训完全可以跳出传统教学的束缚，寻求全新的教学方法和模式，增强培训效果。

随着市场竞争的日益激烈以及业主需求的多元化，对项目经理的素质要求不断提高，不仅要具备相应的专业技术水平，还需要掌握业主对环境、出行、休闲等方面的需求。因此，应加强对企业培训需求的调研，并充分学习借鉴兄弟城市培训的先进经验，针对项目经理培训的目标、知识、技能、态度、素质等方面进行系统的鉴别与分析，以确定需要项目经理培训层面及相关内容，解决培训中"供"与"需"相脱节的问题，增强培训的针对性、时效性和实用性。

3.2.2.5　效果分析

1. 提高了人才培养质量，巩固项目中坚力量

经过项目经理能力提升培训以来，激发了企业、项目经理、学校三方共同提升的积极性。

（1）企业对项目经理工作更加重视，充分挖掘并整合管理资源，多渠道、全方位、立体化地开展培训工作。通过开展项目管理知识体系、建筑标准与规章制度、理解项目环境、通用管理知识与技能、人际关系技能等专项课题，整合了管理资源，优化了考试系统，取得了良好的培训成效。

（2）学校挑选经验丰富、工程体系大、得过鲁班奖项或重点工程项目的优秀项目经理分享宝贵经验、交流典型案例，把在项目实践中习得的新工艺、新技术、新管理贯穿于培训过程中，提高了培训的针对性和有效性，促进了学员职业技能和职业素养的全面提升。

（3）企业把学员培训评价反馈给学校，学校把学员成绩及时地反馈给企业和学员，让企业对员工专业技能和职业素养多一个评价维度，让学员知晓自己存在的不足以及今后努力的方向，从而激发学员学习的针对性和积极性，学习态度越来越好，自我提升的意识明显增强，实现了"自我学习"和"要求学习"的相得益彰，极大地提升了学员的综合素质，促进了学员的全面发展，从而实现了知识目标、能力目标和情感目标的培养。

2. 提升了企业满意度，推进培训更深层次合作

通过实施项目经理能力提升培训以来，由集团下文通过各项考核促使各子公司报名，到各子公司提前主动要求培训，由被动转为主动的态度，说明培训效果突出，培训需求真正切合企业所需。在培训范围上真正实现了全覆盖，培训结果更为

系统全面，培训评价标准更加贴近企业实际，极大地提高了企业的满意率。我们运用 PDCA 评价工具，促进了薄弱环节的整改，实现了"教、学、做"一体化，使学员所培训的知识能及时运用到工作中，实现了培训与工作的零距离。近年来，通过项目经理能力提升培训的学员，参建的重庆渝州宾馆改建工程、重庆农村商业银行大厦工程喜获中国建筑领域的至高荣誉——中国建设工程"鲁班奖"；参建的重庆市重钢片区滨江路南端隧道道路工程、北滨路（黄花园大桥至石门大桥段）综合改造工程、秀山县两园大桥建设项目、物流园"中国西部生产资料市场"片区市政工程及地块平场整治工程项目、新南立交工程荣获市政工程金杯奖等。其中三建公司聂学均获重庆市"五一劳动奖章"、重庆市技术能手、巴渝工匠等市级荣誉，所在巴南鱼洞 P06 项目摘得"重庆市青年文明号"。这些荣誉既达到了企业送培的目标，又彰显了我校培训的社会价值。

3. 铸就了品牌知名度，推动行业持续健康发展

项目经理能力提升培训对学员的项目分析与方案编制、现场管控与精细化管理、优质客服与品质管控、设施管理与节能降耗、财务管理与成本管控、项目二次经营与资产管理、风险管控与应急处理、法规研析与案例解读、团队协作与沟通能力等通过现场理论讲解，案例分析、情景演练、头脑风暴、小组讨论的方式参与互动。三年来，项目经理能力提升培训对学员的技术操作水平、团队管理能力、个人综合素质等方面的评价远远高于学校的预期，受到建筑行业、合作企业的一致好评，培养了近千人的高素质建筑管理人才，铸就了全国闻名的"重庆建工"品牌，推动了企业持续、稳定、健康的发展。

3.2.3 疫情下创新开展线上继续教育工作　助力城乡建设高质量发展——湖北省建设教育协会

3.2.3.1 实施背景

2020 年初，武汉突发新冠肺炎疫情，打乱了湖北省特别是武汉市所有的生活和工作秩序。严峻的疫情形势给全省建设领域职业培训和继续教育工作带来了巨大的挑战。

（1）突发的新冠肺炎疫情。2020 年春节前，一场突如其来的新冠肺炎疫情肆虐武汉。1 月 23 日起武汉开始了史上未有的封城模式，交通停行、小区封闭、店面关停、

城市停摆。即使 4 月 8 日解封以后，武汉仍然实行着严格的半封闭管理模式，减少一切非必要的线下活动，非开不可的会议也一律线上进行。

（2）繁重的建设领域继续教育任务：2019 年住房和城乡建设部相继出台了《住房和城乡建设部关于改进住房和城乡建设领域施工现场专业人员职业培训工作的指导意见》和《关于推进住房和城乡建设领域施工现场专业人员职业培训工作的通知》等文件通知精神，湖北省住房和城乡建设厅也相应出台了《湖北省住房和城乡建设领域施工现场专业人员职业培训实施细则（试行）》（鄂建文〔2020〕8 号）和《关于做好全省住房和城乡建设领域现场专业人员职业培训继续教育及合格证书换证工作的通知》（鄂建办〔2020〕37 号）等文件，对湖北建设领域施工现场专业人员职业培训教育工作进行了全面部署，提出了高标准严要求。

根据湖北省住房和城乡建设厅资料显示，2020 年全省需完成十几万建设领域现场专业人员职业培训继续教育及合格证书换证工作任务，而完成如此艰巨的任务只剩下半年时间。

（3）国家支持湖北的职业教育赋能提质行动：2020 年国务院为帮助湖北省走出疫情困境，支持湖北开展"职业教育赋能提质专项行动计划"。该专项行动旨在推动职业院校开展职业培训，同步落实"1+X"证书制度，助力湖北省在疫情防控常态化条件下复工复产。

3.2.3.2 解决方案

疫情下所有的线下培训活动被全部叫停，全省十几万住房和城乡建设领域现场专业人员职业培训继续教育及合格证书换证工作是摆在全省相关继续教育培训机构面前的一个巨大难题。湖北省建设教育协会作为一家全省行业性协会面对困难，不急不躁积极应对，创新思路谋求突破，为引导帮助培训机构走线上培训之路提供技术支持和平台服务，主动地承担起了服务政府工作、引领行业进步的责任。

（1）发挥协会团体和资源优势，引领开展线上培训服务。严峻疫情影响下，全省现场专业人员职业培训继续教育及合格证书换证工作和协会有八大员继续教育培训资质的会员单位的培训业务受到了严重干扰，协会决定聚团体之力、集资源之优，组织开发现场专业人员职业培训继续教育及合格证书换证线上网络培训平台（简称为"网络培训平台"），为有八大员继续教育培训资质的会员单位开展培训业务，提供统一的、便利的线上技术支持和网络平台服务，引导会员单位变线下为线上开展施工现场专业人员继续教育培训业务。

（2）打造网络继教学习平台，协助开启全链条线上培训模式。协会组织共同开发建设的网络平台培训项目，除了打造线上培训平台，还为培训平台制作视频课件和测试题库，为会员单位的相关培训机构组织学员开展线上培训活动提供全链条式配套服务。网络学习平台课件包括制作大纲、一、二期施工员等十三个岗位教学视频课件（每期含 20 个公共课学时和 572 个专业课学时，合计 592 学时）以及施工员等十三个岗位测试题库（库量约 1∶6）等内容。网络培训平台项目由协会牵头，武汉建筑技术培训学校、湖北京伦职业培训学院、湖北宏程职业培训学校以及武汉易测云网络科技有限公司等四家会员单位共同参与，于 5 月开始启动项目开发建设。

（3）畅通多点对接通道，构架目标需求与市场需求的连接桥梁。线上培训平台服务的开展，还要注重构建目标需求与市场需求之间有效的对接通道，从而提供优质、可行、可靠的平台服务。协会首先积极同行业管理部门沟通联系，争取认同和支持；其次认真分析市场动态和需求特点，掌握平台建设和课件制作的基础性情况；再是分析培训机构在新形势下参加继续教育培训工作的思维方式和服务需求变化，为住房和城乡建设领域继续教育培训工作提供精准的线上网络平台服务。

3.2.3.3 方案实施

1. 全面完善网络学习平台项目建设程序

（1）建设继续教育网络培训平台项目由协会领导层决策开发建设。协会先后多次召开会长办公会、理事会，对网络培训平台项目进行研究探讨，经理事会表决同意后开始实施网络培训平台的开发建设工作。

（2）成立协会网络培训平台项目领导小组和工作专班，负责指导和实施网络培训平台项目开发建设实施方案的制定、专业老师及专业组长的人选选定、平台打造、培训大纲制定、视频课件拍摄、题库建设、专家评审等网络培训平台项目开发建设工作。

（3）发挥专委会作用，把项目建设融入协会常规工作之中，培训专业组委会分别于 2020 年 7 月、2021 年 4 月组织从事施工现场专业人员继续教育培训业务的会员单位召开了两次工作会议，就协会组织开发建设网络培训项目的相关情况、对平台项目开发建设的建议、培训平台服务费收费标准、《行业自律公约》等问题进行介绍和研究。

（4）将项目建设情况和平台服务费收费标准及时在协会网站和公众号上公示并

上报湖北省社会管理局和湖北省住房和城乡建设厅。网络培训平台项目于2020年8月顺利上线供相关会员单位线上开展培训业务。

2. 认真打造网络学习平台

协会委托网络培训平台项目共同建设单位、具专业资质且有多年网络平台建设经验的武汉易测云网络科技有限公司建设网络学习平台，确保网络平台建设符合培训要求，设计先进科学，合理方便操作。

网络培训项目平台分为前端门户和管理后台两个部分。前端门户主要用户为建筑企业和持证学员，包括PC端和移动端，主要包括在线报名、视频学习、题库练习、资讯服务、个人中心等功能模块。管理后台主要用户为管理部门和培训机构，为PC端操作软件，主要包括企业管理、学员管理、课程管理、测试题库管理、培训管理、统计分析、系统管理等功能模块。

建成后的网络培训平台通过测试体验和综合评判，显示功能齐全、操作体验顺畅、技术支持程度高、培训管理程序合理等特点，被培训机构高度认可和广泛接受。

3. 精心制作网络培训项目平台课件

为了制作高质量的网络学习平台课件，网络平台项目办公室从20余家会员单位推荐的200多位师资中遴选出了60余位具有丰富教学经验的高职高校和培训学校骨干教师，并在施工企业的中选取部分优秀的工程技术人员和管理人员，组建了公共课和施工员等14个教学团队，负责编制融入湖北地方特色并经专家审定的课件制作大纲，制作视频课件录制和测试题库。网络培训学习平台第一、二期项目经过平台制作、大纲和课件制作、专家评审等过程，分别于2020年8月和2021年顺利上线运行。

4. 积极发挥平台项目优势效应

多头并进，加大宣传力度。通过会议宣传，召开会长办公会、理事会、专委会和会员大会等会议，对建设开发继续教育网络培训项目进行介绍和宣传；通过媒体宣传，在《中华建设》杂志、网站，协会网站、公众号、会员群等信息平台发布网络培训项目建设开发有关信息，提高了社会各界对项目建设的知晓率。

多招并举，扩大使用范围。一是展示质量优势。协会组织开发建设的网络培训平台由专业机构承接开发，视频课件和测试题库则由来自于教学一线、有丰富教学经验的高校和高职院校骨干教师或长期在培训学校担任职业培训的专业教师，还有施工企业的工程技术人员和管理人员组成的团队开发制作而成，它既集全省行业优势资源于一身，又聚职业培训特色于一体，具有质量过硬，优势明显的特点。二是体现微利姿态。协会开发建设继续教育线上网络培训平台是以服务社会、服务政府、服务行业、服务会员为宗旨，不以赚钱为目的，所以在确定网络培训平台使用服务费标准时坚持微利、透明原则，采取成本公开、使用者参与的方法共同确定服务费收费标准；平台收费标准经过专委会组织相关会员单位讨论、理事会无记名投票通过、网上公示、部门报告等程序，体现收费标准的公开透明；协会于 2021 年经过理事会表决通过，每个学员每期培训学习平台服务费收费标准降低 15 元。三是结牢情感纽带。协会开发建设平台只对会员单位提供服务，协会除了自始至终透明、公开向会员单位展现平台项目的出发点、目标点、着力点和操作过程外，还注重让会员单位全过程参与网络平台项目的开发建设，较好地建立起了使用单位和网络培训平台项目的情感纽带。事实上，协会有施工现场专业人员继续教育培训资质的会员单位中就有 39 家通过签订使用合同使用协会开发建设的网络培训平台开展培训业务，占具有施工现场专业人员继续教育培训资质会员单位的 90% 以上，且有 10 多家协会外的相关培训机构为了能够使用协会网络培训平台而提出了入会申请。

该平台从 2020 年 8 月正式投入使用到 2020 年年底，已经有 6 万多施工现场专业人员换证学员在协会组织开发建设的平台参加了继续教育培训学习，占全省当年参加现场专业人员职业培训继续教育及合格证书换证人数的 70% 以上。

线上线下对接，增加培训方法的灵活性。利用网络平台开展线上培训活动是摆在八大员继续教育培训机构面前的新课题，运用原有线下培训经验来启动线上网络培训业务成为参与网络培训的会员单位宣传引导、吸引学员、组织培训、加强管理的宝贵经验。

协会理事单位湖北京伦职业培训学院是一所历史悠久的建设行业职业培训学校。该院不但积极参与协会平台建设，以参建方和使用方双重角色参与，为疫情下全省建设职业继续教育培训工作顺利推进提供了助力。该校很好地实现了线上线下对接，以灵活的方法开展线上网络培训业务，仅 2020 年下半年短短几个月时间成功组织了 1 万多名学员参加线上网络平台培训学习，完成了全省建设领域八分之一的现场专业人员继续教育及合格证书换证任务。他们以宣传先行，提高了企业参与度和响应效率，多渠道宣传推进招生报名；发挥自身办学优势，充分利用二十余年办学积累的企业资源和学员群体，最大化盘活利用既往资源优势，促进了生源数量的提升；实行一次性告知书方式，提升报名培训的过程清晰化，简化和明了继教工作程序和管理要求，促进学习过程的有效推进和配合度；采取"保姆式"贴身服务强化学员过程管理，以一对多、一对一、单线与多线并行的服务模式，全过程"保姆式"服务，关注学员每一个学习环节的进展情况；多渠道精细沟通，多渠道通畅并行，把服务工作做精做细，保障了线上学习管理的效率与效果。

3.2.3.4 特色与创新

（1）把项目建设与协会转型发展相结合，开辟转型新路径。协会2018年开始脱钩以来，一直在积极探寻转型发展路径，在面向市场求发展、建设项目求突破的道路上进行了一些有益的探索和尝试。突发疫情形势下，开发建设网络培训平台项目，既助力了湖北顺利开展现场专业人员职业培训继续教育及合格证书换证工作，也为协会提供了一条可供探索的面向市场求发展的转型之路。协会之所以从会长办公会、理事会、会员大会形成上下一心、众志成城的良好格局，就是因为该项目建设能够起到促进协会转型发展、服务会员单位、助力行业发展一举多得的良好效果。

（2）把项目建设与日常工作相结合，走活工作一盘棋。协会从2020年5月成立项目小组以来，就把项目建设当成协会日常工作来部署。在疫情期下为了保证项目建设顺利进行，协会投资2万余元资金，购置了腾讯视频会议系统，先后组织召开了会长办公会、理事会、3次课件录制和题库建设教师团队研讨、8次专家咨询或评审等多个线上腾讯会议。同时，协会按照日常工作程序规定对网络平台项目的相关情况及时进行网上公示、部门报告等纳入协会日常工作规范管理，极大方便了项目工作的顺利进行，确保了该项目建设的按时保质地完成。

（3）把项目建设与会员参与开发相结合，打造命运共同体。把项目建设与会员单位参与开发结合起来，项目平台只服务于会员单位，形成协会与会员单位的命运共同体。吸收武汉建筑技术培训学校、湖北京伦职业培训学院、湖北宏程职业培训学校以及武汉易测云网络科技有限公司等四家会员单位参与项目建设，很好地融入了会员是主人、协会是大家庭的理念，更好地增加了协会的吸引力和凝聚力，促进了协会的良性发展。

（4）把线上特色与既有培训优势相结合，施行培训"嫁接"术。线上培训对于培训机构而言是新生事物，没有既有的经验可供借鉴，各培训机构在线上培训实践中进行了许多有益的探索，不少单位还取得了良好的效果。湖北京伦职业培训学院等培训学校在线上培训实践中，把既有线下培训实践中积累的经验和基础"嫁接"到线上培训的做法和经验，较快地找到了解决问题的突破口，实现了任务完成与经济效益双丰收。

（5）把常规管理思路与网络技术特点相结合，实现线上培训管理精细。以湖北京伦职业培训学院等单位以"发挥自身优势，充分利用往期生源积累，充分利用自身互联网媒体资源"为主要方向，以"政策普发性转载、企业一对一告知"为主要思路，以"政策文件转发、最新动态转载"等手段向企业或学员发布官方信息与动态，通过与企业联系的 QQ、微信等互联网交互平台，与企业建立"一对一沟通对接渠道"；通过编制继教工作程序详解和平台操作指南，说明线上学习培训过程的步骤、平台操作方法、注意事项和常见问题解决办法；指导或协助企业建立继教交流群，做好学员管理。同时，指导老师进群全程指导线上学习过程，回答学员疑问，协助企业督促学员进行学习。常规管理思路与现代网络技术相融合，较好地实现了培训管理的精细化。

3.2.3.5 效果分析

1. 直接效果

（1）完成培训任务。利用协会组织开发建设的网络培训平台参加继续教育培训学员 6 万余人，完成了全省建设领域继续教育培训任务的 70% 以上，为湖北疫情形势下圆满完成全年继续教育培训任务功不可没。

（2）获得经济效益。为 39 家有八大员继续教育培训资质的会员单位提供了线上培训技术支持和平台服务，帮助这些会员单位创收了几百万的培训收入，顺利渡过了疫情难关。

2. 间接效果

（1）呈现了建设教育培训工作新路径。疫情下的不得而为之选择线上网络平台开展培训活动，既是形势所迫，也是网络新时代的必然产物。这次协会引导组织开展继续教育线上网络培训也是在疫情形势下，顺势而为地将这条建设教育培训新路径呈现在人们面前。

（2）实现了疫情下培训市场的稳定。网络开发建设项目的迅速投入使用，为疫情下急迫而杂乱的湖北建设教育培训市场起到了"压舱石"的作用，使全省建设领域继续教育培训工作得以畅快而顺利地开展；而且，协会平台服务费的微利理念，也为湖北继续教育培训服务市场起到了很好的导向作用。

（3）探寻了转型时期面向市场求发展的新方法。网络培训项目的开发建设，是协会转型时期面向市场求发展的又一次有益的尝试。项目开发建设市场不确定、几百万前期投入收回无把握、微利能否实现都不得而知的情况下实施，是完完全全的市场化运作。协会抓住的是一次搏击市场大潮的机会和履行宗旨、服务会员的有益探索。项目成功的开发建设，协会也如愿以偿地获得了许多市场化运作的宝贵经验和教训。

（4）增强了协会的凝聚力、吸引力和影响力。协会优质的网络培训平台项目的成功开发建设，体现了履行协会宗旨，提高服务质量的用心，也增加了协会的凝聚力、吸引力和影响力，壮大了协会队伍，仅 2020 年 8 月～2021 年 6 月不到一年时间就发展了 18 家单位入会，协会在较短时间内增加了 14.7% 的会员单位。

3.2.4 人人出彩 技能强国——2021 "匠心杯、出彩杯" 技能比武邀请赛（西北片区）

"十三五" 以来，职业教育每年培养的高素质技能人才已达 1000 万人，为社会经济高质量发展提供了优质服务和强大的人力支撑。在建设机械专业领域，新增从业人员 70% 以上来自于职院职校，越来越多的职院职校学生走上关键岗位，成为技能强国、脱贫攻坚等行动不可或缺的排头兵。

为深入贯彻落实习近平总书记提出的 "职业教育是我国教育体系中的重要组成部分，是培训高素质技能型人才的基础工程，要上下共同努力进一步办好" 的指示精神，根据中国建设教育协会建设机械职业教育专业委员会 2020 "人人出彩，技能强国" 主题年会的工作决议和有关部署，决定开展技能比武和以赛促训教学交流活动。

3.2.4.1 目的与意义

技能比武是培养和发现技能人才的有效途径之一，是提升各会员单位教官与学员技能水平，提高人才培养质量，持续激励引导各会员单位勤练技能的重要手段，通过技能比武参赛单位互相切磋、加强沟通、实训互动，一边探索教学模式，一边助力乡村发展，坚持 "以赛促教、以赛促学、以赛促训"，集中展示职业技能教学成果和中国建设教育协会建设机械职业教育专业委员会的社团服务水平。

通过中国建设教育协会建设机械职业教育专业委员会举办的技能比武活动为西部会员单位教练和学员搭建展示技能和行业交流互动的平台，支持西部职业教育事业进而带动全国会员单位形成"赶帮超"的良好氛围,让更多匠心青年发扬工匠精神，投身人人出彩、技能强国行动，以此带动提升培训服务质量，推动行业规范健康发展。

3.2.4.2 组织与策划

此次技能比武活动由中国建设教育协会建设机械职业教育专业委员会主办，舟曲职业中等专业学校、天水市四海工程机械职业技能培训学校和天水安光汽车驾驶培训有限公司、中国建筑科学研究院、北京建筑机械化研究院等联合承办。

此次活动特别邀请开展挖掘机技能实训项目的西北片区会员单位参加，通过会员单位内训选拔、教学比武、学员比赛、实训示范等方式，自主选拔一名实操教官和一名参训学员选手参加，组成参赛队伍。大家接到通知后，积极响应，踊跃报名参加。经研究决定预选赛在舟曲巴藏基地进行，决赛在天水社棠基地进行，技能比武由中国建设教育协会建设机械职业教育专业委员会土石方机械教导部全权负责，舟曲职业中等技术专业学校，天水四海工程机械职业技能培训学校为支持单位。

3.2.4.3 裁判团队与比武规则

技能比武由中国建设教育协会建设机械职业教育专业委员会的陈春明总监、甘肃大宇职业培训学校马想平领队、兰州东方职业技术学校杜超芬领队、宝鸡东鼎工程机械技能培训学校师培义领队、靖远坤正职业技术培训学校马振贵领队组成了联合裁判组。

此次技能比武分为"预选赛"和"决赛"两个阶段，包含"匠心杯教学技能比武教官专场"与"出彩杯机手技能比武学员专场"两部分，比武项目分"基础操作"和"技巧展示"两个环节。

3.2.4.4 现场概况

比武现场红色条幅挂在场地中央，"中国建设教育协会建设机械职业教育专业委员会2021'匠心杯'、'出彩杯'技能比武邀请赛（西北片区）助力人人出彩，技能强国"格外醒目，队旗"工匠精神成就出彩人生""职业教育助力西部发展""人人出彩，技能强国"伫立在现场四周，现场近300名教官和学员胸有成竹，跃跃欲试。

3.2.4.5 决赛过程

终场比武于2020年12月14日13:00准时开始，由主持人介绍各会员单位，接下来由中国建设教育协会建设机械职业教育专业委员会土石方机械教导部陈春明总监发言，介绍此次技能比武活动规则及相关情况，基础操作考核主要以挖沟、平整等基础操作技能为主，要求为5分钟内完成；为增强观赏性，烘托现场气氛，结合现场实际条件，设置了挖掘机搬运乒乓球的技巧项目，以2分钟内取得最多数量者为优秀。

1. 基础项目比武

随着主裁判陈春明总监一声清脆的哨声吹起，技能比武拉开了大幕。首先进行的"匠心杯教学技能比武教官专场"，各会员单位教官两人一组，操作中有的教官沉着冷静，不慌不忙，操作平滑，充分展现自己的技能操作水平，永靖县亚新职业技能培训学校的张晓俊教官表现尤为突出，现场挖沟、单边行走与回转的完美配合、平整等动作流畅、一气呵成。每两人一组的现场设置也使现场气氛紧张激烈、可观性强，高下立显。等候比赛的学员们在场下不时讨论着各动作要领，都想展现出自己的最佳操作水平，争取集体和个人荣誉。每名教官在规定的动作完成后，还和现场的学员、观众们分享了自己的操作心得，剖析不足，点评要领，与大家共同提高。

轮到学员组开始，有了前面教官组的精彩展示，明显感受到了学员们的压力，这也使得比武更具看点，有的学员因紧张过度，出现些许小失误，有的学员则冷静应对，开动脑筋，用自己的办法准确无误地在规定时间内按要求完成既定动作。靖远坤正职业技术培训学校的杨家鑫、甘肃成功职业培训学校的李朝晖表现优秀，充分体现了会员单位的实操培训水平，学员们在操作完成后也分享了自己的操作心得与体会。

2. 技巧展示项目比武

技巧展示项目是挖掘机搬运乒乓球，这个环节观赏性强，将现场气氛推向了高潮，现场近300名在训学员看得聚精会神，全神贯注，教官和学员从装有水的盆中用挖掘机前端的漏勺挖出乒乓球，然后再转运至另外一个盆中，这考验了挖掘机操作手对挖掘机的精准操控，人机合一的把握能力，需要对挖掘机操作能力的灵活掌握，有的学员充分体现了稳、准、快的特点，一次一个、一次三个，最多者竟然将盆中放置的20个乒乓球，挖得就剩下了三个。

3.2.4.6 比武总结与公益赠书

所有比赛项目结束后，举行了颁奖仪式和公益赠书仪式，此次技能比武评选出了 2 个团体奖项：模范会员单位和模范承办单位；技能比武还评选出了个人奖项：模范领队、模范教官、模范机手、模范贡献者。中国建设教育协会建设机械职业教育专业委员会《装载机安全操作与使用保养》教材已顺利出版，专委会秘书处赠予舟曲职业中等专业学校 300 本来支持西部地区技能培训和乡村振兴，本书也将公益配发给其他会员单位。2021"匠心杯、出彩杯"技能比武邀请赛为大家奉献了一场视觉盛宴！大家感慨于建设机械行业年轻一代的崛起，高兴地看到人人出彩、技能强国路上后继有人！

3.2.4.7　社会责任与展望

中国建设教育协会建设机械职业教育专业委员会一直以来都把技能人才队伍建设作为关系社会经济发展的大事来抓，尽快制定技能人才队伍建设的中、长期发展规划，并建立健全配套保障措施，充分发挥专业优势和技能比武导向作用，开展行之有效的职业技能比武活动，提高教官及学员技能水平，尽快形成技能人才辈出的局面，以适应经济和各项事业发展的需要。同时加强宣传引导，在全社会营造重视职业教育工作的良好氛围，大力宣传技能人才在现代化建设中发挥的重要作用，在全社会树立起尊重、崇尚和争做优秀技能人才的良好风尚，营造加强高级技能人才队伍建设的良好社会氛围。

中国建设教育协会建设机械教育专业委员会一如既往担当使命，坚定不移贯彻落实习近平总书记关于脱贫攻坚的重要指示要求，增强"四个意识"，做到"两个维护"，以强烈的政治担当和历史使命感，与各会员单位并肩战斗，为会员单位提供服务，提升培训质量，培育技能人才，拓展用户对接渠道，努力实现协作共赢，让更多有一技之长的青年人才脱颖而出，培育技能人才，发扬工匠精神，让每个人都有出彩的机会！

第 4 章　中国建设教育年度热点问题研讨

本章根据中国建设教育协会及其各专业委员会提供的年会交流材料、研究报告，相关杂志发表的教育研究类论文，总结出教育发展模式研究、人才培养与专业建设、立德树人与课程思政、产教融合、新时代劳动教育、行业职业技能标准体系 6 个方面的 26 类突出问题和热点问题进行研讨。

4.1　教育发展模式研究

4.1.1　高校内涵发展的思考和探索

青岛理工大学党委副书记、校长谭秀森认为：贯彻落实党的十九大精神，全面推进高校内涵式发展，需要对高等教育内涵式发展的科学内涵进行认真研究、科学界定、准确把握，着力提升。

1. 理解和把握高等教育内涵式发展的几个维度

（1）国家战略维度。教育兴则国家兴，教育强则国家强。"两个一百年"奋斗目标的实现，有赖于教育强国战略目标的实现。

（2）区域高等教育发展维度。在区域高等教育快速发展的进程中，许多问题日益凸显：高等教育结构布局与区域经济社会发展联系不够紧密，人才培养质量不能很好地满足社会需求，优质高等教育资源供给不足，特色优势不够明显，服务区域经济社会转型发展的支撑力不足。为解决此类问题，各省纷纷制定出台政策。将过去一个时期重在推动增设高校、高校升格、扩大招生规模、提高入学率等"外延式"发展模式，转向了旨在优化高等教育布局结构，提高人才培养质量，增加优质高等教育资源，实现高等教育高质量发展的"内涵式"发展模式。

（3）高等学校发展维度。影响高校内涵式发展的主要因素有：办学理念不够先进、体制机制不够灵活、资源配置不尽合理、师资队伍建设不足、人才培养模式落后、特色优势不够突出、办学效益不好等。针对上述问题，高校需认真面对并解答好明晰办学定位、探索发展路径、完善治理体系三个方面的问题。

2. 实现高等教育内涵式发展，应着力促进高校内涵发展

（1）牢固确立立德树人根本任务。大学拥有人才培养、科学研究、社会服务、文化传承创新和国际交流合作等社会职能，但核心职能是人才培养。高校要坚守大学的初心和使命。将"立德树人"作为中国特色高水平大学的核心理念，健全完善高校立德树人工作体系，以实现学生全面成长成才作为学校全部工作的出发点和落脚点。

（2）着力构建高水平人才培养体系。主要包括：支撑经济社会发展和人才培养所需要的，由优势特色学科、主干学科、基础学科、支撑学科、交叉学科等组成的相互支撑、相互依存的学科体系；由教学理念、教学目标、教学主体、教学设计、教学内容、教学方法手段、教学管理、教学环境、教学评价等教学要素有机组成的教学体系；实施优质课程和规划教材建设计划，建立满足学生多元化发展需求的课程和教材体系；教学管理、学生管理、教师管理、教学保障等一系列管理制度在内的完整的管理体系；以实现学生全面健康发展为目标，构建多维度、立体化、全覆盖、交叉融合的思想政治工作体系。

（3）着力加强高水平人才队伍建设。高校办学是复杂的系统工程，需要建设"有理想信念，有道德情操、有扎实学识，有仁爱之心"的高水平教师队伍、高水平管理队伍和高水平服务保障队伍。作为教育者，除了品德方面要为人师表以外，作为教师应该具有良好的学术素养、扎实的学科专业知识和熟练的业务能力；作为管理干部应该具有先进的管理理念、开阔的视野、良好的服务意识和管理业务能力；保障服务队伍是高校不可或缺的重要力量，培养一支业务技术精、服务意识强、富有责任意识、高效率的服务保障队伍，为高校发展提供强有力的保障。

（4）逐步完善内部治理体系。要在坚持和完善党委领导下的校长负责制的前提下，不断探索"党委领导、校长负责、教授治学、民主管理"的实现形式，逐步完善大学内部治理结构。一要强化治理意识，突出大学作为治理主体的重要地位。二要加强顶层设计，形成科学决策、民主参与、有效监督的大学治理结构。三要着力

构建内容科学、程序严密、配套完备、运行有效的制度体系。四要完善运行机制，建立科学民主的决策机制，顺畅高效的沟通机制，有效制约的监督机制。五要构建大学治理评价体系，对治理效果进行准确判断，推动大学健康发展。

（5）塑造担当创新理性开放的大学文化。一要弘扬担当精神，在服务国家振兴、民族复兴的坐标中，在服务经济社会发展中定位大学目标，承担社会责任。二是要崇尚创新，使对真理的探索和学术的追求成为大学永恒的文化基因，不断激发大学人的创造热情。三要彰显理性，将科学精神、严谨的治学态度、扎实的学风融入教育教学和科学研究。四要秉承开放的胸襟、包容的理念，为学术自由探索、个性成长、民主治校创造宽松和谐的环境，助力大学健康发展。

参见《中国建设教育》2021年（上）"关于高校内涵发展的思考和探索"（第十六届全国建筑类高校书记、校（院）长论坛暨第七届中国高等建筑教育高峰论坛论文选）。

4.1.2　建筑类高校高质量发展的战略重点

西安建筑科技大学党委书记苏三庆指出：高校要发展，科学的战略规划是关键。建筑类高校要在战略审视、科学分析形势和机遇的基础上，把握办学的历史方位、阶段特征和发展趋势，深度分析校内外的环境条件和竞争格局，提出符合实际，可实现的目标定位，选择科学的发展战略，确定发展重点，制定有效的战略措施。

展望"十四五"，西安建筑科技大学将继续秉承"质量立校、特色兴校、人才强校、开放办学"的办学理念，按照"以质量特色求生存，以改革创新促发展，以服务奉献谋支持，以精细管理提效率"的发展思路，瞄准关键任务，把握六大战略重点，促进高质量发展。

（1）创新人才培养战略。坚持以"立德树人"为根本，加快构建创新人才培养体系。改造提升特色和优势专业，加强新工科、新文科建设，培育提升优势专业集群。推进教学内容和教学方式的革新，加快教育教学与信息技术的深度融合，把拔尖创新人才培养发展成为学校显著的办学特色和核心的竞争力。注重个性化创新人才培养，着力提升学生的创新创业能力，独创性和原创性能力。

（2）学科创新提升战略。对接新基建、人工智能、大数据技术、智慧城市、新材料新能源等国家区域发展重大需求，加强传统特色学科的升级改造，大力推进信息类学科建设，加快布局新兴战略学科。促进学科间的交叉、融合、集成，聚焦发展领域、发展方向和发展重点，精准发力，促进优势学科新突破，传统学科发新芽，新兴学科新增长。

（3）科技创新服务战略。围绕国家战略和区域发展需求，学校在关键领域、关键方向建立全校创新体制，建设大平台，承担大项目，产出大成果。做强传统优势科研方向，培育潜力新兴科研方向，分层指导，分类发展，彰显特色。加强与科研机构、企业的深度合作，联合开展重大科研项目攻关。深入融入区域行业发展，创造出具有历史印记的新贡献，以贡献谋支持，以服务促发展。

（4）高层次人才战略。牢固树立人才是第一资源、第一资本、第一推动力的思想。围绕学校优势特色学科、战略新兴学科，努力吸引、培养和造就一批具有国际水平的高层次人才，重点支持建设一批高水平的创新团队和学术群体，积极发挥高层次人才（团队）的引领、带动和示范作用，全面提升学校在全国（乃至国际）及行业领域内的学术地位和竞争实力。

（5）国际化发展战略。紧抓西安建设"一带一路"桥头堡的区域优势，加强国际化战略布局。扩大与世界知名高校、研究院所深度开展实质性的联合培养。依托学校的优势和特色学科，建设多层次人才交流平台和国际科技合作基地。加强学生交流，营造良好的国际化校园氛围，提升留学生培养水平，为建设国际知名高水平大学奠定坚实基础。

（6）文化引领战略。深挖学校的办学历史、文化传统，建设具有建大特色的大学精神文化，使之成为全校师生共同追求的价值导向，引领制度文化、行为文化、环境文化全面提升。积极铸就爱校、荣校、强校的情怀和使命，营造团结奋进、担当作为、干事创业的浓厚氛围和崇尚科学、求实创新、敬业奉献的优良作风，不断提升学校的文化软实力和社会影响力。

参见《中国建设教育》2021 年（上）"谋篇布局'十四五'推进建筑类高校高质量发展"（第十六届全国建筑类高校书记、校（院）长论坛暨第七届中国高等建筑教育高峰论坛论文选）。

4.1.3　深化新工科建设与教育国际化的创新与实践

天津城建大学校长李忠献等总结了该校新工科建设与教育国际化的发展路径与

经验。

2019 年，天津城建大学与波兰比亚威斯托克工业大学和克拉科夫工业大学联合申请合作举办中外合作办学机构——国际工程学院获教育部批准。这标志着学校教育国际化取得重要突破，形成深化新工科建设的重要动能。通过设立国际工程学院，引进波兰工程教育资源，紧密对接国家建筑产业发展需求，大力培养服务"一带一路"建设的土木建筑类国际化复合型工程人才，积极探索新工科视野下国际化工程人才培养新路径。

（1）创新学院国际化管理体制机制。明确管理决策、学术咨询和评判、人财物资源配置等的机构及其职能。成立学院联合管理委员会，由中外方高层管理人员共同组成，履行监督学院办学和决策重大事项的职责。建立独立的学术委员会，负责学院学术事务、教学指导和学位授予工作，行使学术委员会、学位评定委员会和教学指导委员会的分委员会职能。通过学术委员会的审核把关，确保课程资源、课程内容、教学方法、师资、毕业标准及认证的国际化水平，提升办学机构的国际化人才培养质量。建立高效的行政管理机构，确保学院办学活动高效运行。同时，优化中外方合作的沟通和反馈机制，制定相关资金支持保障制度，形成灵活的教学方式和学生文化交流机制。

（2）完善土木建筑类人才国际化培养模式。结合我国战略需求和国际经济发展趋势，根据土木建筑领域日益复杂的工程问题对人才综合能力和素质的要求，结合国际相关标准和教育经验，中外合作方共同制定人才培养方案、教学大纲，应用于国际工程学院土木工程、环境工程、建筑学和风景园林四个本科专业和土木水利、资源与环境、建筑学和风景园林四个硕士专业的人才培养方案。积极推进教学体系国际化，规范人才国际化培养实践环节的要求。加强国际化课程、教材建设和教学方式改革，专业核心课程均采用审核过的英文原版教材。形成国际化的课程体系，课堂教授以英语为主，英文课程达到 50% 以上，同时，配备中方助课教师协助课后辅导和答疑。为学生提升海外研修和工程实践能力提供平台，学生可赴境外访学半年至一年不等。加强语言培训、海外交流项目、科研合作及国际文化活动，提升学生多元化思维和国际意识。

（3）实现人才培养国际等效认可。充分发挥中外合作办学机构的优势，学校通过建立学历认证、国际专业机构认证、参与第三方多维评价指标评估等途径，提升人才培养的国际认可度。学院学生将取得中国和波兰两国大学的学籍、毕业证书和学位证书，其中波兰高校学位证书可获得欧盟认可，建筑学专业可以获得英国工程师认证体系认可。充分发挥学校国际教育合作网络和国际化人才培养平台的功能，开展学生海外实习实训基地建设，形成与海外企业联合培养学生的模式与运行机制。制定校外实习基地的选择与建设标准，明确学生赴国外实习实训的相关要求，强化过程管理，确保海外实习实训基地质量。

（4）强化教师队伍国际化建设。充分考虑土木建筑类工程人才的素质要求、国际化和中国本土特征的差异，对国际化教师队伍在责任心、专业能力、教学水平等方面提出要求。明确教师队伍中外方教师的素质能力要求，尤其是要求具有国外大学工作经验和国外教育背景，并采用学历教育、进修学习、科研合作等多种方式提升教师国际化水平。强化国际化教师队伍建设，积极引进和聘请国外高水平的教师和工程专家。

（5）构建国际化人才培养质量监测体系。对接国际标准的教育国际化评估新体系，构建人才培养质量监测体系。注重"以学生为中心"的教育理念，关注学生的学习全过程，着眼于学生能力的达成度。以特色核心课程建设为龙头，注重课程过程评价和结果评价相结合，考察教学实践与教学研究的关联性以及教育培养与人才输出水平等。规范学生赴国外学习的管理制度，强化对学生在国外学习的过程管理，构建人才培养全过程质量监控体系。召开国际研讨和经验交流会，对运行效率、教学水平、国外优质资源利用以及人才培养成效等方面进行监测，及时调整和优化。

参见《中国建设教育》2021 年（上）"深化新工科研究与实践探索土木建筑类国际化工程人才培养新模式"（第十六届全国建筑类高校书记、校（院）长论坛暨第七届中国高等建筑教育高峰论坛论文选）。

4.1.4　强特色　促转型　建设高水平应用技术型城建大学

河南城建学院党委书记张惠贞提出：河南城建学院地处河南省平顶山市，是以工科为主、以"城建"为特色的多学科协调发展的省属本科高校。近年来，学校以全面提高人才培养质量为中心，紧扣改革创新、转型提升两条主线，努力实现办学层次提升、转型发展、文明和谐校园建设三大目标，紧跟经济社会和行业发展需求，内涵建设不断加强，办学水平明显提升。

（1）适应城乡发展需求 加强特色专业建设。学校紧贴新型城镇化、城市现代化和乡村振兴需求，通过对传统专业升级改造，致力于打造特色专业集群，开展新工科实践，做优做强城建特色，新设数据科学与大数据技术、遥感科学与工程、城市管理等专业，增设土木工程专业的装配式建筑方向、工程造价专业的数字化建造方向、城乡规划专业的城市设计方向、电气工程及自动化专业的智能输配电方向等，培育了规划建筑类、土木交通类、环境生态类等专业群，形成了覆盖建设行业上下游全产业链的专业群。

（2）服务人才培养质量，狠抓培养模式改革。学校围绕高级应用技术型人才培养目标定位，以产教融合、协同育人为主导，不断深化人才培养模式改革，切实提高人才培养质量。在育人思路方面，遵循高等教育教学基本规律，强调行业特点与文化传承，形成了"一型五化"的特色育人新思路。在课程体系方面，构建了由"四平台、八模块"组成的"四梁八柱"课程体系。引入工程教育认证理念，全面实施学分制，开展工作坊式课程质量提升培训，推行"启发式讲授、互动式交流、探究式讨论、问题式学习"等方法，实行"3+1""3+X"和国际合作教育培养，满足学生多样化和个性化发展需求。对接经济社会发展需求，与企业、行业、政府共建教学资源。

（3）围绕服务行业地方，加快学校转型提升。学校发挥学科专业优势，主动融入行业发展和地方建设，在服务中创新，在创新中提升，在提升中转型，实现人才培养和科研服务相互促进。目前，在助推脱贫攻坚、服务乡村振兴、环境污染治理、新技术推广应用等方面均取得一定成效。通过应用型科研和社会服务，提高了教师工程实践能力，逐渐建成一支"双师双能"型教师队伍，进而反哺人才培养和教育教学，走出了一条符合学校实际的转型发展道路，逐步实现人才培养质量的提升和服务行业、地方发展能力的提升。

参见《中国建设教育》2021年（上）"强特色　促转型　谱写建设高水平应用技术型城建大学新篇章"（第十六届全国建筑类高校书记、校（院）长论坛暨第七届中国高等建筑教育高峰论坛论文选）。

4.1.5　政校行企共构高质量发展共同体

浙江建设职业技术学院依托建设行业，共创省建设职教集团，共筑校行企高质量发展的基石，共构政校行企协同发展的体制机制，共创校行企合作育人的"1+"

系列模式，全面开展现代学徒制人才培养，探索混合所有制办学，取得较好的育人成效。该校党委书记李明将其概括为三个方面。

1. 校行企共创国家示范职教集团，构建高质量发展共同体

依靠浙江省住房和城乡建设厅，依托建设行业，构建浙江省建设行业促进学院发展理事会、浙江省建设行业产学研合作领导小组、浙江省建设职业教育集团、浙江建设职业技术学院校企合作部等的"政府引导、四层架构、一体多元、开放融通"的四方联动体系。

2. 校行企共创"1+"合作办学体，深化一元多体办学

（1）校行企共创合作育人的"1+"模式。学校结合行业企业需要和自身专业特点，创新实践一体多元的"1+"系列合作育人模式；服务建筑名企需求，成立 5 家"1+1"企业学院，共同培养专业性强的技能人才；为满足中小企业需求，学校联合行业协会以及协会下属"X"家企业成立 7 家"1+1+X"行业联合学院，校行企三方共同培养；为打通中高职一体化立交桥，学校与中职院校以及企业共同成立了 3 家"1+1+1"中高职一体化合作体；同时，学校还以专业为基点协同"X"家学会、企业、科研院所等，合作共建 4 家"1+X"专业发展联盟体。

（2）校行企共推现代学徒制人才培养。学校依托省装饰行业协会，成立"浙江省建筑幕墙行业联合学院"，由协会统筹校企"双主体"协同互融，统筹组建机构、遴选企业、资源开发、师资智库、行业实践和证书考核等；校行企联合招生招工一体突出学生学徒"双身份"，强化培养学生爱岗敬业的职业素养；依据"专兼结合、优势互补"的原则组建"双导师"教学团队，实现"一个课堂双教师授课，一个学生双导师指导"，促进学生理论学习、岗位实践和职业技能的有机融合，推动实现学生、学徒、准员工、员工四层次的职业能力和身份转变。

（3）校行企共探混合所有制办学试点。学校积极开展混合所有制办学试点探索，与南都集团成立风华城市服务学院，共同培养物业管理及城市服务专业高素质技术技能型人才；与中天安装共建"浙江建院－中天智汇安装产教融合实训基地"，开展校内实训基地混合所有制探索；学校投入设备与兴红检测共建混合所有制场中校，开展校外实训基地建设探索。

3. 校行企共拓社会服务创新源，提升服务发展水平

学校与企业共建 27 家研发中心，服务其中的 6 家成功创建省级、4 家成功创建

市级企业技术中心，打造建筑科技创新源；与省内建筑名企、协会及科研院所共建9家科技创新工坊和6家科技创新研究所，开展横向技术服务，打造建筑科技应用源；联合德国萨克森州建筑业促进协会、德国堡密特公司以及省内相关协会和名企，共建以被动式低能耗建筑、装配式建筑、智能建筑为主体的生产性实训中心，为建设类相关专业人才实训、技能鉴定提供服务，打造建筑行业实践源；充分发挥学校信息资源优势，服务建筑企业建立企业流动图书馆，打造建设行业信息服务源。

参见《中国建设教育》2021年（上）"政校行企共构高质量发展共同体　推进中国特色高水平职业院校创建"（第十二届全国建设类高职院校书记、院长论坛论文选）。

4.1.6 "双高计划"职业技术学院建设实施路径

杨凌职业技术学院被教育部财政部确定为中国特色高水平高职院校 B 档建设单位后，及时开展教育思想大讨论，提出了"塑造立德树人新架构、构建区校融合新形态、构筑产教融合新高地、打造专业发展新格局、拓展国际合作新路径、培育改革发展新动能"的六新发展理念，按照"高起点站位、高水平建设、高质量发展"的总体思路，着力推动各项建设工作，并取得了一定成效。杨凌职业技术学院党委书记陈宁对其建设举措进行了总结。

（1）创新形式，构筑党建工作新格局。全面落实党委领导下的院长负责制，巩固"不忘初心、牢记使命"主题教育成果，大力推进省级标杆院系和样板支部创建工作、院级"星级支部"创建活动，建立"党建 +X（育人、教改、科研、公寓服务等）"工作格局，出台了《关于全面推进"三全育人"工作的实施方案》，构建全员全过程全方位育人的大思政格局。

（2）深化改革，建立人才培养新体系。践行立德树人根本任务，持续完善"通识课（含劳动课）+ 专业课 + 个性发展课 + 创新创业课""四位一体"人才培养方案，印发了《劳动课实施办法》。推进教材改革，立项建设新型工作手册式、活页式教材。依托清华在线优慕课平台，推进教学模式和教学方法改革，评选优秀案例。完成 4个国家专业教学标准的制定工作。

（3）区校融合，构建产教融合新模式。按照"融合、共享"发展理念，与西北农林科技大学签署了支持杨凌职业技术学院建设高水平高职院校框架协议，成立了

"康振生院士工作室""张涌院士工程中心"。与杨凌示范区签署了《区校融合发展总体合作协议》，建立定期沟通协调机制，形成区校融合一体化、人才培养精准化、社会服务多样化、就业创业园区化的"四维四化"产教融合模式。

（4）发挥特色，打造"乡村振兴"新高地。

（5）抢抓机遇，开拓国际合作办学新路径。

（6）加大投入，完善信息化校园建设。学院 2020 年投入信息化建设经费近 3000 万元，建成学院云数据中心；建成统一身份认证平台、统一信息门户和数据共享平台；制定《杨凌职业技术学院信息标准》；建成服务师生"一站式网上办事大厅"平台、"校园百事通咨询系统"；建成集协同办公、教务教学管理、人事管理、科研管理、招生就业、资产管理、质量监控等 32 个管理应用系统于一体的校园综合信息管理系统。对现有专业改造升级，将信息技术融入教学全过程。整合 2 个国家级专业资源库、5 门精品在线开放课程资源入驻学院数据中心；130 个智慧（智能）教室已投入使用；升级"优慕课"在线教育平台，师生网络教学学习空间覆盖率达到 100%；完成全院 1000 余门课程的线上线下混合课程建设。

参见《中国建设教育》2021 年（上）"新基建背景下的'双高计划'院校建设实施路径"（第十二届全国建设类高职院校书记、院长论坛论文选）。

4.2　人才培养与专业建设

4.2.1　加快培养城乡建设绿色发展专业人才

住房和城乡建设部人事司二级巡视员何志方认为：城乡建设绿色发展是时代要求。建设大业，人才为本；人才培养，教育为先。由于行业发展的快速性与教育自身的滞后性产生的矛盾长期存在，更需要高校建设类专业加强人才需求预测，加快教学内容更新，培养符合行业发展的急需紧缺人才。总的来看，高校建设类专业城乡建设绿色发展人才培养工作目前只在少数院校刚刚点题，还没有真正破题，更未做到构建体系全面解题。绿色发展的人才培养理念急需建立，绿色发展的知识体系结构存在短板，绿色发展的专业能力弱项有待补强。

建设类高等教育要融入城乡建设绿色发展的伟大事业中，以服务求支持，以贡献求发展，加快培养城乡建设绿色发展专业人才。

（1）稳定并扩大高校建设类专业招生规模。一要加强建筑业、房地产业等行业在国民经济及社会发展支柱地位的宣传，加强高新科技在行业运用成果的宣传，提高青年学生报考建设类专业的积极性。二要扩大建设类专业专升本的比例，结合国家应对新冠肺炎疫情稳就业政策的实施，扩大高职对口专业升入本科的招生规模，提升高职毕业生的学历层次，填补建设类专业本科招生不足的空缺。三要适度探索拓宽专业面向，实行大类培养。

（2）优化土建学科专业结构。一是以绿色发展的理念谋划新的学科专业，主动适应行业人才需求，围绕中国建造、智能建造谋划开设新专业。二是拓展高层次人才培养空间。城乡建设绿色发展需要造就专门化的高端人才，专业学位是与行业联系紧密的职业学位体系，教育部明确提出要以国家重大战略、关键领域和社会重大需求为重点，增设一批专业博士学位类别，大幅增加博士专业学位研究生招生规模。建筑学科应积极推动设立建筑学博士专业学位，为城市设计、建筑设计高端人才培养创造条件。三是绿色发展纳入一流学科、"双万工程"评价标准。

（3）充实专业教学课程内容。建设类专业教学内容改革应紧跟城乡建设绿色发展步伐，绿色发展的最新理念、课程模块、前沿技术等要及时充实到专业教学中来。一是要贯穿教书育人的全过程。二是要发挥专业评估认证导向作用。三是以"新工科建设"推进课程体系改革。

（4）探索产教融合发展机制。高等学校管理体制改革后，原部委所属高校与主管部门脱钩，学校与行业企业的联系日趋弱化。由此学校不能深入准确地了解行业需求，人才供给链与需求链缺乏精准对接，科技成果不能有效回应产业结构转型升级的迫切要求。国务院办公厅印发的《关于深化产教融合的若干意见》，国家发展改革委、教育部等6部门发布的《国家产教融合建设试点实施方案》，提出促进教育链、人才链与产业链、创新链有机衔接，校企合作育人、协同创新，推动产业需求更好融入人才培养过程，构建服务支撑产业重大需求的技术技能人才和创新创业人才培养体系。建设类高等学校要乘势而上，深化产教融合，构建校企联盟，充分整合行业资源，广泛吸收高校、行业企业、科研院所等多主体参与，提升人才培养和科技创新质量水平，促进城乡建设转型升级。

参见《中国建设教育》2021 年（上）"高校建设类专业要成为培养城乡建设绿色发展专业人才的主力军"（第十六届全国建筑类高校书记、校（院）长论坛暨第七届中国高等建筑教育高峰论坛论文）。

4.2.2　以修订培养方案为抓手　提升专业人才培养质量

为适应新形势下国家经济结构调整、产业转型升级和社会发展对高素质应用型人才的需求，沈阳建筑大学启动了 2018 版本科专业培养方案修订工作，这项工作是该校人才培养历史上涉及部门最广、调研准备最为充分，改革内容最多、程序和审核最严格的教学工作。该校副校长张珂就人才培养方案修订工作的经验和成果进行了分享。

（1）统一思想，凝心聚力，全方位推动修订工作。学校修订前培养方案的学时学分要求近 20 年未做过修改（四年制 190 学分，2500 学时），之前的修订以"打补丁"的方式进行，没有触及人才培养方案的根本性问题。此次修订最难的任务就是每个专业总学分削减 30 学分左右，折合学时近 500 个，教师的经济收入直接受到影响。为顺利推进工作，学校多次召开校长办公会、党委常委会、教学工作专题会议，成立校院两级工作领导小组，明确修订工作是本科教学的核心工作，要求广大教师统一思想，凝心聚力，迈向修订工作的深水区。本次修订主要从三个层面开展工作：学校层面要确定培养理念、培养定位、培养框架，核心是培养理念；专业层面要确定培养模式、培养方案、平台构建，核心是培养方案；课程层面要确定主讲教师、教学模式、教材建设，核心是教学模式。

（2）以立项管理为抓手，科学助力修订工作。为保证培养方案修订工作科学性，学校启动了 2018 年度本科人才培养方案专项课题立项工作，共确立专项课题 8 项，其中学校层面立项 1 项，负责本科人才培养方案框架体系研究，学院层面立项 7 项，分别从建筑类、机械类、电气信息类、材料类、管理类、工商类、艺术类 7 个门类展开研究，学校每个项目资助金额为 1 万元。经费资助方面，人才培养方案专项课题资助金额较其他教研项目资助金额有大幅度增加；过程管理方面，除按《沈阳建筑大学教育科学研究项目管理办法》严格项目管理外，学校组织 3 次阶段性检查，2 次阶段性成果汇报会，通过严格的过程管理，夯实了课题研究内涵，完成了课题研究任务，共发表 30 余篇教学研究论文，对于修订工作起到了科学引领的作用。

（3）以 OBE 理念为引领，全员参与培养方案修订工作。OBE 理念强调以学生为中心，关注学生的全面发展，以培养高素质应用型人才为目标，倡导从国家社会及教育发展的需要、行业产业发展及职场需求、学校定位及发展目标和学生发展及家长校友期望四个方面出发，制定培养目标和培养方案。改变通识类课程教学单位被动接受教学任务现状，明确所有课程必须为专业培养目标服务，保证通识类课程要根据专业培养目标确定授课内容，在这种原则下，基础课程和跨专业课程授课单位也积极参与专业课程体系设置研讨，并提出很多合理化的建议和意见，专业也根据这些意见和建议，进一步修订课程体系设置。各专业还向学生、用人单位、校友征求意见，在适应专业质量国家标准的基础上，融汇教育部专业人才培养规范、工程教育认证标准、国内外专业认证标准、行业最新从业标准等重要规范和标准，认真分析专业培养方案与社会发展和学生发展需求的契合度，进一步明确人才培养目标。

（4）多层次、多角度、多元化的论证，确保培养方案修订质量。为保证培养方案的科学性和前瞻性，学校培养方案修订论证工作分 3 步完成。第一步，聘请校内12 位专家，就修订版本的规范性进行评审；第二步，聘请 30 多位校外专业层面专家，从培养方案总体科学性方面进行审议；第三步，聘请莅临过我校的审核评估组专家，结合审核评估整改要求进行评审。每次评审，需要专家按专业反馈评审意见，各专业根据专家意见进行修改，之后上报，所以，每个专业的培养方案定稿前最少完成了三轮修改，有的专业还聘请了很多企业专家进行评审，通过不同角度的论证和完善，使培养方案既能够引领专业建设、促进学生全面发展，又能够更加充分的满足社会需求。

参见《中国建设教育》2021 年（上）"以修订培养方案为抓手　提升专业人才培养质量"（第十六届全国建筑类高校书记、校（院）长论坛暨第七届中国高等建筑教育高峰论坛论文）。

4.2.3　以工程教育专业认证为抓手　不断提高专业建设水平

工程教育专业认证的核心理念是以学生为中心的认证理念、"成果—产出—结果"导向的教学设计、持续改进的质量保障机制。推进工程教育专业国家认证，强化工科专业内涵建设，是提升学校服务区域经济社会发展能力的迫切需要，也是推进学校"双一流""双特色"建设的现实要求。时任吉林建筑大学校长的戴昕，对该校的专业建设举措进行了总结。

（1）以学生为中心。一是采取有效举措吸引优秀生源。学校设立招生工作委员会，学院成立招生宣传领导小组，形成校、院两级招生工作机构上下协同、分级负责的工作模式。同时，校院两级多渠道开展招生宣传工作，设置新生优质生源奖，积极推进优质生源基地建设工作。二是加强学生指导。学校制定一系列学生学习指导制度，明确教师、管理人员、学生工作人员在学生学习指导中的职责，并严格按照有关规定开展工作，针对工作中的具体问题，注重不断总结、完善和提升，从制度上保障工作的有序有效开展。三是学生学习过程跟踪与评价。各专业主要从专业水平、专业能力、社会能力三个方面对学生的学习能力进行跟踪评估，确保学生毕业时达到毕业要求。

（2）成果导向。一是将培养目标定位细分为办学类型定位、办学层次定位、服务面向定位、培养目标定位、发展目标定位五个方面，并制定了关于培养目标和培养方案的相关评价和修订制度。二是从综合素质要求、知识要求、能力要求三个方面，提出了明确的毕业要求。

（3）持续改进的质量保障机制。一是成立由学校、学院、系三级管理机构构成的教学质量监控体系，确保专业各项教学管理规章制度的科学制定和高效执行。二是学校和学院制定一系列相关规定，形成教学过程质量监控机制。三是有较为完善的本科教学文件管理制度，文件涵盖教学建设、教学组织、运行管理、教学改革与研究、专业建设、教学质量等各个方面。

（4）课程体系。课程体系的设计遵循"行业需求决定培养目标、培养目标决定毕业要求、毕业要求决定课程体系"的导向理念。将课程体系构建为人文社会科学类通识教育课程模块、数学与自然科学类课程模块、工程基础类课程模块、专业基础类课程模块、专业类课程模块、实践教学模块和综合教育课程模块，模块内课程设置支持毕业要求的达成。

（5）教师队伍建设。切实抓住教师"教"这个核心、学生"学"这个根本，坚持把师德师风作为教师评价的第一标准，引导广大教师把教书育人和自我发展相结合，做到以德立身、以德立学、以德施教，做好学生健康成长指导者和引路人。多措并举扩大一线教师数量，优化专任教师队伍结构，进一步调整完善引进人才政策，补齐实验和实践系列教师队伍短板，合理增加部分新专业的教师数量。关注教师教学能力发展，发挥教师教学发展服务平台作用，为教师提供专业化指导和服务，促进教师能力的全面提升；着重对青年教师的培养，开展教师职业生涯发展培训，提升教师的教学专项技能；建立激励教师参与教改活动的政策，试行教师能力增量积分制度，建立教师发展长效机制。落实教师本科教学资格准入制度，制定青年教师成长计划，促进青年教师业务能力的全面发展；实施优秀教师培训计划，培育教学名师和教学新秀；落实教授为本科生上课制度，引导教师回归本分，发挥高水平教师队伍的育人作用。

（6）实践教学体系建设。进一步完善工程训练实践教学平台建设，优化整合校内科研平台和社会实践基地资源，深度融合课程实验实训、专业工程训练、学生创新活动等实践育人环节，为培养学生的创新精神和创新能力提供优质资源。构建"功能集约、资源共享、开放充分、运行高效"的实验教学运行机制。健全以培养"三实型"人才为目标、以提升学生能力增值程度为核心的实验教学体系；建立实验教学质量标准，加强实验课程评价与持续改进；进一步扩大开放性实验项目，在试点基础上，逐步推进实验室（中心）的全面开放，形成以"综合性、设计性、创新性"项目为核心、"专业教学实验、学科竞赛、创新创业训练项目"相融合、不同学科专业相互渗透、师生广泛参与的开放性实验教学格局。不断完善"科学合理、循序渐进、层次分明"的实践教学课程体系，注重学生综合能力和创新能力的培养；将"工程技术教育、环境理念教育、工程伦理教育"等融入实践课程，培养学生解决复杂问题的思维和能力。

参见《中国建设教育》2021年（上）"以工程教育专业认证为抓手 不断提高专业建设水平"（第十六届全国建筑类高校书记、校（院）长论坛暨第七届中国高等建筑教育高峰论坛论文选）。

4.2.4 基于BIM的跨界人才培养平台建设

嘉兴学院副校长杨培强等总结了该校基于BIM的跨界人才培养平台建设与成效。其建设思路和做法是：

1. 以BIM技术应用为主线，改造传统土木建筑类专业

基于BIM共享平台建设，在BIM基础知识宣传和普及的基础上，以BIM技术应用为主线，改造提升建筑学、土木工程、建筑环境与能源应用工程和工程管理4个本

科专业的课程教学体系,实施专业协同,将 BIM 知识和技能融合在所有的专业课程中。

2. 基于 BIM 人才培养需求,系统化设计、一体化构建课程体系

融入 BIM 技术人才培养策略,重构融入 BIM 技术的课程体系。将课程、实验、实习、课程设计、毕业设计、大学生科技竞赛项目、大学生科技创新训练项目、实验室开放项目、个性化培养项目和职业技能训练进行有机的结合,构建包括实践能力、创新意识和工程素质培养的系统工程,寓于教育教学全过程,强化跨界能力培养。

学校在 2015 版土木工程和工程管理专业人才培养方案独立设置"BIM 技术与应用"课程的基础上,在 2018 版 4 个专业均开设了"BIM 技术与应用"相关课程。

在毕业设计环节,学校以点面结合的方式,推动 BIM 技术的应用。面上,推广BIM 专项毕业设计:在工程管理专业 BIM 方向进行专项毕业设计(从 2015 年开始,已经连续 5 届)成功经验的基础上,其他 3 个土木建筑类专业也增加了 BIM 专项毕业设计;点上,探索 BIM 全过程应用毕业设计模式:围绕一个工程项目,探索 BIM技术在建筑设计、结构设计、设备设计、造价、施工与管理等全过程应用。

为确保质量,结合毕业实习和毕业设计环节,进行为期 3 个月左右的训练。训练分两个阶段进行:第一阶段 1 个月,开展 BIM 模拟训练,参与工程项目,由校内导师和企业导师进行培训和指导,实行双导师制,进行过程质量监控,进一步提升各专业基础建模能力。第二阶段 2 个月,进行 BIM 实训,全过程参与工程项目,利用 BIM 技术进行正向设计,提高 BIM5D 应用能力。

在大学生科技竞赛项目上,学校已资助立项了 4 项与 BIM 技术应用相关的竞赛,分别是全国三维数字化建筑设计大赛选拔赛、全国 BIM 应用技能大赛、全国高等院校算量大赛和全国大学生结构设计信息技术大赛。参加大赛为学生学习、应用 BIM技术提供了舞台。

参见《中国建设教育》2021 年(上)"基于 BIM 的跨界人才培养平台建设与成效"(第十六届全国建筑类高校书记、校(院)长论坛暨第七届中国高等建筑教育高峰论坛论文选)。

4.2.5　基于建筑信息模型(BIM)职业技能等级证书试点工作的人才培养模式

广西建设职业技术学院是国家"双高"建设单位,同时也是全国首批"1+X"

证书试点单位。吴丹对该校基于建筑信息模型（BIM）职业技能等级证书试点工作的人才培养模式研究与实践措施进行了总结。

（1）积极搭建平台，建立"校——系——专业——课程"四级联动运行机制。学院层面统筹资源，成立院级 BIM 技术应用平台，开展 BIM 技术全过程应用研究与实践；专业系部根据自身特点，联合企业成立系级 BIM 中心，开展教学与实践应用研究。

（2）积极对接培训评价组织，校企共同将 BIM 职业技能等级标准和证书培训内容有机融入专业人才培养方案，优化课程设置和教学内容，探索"1+1+N"的校企双主体协同育人模式。

（3）强化实践环节，构建"以训为主、战训结合、真题实战"对标 BIM 职业技能等级证书的实践教学体系。

（4）运用信息技术，推动课程改革，打造"1+BIM 课程重构魔方"系统，开发 BIM 应用技术模块化课程体系和活页式教材，全面推动"三教改革"。一是基于"1+X"魔方平台，构建智能课程体系；二是基于教科研项目，推动 1+X 证书制度下人才培养模式改革研究。

（5）加强师资队伍建设，打造了一支能够满足教学与培训需求的国家级职业教育教师教学创新团队。学校组建"双师型"BIM 教师队伍，制定国际化水平的团队建设方案和管理制度；通过专项培训、讲座、短期培训、技术研发创新、出国进修访学、工作坊、沙龙访谈等多种形式培养骨干教师及创业导师的教育教学能力，选聘企业高级技术人员担任产业导师，充实团队力量，与建筑行业建筑信息模型制作与应用领域知名企业进行实质性的联系合作，打造一支"专兼结合"的 BIM 师资团队。开展团队教师实训指导能力和技术技能专项培训，实现"双元"育人。在产教融合的基础上，教师团队培训突显"跨界属性"，拓宽职教教师专业发展通道，培训内容突显"需求诊断"，立足学校与教师需求，实施个性化培训。通过 BIM 项目推进、BIM 活动沙龙、企业轮岗实践、与产业导师一对一等方式，多维度多方式地进行校企师资培养，把专项培训融入校企"双元"育人的多个环节中。

参见《中国建设教育》2021 年（上）"'双高'建设背景下1+X 证书制度人才培养模式研究与实践——以建筑信息模型（BIM）职业技能等级证书试点工作为例"（第十二届全国建设类高职院校书记、院长论坛论文选）。

4.2.6　促进 1+X 证书制度落地的"三保障、三对接"工作模式

陕西铁路工程职业技术学院是首批入选 1+X 建筑信息模型（BIM）证书试点单位，学校结合 BIM 技术教学实际情况，以 BIM 职业技能等级证书标准为导向，以教学改革为抓手，通过完善体制机制、培养师资团队、优化课程体系、创新训练模式等一系列举措，探索形成了"三保障、三对接"的工作推进模式。该校校长焦胜军对其具体做法进行了总结。

（1）三级联动，加大激励，强化体制机制保障。学校成立了校长任组长，主管教学副校长任副组长，教务处、财务处、参与试点专业负责人等共同组成的"1+X 证书试点工作领导小组"，出台了《1+X 证书试点工作管理办法（试行）》，明确学校、教务处、二级学院和教研室的具体职责，形成了"学校统筹、二级学院组织、教研室落实"的三级联动运行机制。

（2）专兼结合，协同发力，强化师资队伍保障。以专兼结合的方式，构建 BIM 师资团队。专兼结合的师资队伍共同研讨教学内容，开发训练项目，探索培训形式，进行人才培养方案修订和课程体系构建，保证了考核标准与课程标准的同心融合。

（3）加大投入，优化配置，强化软硬件环境保障。学院投入 215 万元，建成 610 平方米的 BIM 教学中心和 BIM 工作室，购置学生电脑 200 台，教师工作机 30 台，配备了鲁班、欧特克、Tekla、Bentley 及 Dassault 系列化 BIM 技术软件，为"1+X"证书试点工作的推进创造良好的软硬件环境。划拨专项经费 100 万元，用于企业调研、考前培训等工作，在师资培训、科研项目申报等方面，对 BIM 证书试点优先支持。

（4）证书标准与教学标准对接，优化专业课程体系。基于 BIM 职业技能等级证书标准要求，深入中铁一局、中铁二十局等 50 余家土建施工企业和鲁班、鸿业等 4 家国内领先的 BIM 软件研发企业，围绕企业岗位需求、培养规格等方面进行广泛调研，学校将认真分析企业生产方式变革对 BIM 技术人才的需求，对接交通土建工程产业链，紧抓投资管理、进度管理、质量管理三项核心要素；依据项目建设流程和学生认知规律重构课程体系，开发专业模块化课程，在专业基础课开设 BIM 建模基础课程，在专业核心课和实践课中融入 BIM 技术内容，在专业拓展课中增设 BIM 项目管理类课程，合理设置专题实训、跟岗实习等实践教学环节，构建了"BIM 建模及应用 + 传统专业技能"的课程体系。校企双导师联合授课并指导学生完成项目

实施各阶段的工作任务，做到"以教促产、以产促教"，实现"学用统一"；组建"模块化"授课团队，分工协作实施模块化教学，实现"学做合一"。

（5）训练项目与生产项目对接，创新 BIM 技能培训模式。将 BIM 职业技能等级证书标准进行细化，对应初、中、高级证书技能要求，将日常教学、技能训练和考前强化相结合，岗位能力和职业标准全程贯穿，构建"基础建模—专业应用—综合应用与管理"三阶段递进的培养路径，避免为证而考，实现以证强技。

（6）证书考核与课程考核对接，创新考核评价方式。按照证书考核标准、内容和要求，实施分层考核。一是在授课过程中，每完成一个教学模块进行一次考核，检查本模块知识和技能掌握情况，考核成绩占课程总评成绩的 30%。二是在专项培训结束前，利用自主开发的题库进行摸底考核，对标检查学生知识和技能掌握水平，根据考核成绩，在学生自愿的基础上，进行初级和中级证书的报考分流。三是用证书考核替代课程终结性考核，成绩占课程成绩的 70%。

参见《中国建设教育》2021 年（上）"'三保障、三对接'促进 1+X 证书制度落地生根"（第十二届全国建设类高职院校书记、院长论坛论文选）。

4.2.7 新版职业教育土木建筑大类专业目录评介

随着 5G 技术、人工智能、大数据等新技术的广泛应用，住房和城乡建设领域各行业进入了转型升级的加速期，这必然对土木建筑大类技术技能人才提出新的要求。在此背景下，开展职业教育土木建筑大类专业目录修（制）订工作，形成了涵盖中职、高职专科、高职本科的土木建筑大类专业目录（以下简称《目录》）。《目录》符合住房和城乡建设事业的发展趋势和行业发展规划，为适应行业发展需要的后备人才培养、助力住房和城乡建设事业高质量发展奠定了基础。

（1）适应数字化城市建设需求。当前，我国城市发展也进入到数字化城市阶段。根据《2015—2020 年中国智慧城市建设行业发展趋势与投资决策支持报告前瞻》数据显示，我国已有 311 个地级市开展数字城市建设，我国的现代城市发展特点已由增量扩张逐步迈入存量优化，建筑改造和建筑更新也成为城市更新的热点。数字化城市是城市发展的新兴模式，未来必将需要数字化设计、智能化施工与运维管理的人才。《目录》设置了城市设计数字技术（高职本科）、智慧城市管理技术（高职专科）、城市设施智慧管理（高职专科）等专业，可以满足数字化城市发展对技术技能人才的需求。

（2）对接建筑产业现代化发展趋势。2016 年以来，相关部门对发展装配式建筑提出明确要求。主要包括：2016 年 9 月，国务院办公厅印发的《关于大力发展装配式建筑的指导意见》；2017 年 5 月，住房和城乡建设部印发的《建筑产业现代化发展纲要》；2020 年 7 月，住房和城乡建设部等 13 部门联合印发的《关于推动智能建造与建筑工业化协同发展的指导意见》；2020 年 8 月，住房和城乡建设部等 9 部门联合印发的《关于加快新型建筑工业化发展的若干意见》。此外，2019 年以来，人力资源和社会保障部公布的 38 个新职业中也包括装配式建筑施工员。由此可见，大力发展装配式建筑，推进新型建筑工业化，进而推进建筑产业现代化，是建筑业发展的必然方向。《目录》设置了装配式建筑施工（中职）、装配式建筑工程技术（高职专科）、钢结构工程技术（高职专科）等专业，能够对接国家大力发展装配式建筑的发展趋势。

（3）顺应信息技术发展趋势的需要。近年来，BIM、大数据、智能化、物联网、云计算等新信息技术迅速发展，带动各领域的生产模式和组织方式的变革。在以数字化、网络化、智能化为特征的信息化浪潮中，出现了工程技术、信息技术、机械设备、自动控制等多方向"跨界"融合趋势，智能建造是建筑业的大势所趋，并且随着建筑信息化的推进，推动了建筑全生命周期管理，建筑从设计到施工到运维的全过程信息化转型。《目录》设置建筑动画技术（高职专科）、智能建造技术（高职专科）、市政管网智能检测与维护（高职专科）、建筑经济信息化管理（高职专科）、房地产智能检测与估价（高职专科）、智能建造工程（高职本科）、建筑智能检测与修复（高职本科）、城市设施智慧管理（高职本科）等专业就是将区块链、大数据、人工智能等新技术融入专业建设中，实现建筑从设计到施工再到运维的全过程信息化管理，适应行业的发展。

（4）服务城市更新行动和乡村振兴。党的十九届五中全会提出，实施城市更新行动和乡村振兴战略、推进以人为核心的新型城镇化，并提出了统筹县域城镇和村庄规划建设、保护传统村落和乡村风貌、实施城市更新、推进城市生态修复，做好绿色建筑、国土空间规划、城乡生活环境治理、城镇污水管网、美丽乡村建设、历史文化保护、城市风貌塑造、城镇老旧小区改造、海绵城市、市政工程、新型基础设施、新型城镇化的方面工作的具体任务。《目录》中，城镇建设（中职）、村镇建设与管理（高职专科）、城乡规划（高职专科、高职本科）等专业，能够服务于城镇和村庄规划建设、保护传统村落和乡村风貌、美丽乡村建设的需要；市政工程技术（高职专科）、市政工程（高职本科）等专业，能够服务于市政工程、新型基础设施建设需要；市政管网智能检测与维护（高职专科）、建筑智能检测与修复（高职本科）等专业，能够服务于城镇老旧小区改造和城镇污水管网建设与维护；城市环境工程技术（高职专科）等专业，能够服务于城市生态修复、城乡生活环境治理的需要；古建筑修缮（中职）、古建筑工程技术（高职专科）、古建筑工程（高职本科）、建筑设计（高职本科）、园林景观工程（高职本科）等专业能够服务于历史文化保护、城市风貌塑造等需要。

住房和城乡建设部人力资源开发中心温欣撰稿。

4.3 立德树人与课程思政

4.3.1 建筑类专业"课程思政"建设模式与实施路径

苏州科技大学副校长沈耀良等介绍了苏州科技大学推进课程思政的主要举措，并重点阐述了建筑类专业"课程思政"的建设模式与实施路径。

1. 以 OBE 理念耦合专业思政与课程思政的建设模式

学校深入落实立德树人根本任务，立足建筑类专业服务行业、服务地方特色，明确"高素质、有特色的应用型专业人才"培养导向，从家国情怀、文化自信、以人为本、美好人居环境时代需求等层面深化专业思政建设模式，利用 OBE 理念，将专业思政与课程思政有效衔接，逆向构建"成果导向"人才培养方案，促使立德树人融入人才培养目标、毕业要求和课程体系，进一步重构课程大纲、教学方案，明确课程思政与教学内容、教学设计的具体结合方式。将建筑类专业的课程思政教育工作贯穿于全课程体系之中，建构与建筑类课程特性相协同的课程思政育人模式。

2. 全面覆盖、分类协同的课程思政实施路径

充分挖掘建筑类专业课程中的育人元素，将建筑类专业的知识体系全部融汇到立德树人这一中心环节，实施按课程特性分类的课程思政育人模式，实现通识教育类、设计原理类、建筑技术类、建筑历史类、专业设计类、实习实践类、第二课堂

类课程全面覆盖，进一步持续提升教师课程思政能力、聚力整合优质课程思政平台，加快形成教书育人的协同效应。

（1）全面覆盖深度融合各类课程和环节。在课程教学中，通识教育类课程以人文知识提升建筑类专业创新人才的人文素养和家国情怀为重点，促进学生将自然科学与人文、社会科学融会贯通，并积极引导学生在放眼世界的同时，又能立足中国实际，明晰国际国内关系；设计原理类课程以综合知识培养建筑类专业创新人才的社会情怀和规则意识，借由规划设计原理理论、规范标准强化学生逻辑思维能力和规则认知水平，由内而外激发学生利用专业知识服务社会、人类的内生动力；建筑技术类课程以前沿技术强化建筑类专业创新人才的创新思维和科学素养，依托专业密切相关的大数据、虚拟仿真、人工智能等前沿技术，将创新与科学探索具体化、媒介化；建筑历史类课程以历史文化培育建筑类专业创新人才的价值认同和文化自信，弘扬中国传统城市、建筑、造园等优秀历史文化，促进专业教学接地气，潜移默化入人心；专业设计类课程以设计伦理滋养建筑类专业创新人才的道德意识和职业精神，利用专业设计指导、互动交流等形式，针对每一条线、每一个数据、每一个色块、每一个构件，从点点滴滴中扎实提升"工匠精神"。在实践教学和第二课堂教学中，重视实习实践类课程以实践教学培养建筑类专业创新人才的社会责任和执业人格培养，协同校内外优质平台，充分利用地方、设计院所资源，让学生进现场、走一线，在项目案例实践中感悟有温度的责任与担当。第二课堂类课程以培养建筑类专业创新人才的使命担当和奉献精神为核心，深入挖掘第二课堂的思政教育元素，开展多种形式的暑期社会实践、志愿公益服务等活动，拓展课程思政建设方法和途径。

（2）持续提升教师课程思政能力。落实专业课教师的"课程思政"实施主体地位和课堂教学第一责任人身份，守好一段渠、种好责任田，不断增强课程思政意识、提升课程思政能力。通过舆论宣传、示范引领、团队帮扶、责任落实等手段，促进教师课程思政意识内化于心、外化于行，坚定理想信念，强化为人师表、以身作则、言传身教；借助常态化学习、定期培训、组织观摩、竞赛比赛等形式，持续提升教师立足专业挖掘课程思政资源的能力，实现思政与专业课程的深度融合。

（3）聚力整合优质课程思政平台。依托建筑类专业的服务行业、服务社会经济发展特色，整合优质平台资源，构建课上课下、校内校外、线上线下全方位育人格局。立足课堂主渠道和校内资源，采取校地校企党建联建、联合培养、实习基地等形式，不断加强、丰富学校与地方、企事业单位的合作，通过"请进来、走出去"方式，将各种优质思政资源协同到人才培养中；深度挖掘学习强国、泛雅网络教学综合服务平台、微信公众号等网络资源，灵活、便捷、实时、高效开展课程思政。

参见《中国建设教育》2021年（上）"落实立德树人根本任务 推进建筑类专业课程思政建设"（第十六届全国建筑类高校书记、校（院）长论坛暨第七届中国高等建筑教育高峰论坛论文选）。

4.3.2 实施课程思政"八大工程"

近年来，湖南城建职业技术学院根据土木建筑类专业建设和人才培养特点，系统设计和推行课程思政改革方案，实施课程思政"八大工程"，取得了良好的成效。

（1）实施"培优示范"榜样工程。通过打造示范课堂，选树一批课程思政示范标兵；通过开发优秀课程，培育一批课程思政优秀教师；通过撰写优秀案例，锻造一批课程思政育人优秀团队。分阶段表彰一批课程思政理论研究、元素开发挖掘、教学方法创新、教学成效明显等方面有突出表现的优秀教师和团队。

（2）实施"三集三提"优化工程。一是集中研讨提功能认识，以专业为单位开展课程思政建设大讨论、大学习，全院形成"课程门门讲德育，教师人人谈育人"的积极局面，提高教师对"课程思政"功能的认识；二是集中培训提课改水平，充分开展元素挖掘、教学设计、标准修订等内容的专项培训，提升教师课程育人能力，通过每月的政治理论学习，提升教师的理论功底，提高课程育人本领；三是集中备课提高育人质量，建立专业教师会同思政课教师和辅导员集体备课制度，以问题为导向、以项目为载体，集中备教学内容、教学设计和教学方法，做到同课程统一思政元素、教学设计和教学案例。

（3）实施"激活课堂"育人工程。将课程思政嵌入课程质量诊改标准，将枯燥的专业知识形象化、情景化、幽默化、故事化、游戏化，采用适合专业课的启发式、互动式、讨论式、探究式、案例式等教学方法，将专业与人文相融合、人文与工匠相融合、工匠与价值相融合，形成"五化""五式""三融合"的活跃课堂。

（4）实施"思政元素"挖掘工程。在通识课程与专业课程知识点中充分挖掘理想信念教育元素，传授马克思主义及中国化最新理论，诠释党的路线方针政策，引导学生自觉做拥有共产主义远大理想和中国特色社会主义共同理想的坚定信仰者、忠实实践者；充分挖掘道德观念教育元素，开展社会主义核心价值观教育，引导学生树立正确的世界观、人生观、价值观；充分挖掘文化传承教育元素，展现优秀传统文化厚重、中华民族精神担当、湖湘文化底蕴、大国工匠精神风范，引导学生厚植爱国主义情怀；充分挖掘职业素养教育元素，讲好鲁班新生代故事，培养鲁班工匠精神，引导学生认识专业、认同职业、献身事业。

（5）实施"以文化人"渗透工程。建设以坚守价值追求、优化校园环境、铸造活动品牌、打造课程体系、创新评价机制为内容的"五位一体培匠师"的鲁班文化育人体系；构建以房建文化、营造文化、精益文化、安装文化、路桥文化为内容的"五翼同辉育匠心"的一系一品校园文化格局，并将这些优秀的文化元素，切入合适的课程教学知识点，引导学生认真践行"明德、建业、精作、筑能"的建筑行业精神。

（6）实施"价值塑造"评价工程。在课程目标设定、教学组织实施、教学质量评价体系建设中，注重将"价值引领"作为首要因素和重要监测指标；在课程教学大纲、教学设计等重要教学文件的审定中考量"知识传授、能力提升和价值引领"同步提升的实现度；在精品课程、示范课程的遴选立项、评比和验收中设置"德育目标"指标；在课程评价标准（含学生评教、督导评课、同行听课等）中设置"价值引领"观测点。把教师参与课程思政教学改革情况和育人效果作为教师个人评价、岗位聘用、评优奖励、选拔培训、职称晋升的重要依据。

（7）实施"教学资源"开发工程。开发课程思政特色教材，组织先行试点所培育的示范标兵和优秀教师认真挖掘思政教育元素，思考融入专业知识的方法，撰写教学设计和教学案例，以专业群为单位编写出版《课程思政元素汇集》《课程思政教学案例汇编》《课程思政"说课"范例汇编》。

（8）实施"党建引领"示范工程。专业所属党组织开展"课程思政，党员先行"为主题的党支部创新教育活动，鼓励所有教师党员在课程思政工作推进中，要发挥好模范带头作用，体现新时代党员的先进性，形成"党建 + 课程思政"工作格局。

参见《中国建设教育》2021 年（上）"土木建筑类高职院校课程思政改革实践探索"（第十二届全国建设类高职院校书记、院长论坛论文选）。

4.3.3　三色文化育人工程的实践

江苏城乡建设职业学院党委高度重视校园文化建设，在实践中将文化育人体系构建与学校特色化发展之路紧密结合，把"三色文化"育人工程的打造作为学校文化育人体系构建的重要抓手，努力打造切合学校实际，具有学校烙印的文化育人品牌。刘波对该校的做法进行了总结。

（1）扎实开展红色教育，让人才培养的底色更红。一是厚植传统文化底蕴。学校结合人文素养培育和专业设置情况，以"传承"为关键词，通过传承传统文化、传统礼仪和传统技艺，在校内营造崇尚优秀传统文化的良好氛围。二是加强革命文化教育。学校以"坚定"为关键词，坚定革命精神、坚定理想信念，培养学生正确的价值取向和精神信仰。三是推进法治文化建设。学校以"培育"为关键词，通过培育法治意识、培育法治底线思维，提升广大学生的法治教育。四是提升暖心文化温度。学校把志愿服务、帮老助困、心理健康教育、自尊自爱教育、感恩教育等元素紧密融合，以"温暖"为关键词，温暖自己、温暖他人、温暖社会，推进暖心行动。

（2）创新发展绿色教育，让人才培养的特色更绿。学校将"创建绿色校园、培养绿色人才"写入章程，努力在绿色建筑产业升级发展的过程中，探索创新绿色文化育人工作，培养学生绿色可持续发展理念。一是提高绿色文化认知。学校以"认知"为关键词，充分利用绿色校园打造的先天优势，对学生进行绿色生活、绿色学习、绿色工作理念的引导。二是促进绿色行为养成，在注重绿色校园硬件规划和建设的同时重视绿色校园软文化的打造。三是培养绿色向上心态。学校以丰富多彩的第二课堂为抓手，以活动为载体，营造积极向上、大众向善、乐于向美的校园文化氛围。

（3）稳步推进蓝色教育，让人才培养的本色更蓝。学校准确把握人才培养的定位，在文化育人的过程中协同相关职能部门将蓝色文化有效融入相关教育环节，在培养社会主义合格建设者上下功夫。一是弘扬工匠精神。学校引导广大学生秉持"工匠精神"，努力学习专业知识，向工匠靠拢，争当新时代工匠的奋斗目标。二是培育职业素养。学校在分析不同的专业职业性质的基础上，采取多种举措强化职业素养培育，从而增强学生的职业能力。三是强化技能锤炼。学校依托技能文化节和承接大型技能大赛来营造"劳动光荣，技能宝贵"的价值取向。四是培养双创意识。学校注重以能力提升为导向的创新思维培养和以高质量就业为导向的创业意识培育，以讲座的形式培养创新意识，创业课程作为必修课程纳入人才培养方案；通过校级创新创业大赛，选拔参加省级创新创业大赛；还投资建立了"青创＋众创空间"，创业教育成效逐渐凸显。

参见《中国建设教育》2021 年（上）"立德树人视域下职业院校文化育人品牌实践研究——以江苏城乡建设职业学院三色文化育人工程为例"（第十二届全国建设类高职院校书记、院长论坛论文选）。

4.3.4　高职院校"五三"课程思政模式

黑龙江建筑职业技术学院尹颜丽等通过分析现实问题与实践研究，构建了"五三"课程思政模式，提出在"三教"改革视域下开展"课程思政"教学模式设计，为提升高职办学质量和人才培养质量提供了对策。

"五三"课程思政协同育人模式是根据教师主体多元化、教材思政资源的整合建设、思政教法设计等因素，充分利用校内理论教学阵地和企业实践技能应用平台，运用信息化技术手段，实施"全员、全程、全方位"育人机制。

（1）构建"三主体"全员协同的"课程思政"育人模式。教师是教育改革的主体，是"三教"改革的关键。"课程思政"实施过程中离不开"思政辅导员""课程教师""企业指导教师"，教育主体要分工明确，在思政育人过程中根据各自特点，分担育人角色和职责，各自发挥思政育人的优势，建立协同育人模式。

（2）构建"三平台"教辅资源整合的"课程思政"育人模式。多媒体信息资源平台是新时代高职院校建设高水平、高质量教材的基础，构建"微课程在线开放学习平台""任务虚拟仿真的互动平台""高水平专业群的信息资源库平台"三平台融合育人模式，有利于高职院校拓宽思政培养阵地。

（3）构建"三因施教"结合的"课程思政"教学方法。课程建设是"三教"改革的焦点，而教学方法是课程建设的核心动力，合理的教学模式、教学方法是保障"课程思政"教学效果和质量的前提。构建因课程不同制定不同思政教学策略、因个体不同采取不同思政教学手段、因行业需求不同制定不同思政育人目标的"三因施教"教学方法，增强教学效果，提高学生的思想政治素养和促进学生全面发展。

（4）构建"三课堂"递进式的"课程思政"育人模式。高职教育课堂学习通常可以分为理论课堂、实训课堂和顶岗实习。"三课堂"应根据教学环境与教学内容的差异性设置不同的思政培养目标，构建"三课堂"递进式的思政育人模式。

（5）构建"三方"联动互评式的"课程思政"考评机制。基于高职多元化的教育体系，建立以"学生"为中心，"校、企、师"三方为外围评价主体的"课程思政"

评价机制，并以此为基础建立"学生德育考核档案"，从院校到企业对学生思政教育进行联动互评和跟踪评价，实现学生的动态思政考评与分析。

参见《教育与职业》2021年第22期"'三教'改革视域下高职院校'课程思政'实施现状与对策"。

4.4　产教融合

4.4.1　"行校企"产教融合人才培养模式

珠海城市职业技术学院马维旻等对该校"行校企"产教融合人才培养模式进行了总结。

为保证产教融合的系统性、长效性、体系化，培养专业技能熟练、职业素养高的应用型人才，围绕学生职业技能、职业素质、职业品质的系统培养，在行业协会的指导和协调下，以企业和学校为育人双主体，在明确各方职责的基础上，对专业建设目标进行准确定位，力求"课岗合一"，构建专业和产业相适应的"行校企"人才培养模式。"行校企"产教融合人才培养模式建设的关键在于在"行校企"协同背景下，实现资源整合，以及企业和学校育人模式的对接。

建立"行校企"产教融合人才培养模式，应使教师和学生融入产业链、创新链、人才链，其内容主要有以下几个方面：专业教学融合，创新创业融合，技术服务融合，社会服务融合，管理融合。

开展"行校企"产教融合过程中，涉及三方的不同部门、不同人员，为促进相互之间的协调和工作的有效性，须重点落实以下几项工作机制：激励机制、共享机制、保障机制。

在"行校企"产教融合过程中，主要应做好以下几个方面的工作：提高教师产教融合认识水平，开拓产教融合发展思路，提供产教融合工作制度化保障，建设专兼结合的师资队伍，构建"课岗合一"课程体系，共建共享实训基地。

参见《大学教育》2021年第6期"'行校企'产教融合人才培养模式的探索与实践"。

4.4.2　应用型本科高校的产教融合

安徽大学孟雪楠、合肥学院余国江认为：产教融合是应用型本科高校人才培养的重要途径，应用型本科高校产教融合有其特殊的意义和机理。

产教融合是社会多元主体合作的活动，应用型本科高校产教融合涉及地方产业、政府机构和高校三个主体，寻找合适的机制使教育和产业联系在一起，是产教融合成功需考虑的首要内容。机制对于任何一个系统都起着基础性作用，因此需基于应用型本科高校产教融合内在机理，探索其有效机制，具体包括建立产教融合激励机制，形成专业集群融合机制，建立校企共育人才机制。

应用型人才经过实践检验，已经证明是当前产业需要的重要人才。产教融合是应用型人才培养的可行之路，根据应用型本科高校的实践探索，可从以下八个方面探索促进产教融合培养人才的系统路径：共同探索产教融合教育理念，共同制定人才培养方案，共同实施教学，共同构建课程体系，共同开展应用科学研究，共同评价教学质量，共同构建资源，共同构建校内外实习实训基地。

参见《应用型高等教育研究》2021 年第 6 卷第 3 期"创新机制，协同育人：应用型本科高校产教融合理论和实践研究"。

4.4.3　"双循环"背景下高职院校的产教融合

宁波城市职业技术学院农晓丹、胡坚达认为：加快形成以国内大循环为主体、国内国际双循环相互促进的新发展格局是积极应对内外部环境变化、确保经济高质量发展的重要举措。"双循环"背景下，高职院校产教融合面临着产业链、供应链重整带来的挑战，也面临着观念突破、合作创新等机遇。

"双循环"背景下产教融合的关键因素，一是打通教育链与产业链，强化产业链的要素保障；二是打通技术链与服务链，助力产业变革和产业创新；三是打通能力链与岗位链，实现人才精准培养和供给。

"双循环"背景下继续深入推进产教融合，应遵循"1234"（一个核心、两个方向、三个重点、四个机制）的发展路径。一个核心指稳定的产教融合共同体；两个方向指线上线下双向发力，线下加大建设"校中企"的力度，线上加大合作力度；三个重点包括创新人才培养模式、推动师资团队对接和打造协同育人体系；四个机制包括激励机制、保障机制、互信机制和应急机制。

参见《职业教育研究》2021年第4期"'双循环'背景下高职院校产教融合的研究与实践"。

4.5 新时代劳动教育

4.5.1 新时代加强高校劳动教育实践路径研究

同济大学杨劲松等在对高校劳动教育现状进行分析的基础上，提出了劳动教育宏观生态下的实施策略和微观生态下的实施路径。

劳动教育宏观生态下的实施策略主要体现在顶层设计与多元协同并立。加强顶层设计是教育主管部门发挥"主导因子"的主要抓手。在教育宏观生态环境中，发挥好"主导因子"作用，引导和平衡各因子发挥好正向促进作用，避免各因子转化为"限制因子"，是新时代高校劳动教育体系的关键所在；加强多元协同是劳动教育各主体实现科学"生态位"的有效途径。在政府主管部门发挥好"主导因子"作用的同时，学校、社会机构、家庭等各主体要主动加强多元协同，充分发挥各方在劳动教育中的独特育人价值和功能，与顶层设计相互呼应、相互助力，并通过相互协同，共同营造有利于营造高校劳动教育的良好氛围，产生更大的集成推动效应。

良好的教育宏观生态有利于为劳动教育营造有利环境、整合并共享教育资源，而高校微观生态则对劳动教育的质量起着决定性作用。劳动教育本身是一个复杂系统，不仅包括了课程、教师、体制机制和文化环境等一系列作用因素，也包括了显性影响和隐性影响两种作用机制，如课程、教师等发挥着直接育人的显性作用；体制机制、文化环境等发挥着潜移默化的隐性效果，这些因素共同构成了影响和制约劳动教育发展的"生态链"。首先是彰显显性劳动教育因素的育人主阵地作用，一要立足于完善整个培养计划开发和建设劳动教育课程体系，二要加强劳动教育师资队伍建设；其次是发挥隐性劳动教育因素的育人协同作用。隐性劳动教育因素是指高校在体制机制、育人氛围、文化氛围、环境条件中发挥潜移默化作用的劳动教育因素。隐性劳动教育因素与显性劳动教育因素同样重要，共同发挥协同育人的作用。要充分利用校园文化、制度创新、评估考核等隐性劳动教育因素，在氛围营造中、在行为规范中、在评估考核导向中发挥隐性劳动教育的育人功能。 在目前阶段，除了培育良好的尊崇劳动的校园文化，加强制度建设创新和完善劳育评价是加强隐性教育效果的有效方法。

参见《中国高等教育》2021 年第 9 期"新时代加强高校劳动教育实践路径研究"。

4.5.2 新时代职业院校的劳动教育

中国劳动关系学院党印、张新晨认为：新时代对职业院校劳动教育提出了新的要求。劳动教育具有树德、增智、强体、育美的功能，在各个育人环节中加强劳动教育既有现实可行性，有利于提升劳动技能、塑造劳动品格，也有利于提升人才培养总体质量。

目前职业院校的劳动教育主要体现在顶岗实习中，普遍没有开设劳动教育通识课，缺乏劳动教育专任教师，因此，学生既没有接受系统的劳动通识教育，在劳动实践活动中又缺乏系统的劳动意识和劳动价值观培养，劳动教育在整体上处于零散状态。

劳动思想教育与劳动价值观教育紧密相关，劳动思想教育的目的是培养正确的劳动价值观，展现积极向上的劳动精神面貌。劳动知识和技能教育与职业发展直接相关。新时代职业院校劳动教育需要贯彻中共中央、国务院印发的《关于全面加强新时代大中小学劳动教育的意见》和教育部发布的《大中小学劳动教育指导纲要（试行）》的精神，顺应企业和行业发展需求，强化培养劳动知识、技能和价值观，并通过校内外实践活动培养学生的劳动精神、劳模精神和工匠精神。

为使劳动教育落地生根并产生实效，职业院校需要设立专门的劳动教育机构、开设劳动教育通识课程、建立健全劳动教育师资队伍、升级打造劳动教育实践基地、建立并完善劳动教育评价体系。

参见《高等职业教育—天津职业大学学报》2021 年第 30 卷第 3 期"新时代职业院校劳动教育：现状、内容与实施路径"。

4.5.3 新时代劳动教育课程规范化建设问题及对策研究

扬州工业职业技术学院汪海洋分析了劳动教育课程规范化建设的当前境遇，探索了劳动教育课程规范化建设的路径。

劳动教育课程虽然经过多年的建设发展，在课程价值取向、课程内容变革、课程实施方式等方面取得了一定的发展。但过去一段时间，由于受到国家教育政策变迁、社会应试教育大环境以及学校教育资源分配等因素的影响，劳动教育课程的规范化建设远未达到新时代发展需要。目前存在的主要问题：一是劳动教育课程学科归属不清晰，需要形成规范化建设的支撑效应；二是劳动教育课程结构内容不全面，需要形成规范化建设的内容体系；三是劳动教育课程队伍建设不完善，需要形成规范化建设的主体力量；四是劳动教育课程管理体制不健全，需要形成规范化建设的体制保障。

劳动教育课程规范化建设的路径选择，一是坚持马克思主义劳动思想指导，筑牢课程规范化建设的学科地位；二是加快课程结构内容模块化建设，构建课程规范化建设的内容体系；三是加强师资专业化和多元化发展，打造课程规范化建设的教学团队；四是健全组织领导机构和管理体系，落实课程规范化建设的体制保证。

参见《太原城市职业技术学院学报》2021 年第 12 期"新时代劳动教育课程规范化建设问题及对策研究"。

4.6　行业职业技能标准体系

4.6.1　构建行业职业技能标准体系的必要性分析

《"十四五"职业技能培训规划》（人社部发〔2021〕102 号）明确提出，"十四五"期间建立健全职业培训工作多元化、多层次标准框架体系，完善职业分类动态调整机制。围绕新经济、新模式、新业态和急需紧缺职业，加快新职业发布及国家职业标准开发，动态修订完善国家职业标准。建立健全由职业标准、评价规范、专项职业能力考核规范等构成的多层次、相互衔接、国际可比的职业标准体系。

房屋建筑和城市建设是我国经济社会建设的重要领域，产业工人是这一领域开展大规模建设更新的重要技术力量。在住房和城乡建设行业针对产业工人开展职业技能培训，对提升劳动者就业创业能力、缓解结构性就业矛盾、促进扩大就业具有重要意义，也是推动我国城乡建设高质量发展的重要支撑。作为推动建筑业转型升级的主要措施之一，住房和城乡建设部已将加快培育建筑产业工人队伍作为其中一项主要工作。

住房和城乡建设行业涵盖建筑设计、结构工程、地基基础、建筑电气、建筑环境与节能、建筑给水排水、建筑质量、建筑安全、维护与加固、市政给水排水、燃气、供热、市容环卫、园林绿化、轨道交通、道路与桥梁等 20 个专业，结合几年来住房和城乡建设部提出的发展装配式建筑、推动城市建设适老化转型、实施城市更新行动、海绵城市建设等专项工作，以及《国家职业资格目录》的管理要求和《住房城乡建设行业职业工种目录》，建立适合住房和城乡建设部工作和管理要求、有效提高住房和城乡建设行业一线从业人员素质和技能水平的职业技能标准体系具有重要的现实意义。

住房和城乡建设部人力资源开发中心职业培训部副主任赵昭撰稿。

4.6.2　行业职业技能标准的现状与问题分析

职业技能标准编制工作是加强对住房和城乡建设行业职业技能培训的规范管理的一项基础性工作，对指导各地做好住房和城乡建设行业从业人员技能培训工作，统一培训标准，提高培训质量有重要意义。《住房城乡建设部办公厅关于印发住房城乡建设行业职业工种目录的通知》（建人办〔2017〕76 号）已公布的职业工种，仍有大量工种需要分批编制。此外，随着社会经济的发展，住房和城乡建设行业职业工种发生了很大变化，现有的部分职业标准已不能准确客观反映职业实际，同时一些新生职业工种还没有建立起相应的职业标准。

从住房和城乡建设行业职业工人培训的需求来看，职业技能标准作为职业培训和考核的技术基础，缺乏顶层设计，尚未建立职业技能标准体系。目前，住房和城乡建设行业职业技能标准动态管理主要依据《国家职业资格目录》和《住房城乡建设行业职业工种目录》，这其中存在的问题有：

（1）系统性规划不足。结合《住房城乡建设行业职业工种目录》所列职业工种，目前已发布职业技能行业标准 7 项，涵盖工种 25 个，在编标准 13 项，涵盖 70 余个工种。其中，绿化工、花卉工、园林植保工、盆景工、育苗工、展出动物保育员、假山工合并编制《园林行业职业技能标准》CJJ/T 237—2016；供水调度员、供水管道工、供水泵站运行工、供水营销员、供水仪表工、供水稽查员、供水客户服务员、供水设备维修钳工、水表装修工合并编制《城镇供水行业职业技能标准》CJJ/T 225—2016，因此，对现有 184 个职业工种应进行系统规划，对明确拟制定标准名称、涵盖工种及主要内容。此外，目前职业技能标准立项编制也缺少年度系统安排。

（2）部分标准标龄过长。现行标准《白蚁防治工职业技能标准》JGJ/T 373—2016、《园林行业职业技能标准》CJJ/T 237—2016、《城镇供水行业职业技能标准》CJJ/T 225—2016、《建筑工程安装职业技能标准》JGJ/T 306—2016、《建筑装饰装修职业技能标准现行》JGJ/T 315—2016、《建筑工程施工职业技能标准》JGJ/T 314—2016 等标龄时间已超过 5 年，按照行业发展新形势和新要求对于其中所涵盖工种及标准内容，有必要及时开展相关修订工作。

住房和城乡建设部人力资源开发中心职业培训部副主任赵昭撰稿。

4.6.3　行业职业技能标准体系发展趋势与应用前景

（1）行业职业技能标准体系的发展趋势和预期。标准已成为国家经济治理的技术工具，职业工人技能管理工作同样要将标准化工作与行业管理紧密结合起来，将政府引导与技能培训作用的发挥紧密结合起来，将公共政策制定与职业技能标准的制定结合起来，满足住房和城乡建设行业高质量发展的需要。重点一是职业工人技能管理体制和运行机制更加高效、灵活，充分政策导向的作用，通过标准体系构建及时反映政策需求；二是职业技能标准体系与《国家职业资格目录》相衔接，避免标准制定重复矛盾；三是职业技能标准体系与职业技能评价相结合，为动态调整《住房城乡建设行业职业工种目录》及标准制修订立项计划提供依据。

（2）行业职业技能标准体系的应用前景。当前我国城乡建设已经进入一个新的时期，装配式建筑、城市更新、乡村建设、韧性城市建设等专项工作需要更多的职业工人的参与，职业工人技能培训与评价也越来越受到国家的重视，相关研究具有以下作用：一是宏观层面上支撑住房和城乡建设行业重点工作的推进和实施。装配式建筑、城市更新、乡村建设、韧性城市建设等是住房和城乡建设部十四五期间提出的目标性工作，开展住房和城乡建设行业职业技能标准体系的研究与建立，广泛开展职业工人的技能培训和评价、有效带动职业工人的技能提升，对住房和城乡建设行业十四五重点工作将起到基础性的保障和支撑。二是微观层面上推动住房和城乡建设行业职业技能标准的科学研究与编制。当前住房和城乡建设行业职业技能标准数量仍然不足，标准层次、结构不清，部分工种设置与行业仍存在脱节等问题。通过建立科学合理的职业技能标准体系可以有效地解决这些问题，从而合理推进住房和城乡建设行业职业技能标准的研究与编制工作，按照轻重缓急指导职业技能标准的制定与实施。

住房和城乡建设部人力资源开发中心职业培训部副主任赵昭撰稿。

第5章　2020年中国建设教育大事记

5.1　住房和城乡建设领域教育大事记

5.1.1　教育评估工作

【2019—2020年度高等学校建筑学专业教育评估工作】2020年，全国高等学校建筑学专业教育评估委员会对苏州大学等23所学校的建筑学专业教育进行了评估。目前，全国共有71所高校建筑学专业通过专业教育评估，其中具有建筑学学士学位授予权的有70个专业点，具有建筑学硕士学位授予权的有45个专业点。

【2019—2020年度高等学校城乡规划专业教育评估工作】2020年，住房和城乡建设部高等教育城乡规划专业评估委员会对内蒙古工业大学等11所学校的城乡规划专业进行了评估。目前，全国共有52所高校的城乡规划专业通过专业评估，其中本科专业点52个，硕士研究生专业点34个。

【2019—2020年度高等学校土木工程专业教育评估工作】2020年，住房和城乡建设部高等教育土木工程专业评估委员会对哈尔滨工程大学等18所学校的土木工程本科专业进行了评估。目前，全国共有110所高校的土木工程专业通过评估。

【2019—2020年度高等学校建筑环境与能源应用工程专业教育评估工作】2020年，住房和城乡建设部高等教育建筑环境与能源应用工程专业评估委员会对石家庄铁道大学等7所学校的建筑环境与能源应用工程专业进行了评估。目前，全国共有53所高校的建筑环境与能源应用工程专业通过评估。

【2019—2020年度高等学校给排水科学与工程专业教育评估工作】2020年，住房和城乡建设部高等教育给排水科学与工程专业评估委员会对南京林业大学等10所学校的给排水科学与工程专业进行了评估。目前，全国共有45所高校的给排水科

学与工程专业通过评估。

【2019—2020 年度高等学校工程管理专业教育评估工作】2020 年，住房和城乡建设部高等教育工程管理专业评估委员会对河南工业大学等 17 所学校的工程管理专业进行了评估。目前，全国共有 57 所高校的工程管理专业通过评估。

【2019—2020 年度高等学校工程造价专业教育评估工作】2020 年，住房和城乡建设部高等教育工程管理专业评估委员会对重庆大学等 3 所学校的工程造价专业进行了评估。目前，全国共有 3 所高校的工程造价专业通过评估。

5.1.2　干部教育培训工作

【举办省部级干部城市更新与品质提升专题研讨班】2020 年 9 月 1 日~5 日，我部与中共中央组织部在中国浦东干部学院举办了省部级干部城市更新与品质提升专题研讨班，各省（区、市）分管负责同志、中央和国家机关有关部委负责同志共 45 人参加学习。

【持续推进"致力于绿色发展的城乡建设"专题培训】2020 年，面向全国住房和城乡建设系统领导干部，围绕党中央、国务院决策部署和我部重点工作任务，聚焦实施城市更新行动、致力于绿色发展的城乡建设等内容，举办了 6 期专题培训班，共培训 356 人；指导部干部学院分别与安徽等省份联合举办 10 期专题培训班，共培训 1037 人。

【开展机关和直属单位新任处长任职培训】2020 年 11 月，举办部机关及部属单位处长任职培训班，培训 2019 年以来部机关新提任的处长、副处长及直属单位新提任的处长 79 人。

【推进优质课程教材建设】将《致力于绿色发展的城乡建设》系列教材作为我部推荐党员培训教材报送中组部。制作"生活垃圾分类成为践行绿色生活方式新时尚—上海推进生活垃圾分类的探求和实践"案例的网络课程，在中国干部网络学院上线。推荐《城市与自然生态》《城乡协调发展与乡村建设》入选中组部学习贯彻习近平新时代中国特色社会主义思想好课程目录。

【开展"致力于绿色发展的城乡建设"线上培训】开发"住房和城乡建设部干部学习平台"，为 508 名部机关干部和直属单位中层正职以上干部开通了学习账号，在线学习"致力于绿色发展的城乡建设"等视频课程。组织我部负责扶贫工作的干部参加"决战决胜脱贫攻坚"网上专题班。组织部分副处级以上干部参加"学习习近平总书记在中央政治局第二十一次集体学习时的重要讲话精神"专题网络培训班。

【线上线下结合举办扶贫工作培训】会同部扶贫办先后举办定点扶贫县和对口支援县党支部书记、基层干部培训班，采取线上线下结合的方式，培训湖北省红安县、麻城市，青海省大通县、湟中县，福建省龙岩市连城县等三省五县基层干部和贫困村党支部书记共计 286 人。

【严格执行年度调训计划】根据中共中央组织部和中央国家机关工委调训要求，全年调训 31 人次参加各类班次，其中，省部级干部 3 人次，司局级干部 26 人次，处级及以下干部 2 人次，参训率达 100%。同时，建立台账资料，及时跟进记录干部参加培训情况。

【制定培训管理制度文件】为加强部机关及直属单位干部参加教育培训的管理，2020 年 7 月，印发《住房和城乡建设部直属机关干部参加教育培训管理办法》，对干部参加教育培训提出了明确要求。

【开展专业技术人员培训】2020 年 11 月，指导全国市长研修学院举办城市黑臭水体治理与污水处理提质增效高级研修班，培训各地从事黑臭水治理、污水处理等工作单位负责人和相关专业技术人员共计 60 人。

5.1.3 职业资格工作

【住房和城乡建设领域职业资格考试注册情况】2020 年，全国共有 33 万人次通过考试并取得住房城乡建设领域职业资格证书，注册人数 151.6 万人。

【全国勘察设计工程师管委会换届】会同建筑市场监管司完成了全国勘察设计工程师管委会委员换届工作，印发《关于调整全国勘察设计注册工程师管理委员会组成人员的通知》。

【印发监理工程师职业资格制度文件】研究修订监理工程师职业资格制度文件。会同交通运输部、水利部、人力资源社会保障部印发《监理工程师职业资格制度规定》《监理工程师职业资格考试实施办法》。

5.1.4 人才工作

【国务院特殊津贴人员选拔推荐】2020 年 3 月，人力资源社会保障部印发通知，开展 2020 年享受国务院特殊津贴人员选拔工作。住房和城乡建设部推荐的展磊等 6 名同志成为享受国务院特殊津贴专家。

【深化职称制度改革】根据人社部 40 号令《职称评审管理暂行规定》的要求，对 2019 年度职称评审工作进一步完善，增加了现场答辩环节和申报人员所在单位公示环节。指导人才中心就评审未通过人员咨询申述等情况，细化工作程序，形成统一的评审意见反馈内容，写入工作规程。2020 年 3 月，向人社部专业技术人员管理司报送了住房和城乡建设部高级职称评审委员会备案的函，主要涉及职称评审人员范围、职称评审委员会组建情况以及拟出台的相关规章制度，人社部已批复备案。

【做好其他人才工作】推荐的杜洁（中国建筑出版传媒有限公司），入选 2019 年宣传思想文化青年英才出版界名单。12 月，根据中组部、团中央关于选派第 21 批博士服务团人选通知精神，选派科技与产业化发展中心梁传志作为第 21 批博士服务团人选。

2020 年年底，在全国农民工工作表彰中，人事司人才工作处荣获"全国农民工工作先进集体"荣誉称号。

5.2　中国建设教育协会大事记

【工作概况】2020 年，协会在上级部门的关心和指导下，在协会各专业委员会的配合下、在各地方建设教育协会的支持下，在秘书处全体员工的共同努力下，协会党建工作扎实有力，服务能力显著增强，制度建设更加完善，影响面不断扩大，科研工作扎实推进，各类论坛成果丰硕，竞赛和活动增加了知名度和吸引力，培训工作推陈出新，内引外联工作取得积极进展，新兴项目展示了良好的发展前景。

协会发展健康稳健，顺利完成脱钩工作，依法自主办会，业务布局持续优化，运营能力有效提升，社会效益和经济效益逆势上扬，防范和抵御风险的能力不断增强，成功应对了疫情带来的影响。

【脱钩工作】2020 年 10 月 14 日住房和城乡建设部人事司转发了行业协会商会与行政机关脱钩联合工作组办公室下发的《关于中国勘察设计协会等 12 家全国性

行业协会脱钩实施方案的批复》（联组办〔2020〕15号）文件，协会按住房和城乡建设部、民政部的要求，及时启动了相关工作。于11月初在党建、资产、办公用房和外事方面顺利完成脱钩工作，办理完成脱钩的变更、核准、备案和换证等各项手续。

【秘书处会议】协会组织召开了《中国建设教育发展年度报告（2019）》总结暨2020年度编写工作视频会议、六届二次常务理事会、2020年地方建设教育协会联席会议、《住房和城乡建设部原直属高等学校发展史记》编写会议、"中国建造高质量发展战略研究"重大咨询项目专项（四）"中国建筑业从业人员能力提升工程"课题启动暨研讨会、第二届建设行业文化论坛等，并参加了各专业委员会的年会、分会、评审会等。通过各类会议有效推动了协会工作的开展。

【协会分支机构工作】2020年，协会新成立了校企合作专业委员会、国际合作专业委员会、就业创业工作委员会3个专委会，现下属分支机构为20个，会员单位达到1200家，实现了规模与影响力的双提升。协会各分支机构积极发挥主体作用，各项工作成绩显著，发展空间不断上升。

各分支机构先后召开了会员大会、全委会、主任办公会等会议，在开展合作交流、教学研究、教育培训以及各类竞赛活动中发挥主力军作用，同时推荐专家参与了《中国建设教育发展报告（2019—2020）》相关章节的起草工作。

普通高等教育委员会开展了"暑期国际学校""教育教学改革与研究论文征集"等活动。高等职业与成人教育专业委员会，积极选派专家开展教育部职业教育本科专业设置研究，完成了《土木工程专业简介》的起草工作，举办了"中国古建筑技术师资培训""智能建造中国行"线上教育等活动。院校德育工作专业委员会启动了"百年辉煌建功铸魂"精品微课交流展示活动，将建筑文化与党史教育相结合。技工教育委员会带领会员单位参加各级各类技能大赛，在中华人民共和国第一届职业技能大赛上取得6金3银5铜43优胜的好成绩。建设机械职业教育专业委员会开展了"甘肃舟曲技能扶贫"活动，完成成果转化4项，其中3项课题经行业专家评价为国内领先水平。房地产人力资源（教育）工作委员会在不动产大数据应用人才培养、"房地产新媒体营销"能力培养、协同育人创新实践基地等方面，做了大量工作。继续教育委员会持续推进教材共建和课题研究工作，已经出版的教材有十余套上百个品种，申报了住房和城乡建设部课题—《建筑产业工人培养体系与机制研究》项目。教育技术专业委员会积极开展 BIM、装配式等领域的研究、培训和大赛组织工作。建筑安全专业委员会以大型公益讲座、高级课程研修班、重大咨询课题研究为抓手，推动建设行业安全教育。校企合作专委会成立伊始，就开展了具有较大影响的"智能建造与学科建设研讨会"。文化工作委员会以建设行业文化建设示范单位评选、微视频大赛、摄影作品大赛和文化建设征文活动为载体，宣传推广行业优秀文化，成功举办了第二届建设行业文化论坛。

【地方协会联席会议】2020 年 9 月，由中国建设教育协会组织、河南省建设教育协会承办的第十七届地方建设教育协会联席会议在开封市召开。协会倡导的地方协会联席会制度在共建互动平台、畅通协会与地方协会协同渠道方面发挥了重要作用，与地方协会在职业标准及其考试大纲和教材的编制、科研课题立项和评审、职业技能大赛组织、多媒体课件比赛等方面合作成效显著。在探索大协会与地方协会合作的新模式、新机制、合作内容与方式方面取得了显著进展。

【协会科研工作】2020 年，协会教育科研活动取得了以下成绩：

1. 《中国建设教育发展年度报告（2019）》出版发行工作顺利完成。

2. 完成了国家标准——《建筑信息模型技术员职业技能标准》编写工作，并于今年 4 月初顺利通过专家组初审。

3. 承接了中国工程院重大战略咨询项目《中国建造高质量发展战略研究》子课题"中国建筑业技术工人能力提升工程"研究工作。

4. 启动了《建筑类七所院校发展史记》的编写工作。

协会加大了对在研课题管理，课题结题率显著提升，通过各种渠道、会议等宣传协会的科研工作，在保证课题结题质量的前提下，优化结题方式。对于验收合格的课题，做到随到随结，努力为会员单位做好服务工作。根据 2017 年以来教育教学科研课题结题情况统计，平均结题率为 71.2%，课题质量不断提升。有 4 项科研成果成功转化，应用效果良好。

【协会刊物编辑工作】2020 年，协会刊物《中国建设教育》共刊登论文 175 篇，全年订阅上、下两版电子出版物、刊物导读 490 套，并且及时地将刊物上传到协会网站。为了不断提高会刊和简报的质量，协会编辑部在突出协会特色方面狠下功夫，紧密围绕协会的中心工作、品牌产品和突出业绩进行及时报道和宣传。今年对《中国建设教育》发行方式做了较大调整，出版发行工作取得了重大突破，成功申请到书号，将《中国建设教育》由内部期刊转变为公开发行的电子出版物。这为协会加强宣传与推广、扩大发行量打下了基础。

【协会主题论坛】2020年，协会成功举办以下论坛：

1. 2020年8月，由协会主办，中国建设教育协会普通高等教育委员会组织实施，安徽建筑大学承办的主题为"建筑类高校持续提升育人水平的研究与实践"的"第十六届全国建筑类高校书记、校（院）长论坛暨第七届中国高等建筑教育高峰论坛"在合肥市举行，来自40余所高校的100余位代表参加了本届论坛。

2. 2020年10月，由协会主办，高等职业与成人教育专业委员会组织实施，宁夏建设职业技术学院承办的主题为"新时代·新基建·新要求·新发展"的"第十二届全国建设类高职院校书记、院长论坛"在银川市举行，来自70余个会员单位的160余位代表参加了本届论坛。

3. 2020年11月，由协会（文化工作委员会）主办，徐州工程学院、徐州市住建局、江苏省建设教育协会承办的主题为："传承·创新·发展"的"第二届建设行业文化论坛（文化委年度工作会）暨建设行业文化建设示范单位授牌"等系列活动在徐州市举行，来自全国的120余位代表参加了此次活动。论坛期间还举办了微视频大赛、摄影作品大赛和论坛征文活动，文化委组织专家对作品进行了评选，择优编录《"筑梦新时代"中国建设微视频集锦》《"筑之物语"中国建设教育摄影作品集锦》《第二届建设行业文化论坛优秀征文集》。

4. 2020年11月，由住房和城乡建设部新型建筑工业化集成建造工程技术研究中心、中国建设教育协会指导，校企合作专业委员会、北方工业大学主办，北方工业大学土木工程学院、北方工业大学研究生院、广联达科技股份有限公司承办的主题为"智能建造·校企合作"的"首届智能建造学科建设与工程实践发展论坛"在北京市举行。本届论坛引起全国高校和行业广泛关注，现场参会代表近300人，远程现场参会人员达1.73万人。

【大赛与活动】2020年，协会成功举办以下主题活动：

1. 2020年7月，举办了由住房和城乡建设部主办，中国建设教育协会承办的中华人民共和国第一届职业技能大赛住房和城乡建设行业选拔赛。选拔赛于7月开始筹备，历时84天，至9月29日全部完成，来自全国104家单位（学校）的141名选手参加大赛。

2. 2020 年 12 月，中华人民共和国第一届职业技能大赛在广州开幕，本届大赛以"新时代·新技能·新梦想"为主题，是目前中华人民共和国成立以来规格最高、项目最多、规模最大、水平最高的综合性国家职业技能赛事，大赛设 86 个比赛项目，由住房和城乡建设部牵头组建的住建行业代表团参加了其中焊接、建筑金属构造、瓷砖贴面、砌筑、花艺、管道与制暖、抹灰与隔墙系统和水处理技术等 8 个赛项的竞赛，获得 1 金 3 银 1 铜和 3 个优胜奖。

3. 线上或线下举办了首届"品茗杯"全国高校 BIM 应用毕业设计大赛决赛、第二届全国高等院校绿色建筑设计技能大赛、第十一届全国高等院校学生"斯维尔杯"BIM-CIM 创新大赛、2020 年中国技能大赛第三届全国装配式建筑职业技能竞赛装配式建筑施工员和建筑信息模型技术员赛项、数字建筑创新应用大赛、"一带一路"建筑类大学国际联盟大学生建筑和结构设计竞赛、全国建筑类院校钢筋平法应用技能大赛等多个大赛和赛项，参加选手达 12000 人次。2020 年新举办了"首届'品茗杯'全国高校 BIM 应用毕业设计大赛"和"全国建筑类院校钢筋平法应用技能大赛"两个赛项，参赛人数分别达到了 4538 人和 156 人。针对疫情重灾区，协会规定湖北及武汉参赛的选手，一律免除参赛报名费，以实际行动支援抗疫。

4. 2020 年 11 月，协会组团参加第二十届中国国际城市建设博览会。协会携会员单位及合作单位组建行业教育专区，展示了各单位的办学成果、科研成果及产品、课程资源成果、新型教具、教育技术成果及系列教材等内容。

【BIM 工作】2020 年协会积极开展全国 BIM 应用技能考评工作。举办住房和城乡建设领域 BIM 应用专业技能培训考试（统考），同时新增有计划的"随报随考"方式，截至 2020 年年底约有 2 万余人参加考试。通过对考生实际工作能力考核，达到提高 BIM 从业人员的知识结构与能力的目的。

协会积极组织开展全国 BIM 应用技能培训工作。结合防疫要求，共计开展了 3 次线上培训班，共计培训 300 人。

【学分银行工作】2020 年学分银行注册人员近 2 万人。在与国家开放大学学分银行合作的学习成果认证、积累与转换项目"BIM 建模应用技能证书认证单元制定项目"中，已基本完成 BIM 建模证书与学历教育课程的对接研究工作，为非学历学习成果与学历教育的互融互通奠定了基础。

【培训工作】2020 年协会培训工作呈现出一系列新特点，主要表现在：

1. 协会积极响应国家"停工不停学"的号召，采用线上与线下相结合的培训方式，以确保职业能力、继续教育和短期培训等工作的有序开展。

2. 在基础资源建设、新项目开发、培训过程监管等方面取得了一定成绩。协会建立了培训中心学习与考试平台，开展了考试题库建设，21 位专家分三批完成了 31 套试卷的出题工作，为专业技术岗位培训实施线上统一考试奠定了良好基础。同时，编写了"建设工程测量新技术与实践"系列 5 本培训教材。

3. 打造优质高端培训。由协会发起成立的中科建筑产业化创新研究中心全年共完成教育部"1+X"BIM 和装配式职业技能等级证书师资培训 25 期，参加考试 20000 余人。协会利用多年来在 BIM 专项工作上取得的成果和经验，为国家教育改革提供了技术支撑，得到了住房和城乡建设部、教育部等政府部门的认可。与中建一局培训中心在建筑企业项目经理人才培养、十四五规划和建党 100 周年培训系列活动等项目上开展高品质的、战略性合作，实现为建设行业企业培养高端人才的目标。与地方协会和职业院校加强了合作关系，"联合开展盾构工程培训""城市环境卫生监测和城市环境卫生处理工程管理技术员职业培训班"等培训项目得到学员们的高度肯定。

4. 开展了建筑与房地产经济类的经济师、高级经济师继续教育培训大纲、培训教材及教学资源编制工作。《城市轨道交通工程测量与实例》和《市政工程测量与实例》教材进入校审阶段。完成了不动产经纪职业能力、社区运营管理职业能力、房地产营销职业能力、房地产投资职业能力、项目管理职业能力、建设工程档案员 6 个新项目的审批和专家论证。

【党建工作】协会党支部在上级党委的正确指导下，深入学习贯彻党的十九大精神和习近平总书记系列讲话精神，认真贯彻新时代中国特色社会主义思想，立足中国建设教育协会实际情况，创新党务工作模式，认真落实基层党组织建设工作，认真开展了"两学一做""三会一课""不忘初心、弘扬优良家风"主题党日活动、"厉行节约、反对餐饮浪费"专题组织生活会等系列活动、学习教育等活动，完成了上级党委布置的各项党建活动。2020 年年底，在脱钩后的主管单位——中央和国家机关行业协会商会党委对协会的调研考察中，对协会党建工作给予了高度评价。

【其他工作】成立了"国家装配式建筑构件制作与安装职业技能等级证书考核评价委员会"，编写了《全国装配式建筑构件制作与安装职业技能等级标准》初稿，完成了装配式"信息员、质量员、工艺员"培训证书的准备工作。

由协会牵头的《装配式建筑专业人员职业标准》行业标准制定工作稳步推进。完成了《装配式建筑职业技能标准培训实施方案》《装配式建筑职业技能培训大纲》《职业技能资格证书考评大纲》《培训机构管理办法》的编写工作。

建筑行业学习成果认证、积累与转换项目 7 项预期成果均已完成,顺利通过了7 月中旬国家开放大学组织的结项评审会议。协会申报的 BIM 培训证书已通过国家学分银行学分转换审批。

廊坊市中科建筑产业化创新研究中心面对疫情的影响,积极思考迎难而上,应用新型的互联网技术工具,广泛开展线上标准宣贯会、考前说明会、师资培训等工作,为建筑信息模型(BIM)和装配式建筑构件制作与安装职业技能等级证书的考评工作奠定了坚实的基础。同时积极开发推广相应教材,促进 BIM 和装配式入课,加强与各教育行政主管部门、考点院校的沟通交流,进一步推动课证融通。

第6章　中国建设教育相关政策文件汇编

本章主要汇编 2021 年中共中央、国务院以及教育部、住房和城乡建设部下发的相关文件，也包括部分未汇编入中国建设教育发展报告（2019—2020）的 2020 年中共中央、国务院以及教育部、住房和城乡建设部下发的相关文件。

6.1　中共中央、国务院下发的相关文件

6.1.1　关于全面加强新时代大中小学劳动教育的意见

2020 年 3 月 20 日，中共中央、国务院印发了《关于全面加强新时代大中小学劳动教育的意见》。

意见包括充分认识新时代培养社会主义建设者和接班人对加强劳动教育的新要求、全面构建体现时代特征的劳动教育体系、广泛开展劳动教育实践活动、着力提升劳动教育支撑保障能力、切实加强劳动教育的组织实施等五项十八条。相关内容摘录如下：

一、充分认识新时代培养社会主义建设者和接班人对加强劳动教育的新要求

（一）重大意义。劳动教育是中国特色社会主义教育制度的重要内容，直接决定社会主义建设者和接班人的劳动精神面貌、劳动价值取向和劳动技能水平。

（二）指导思想。以习近平新时代中国特色社会主义思想为指导，全面贯彻党的教育方针，落实全国教育大会精神，坚持立德树人，坚持培育和践行社会主义核心价值观，把劳动教育纳入人才培养全过程，贯通大中小学各学段，贯穿家庭、学校、社会各方面，与德育、智育、体育、美育相融合，紧密结合经济社会发展变化和学

生生活实际，积极探索具有中国特色的劳动教育模式，创新体制机制，注重教育实效，实现知行合一，促进学生形成正确的世界观、人生观、价值观。

（三）基本原则

——把握育人导向。坚持党的领导，围绕培养担当民族复兴大任的时代新人，着力提升学生综合素质，促进学生全面发展、健康成长。把准劳动教育价值取向，引导学生树立正确的劳动观，崇尚劳动、尊重劳动，增强对劳动人民的感情，报效国家，奉献社会。

——遵循教育规律。符合学生年龄特点，以体力劳动为主，注意手脑并用、安全适度，强化实践体验，让学生亲历劳动过程，提升育人实效性。

——体现时代特征。适应科技发展和产业变革，针对劳动新形态，注重新兴技术支撑和社会服务新变化。深化产教融合，改进劳动教育方式。强化诚实合法劳动意识，培养科学精神，提高创造性劳动能力。

——强化综合实施。加强政府统筹，拓宽劳动教育途径，整合家庭、学校、社会各方面力量。家庭劳动教育要日常化，学校劳动教育要规范化，社会劳动教育要多样化，形成协同育人格局。

——坚持因地制宜。根据各地区和学校实际，结合当地在自然、经济、文化等方面条件，充分挖掘行业企业、职业院校等可利用资源，宜工则工、宜农则农，采取多种方式开展劳动教育，避免"一刀切"。

二、全面构建体现时代特征的劳动教育体系

（四）把握劳动教育基本内涵。劳动教育是国民教育体系的重要内容，是学生成长的必要途径，具有树德、增智、强体、育美的综合育人价值。实施劳动教育重点是在系统的文化知识学习之外，有目的、有计划地组织学生参加日常生活劳动、生产劳动和服务性劳动，让学生动手实践、出力流汗，接受锻炼、磨炼意志，培养学生正确劳动价值观和良好劳动品质。

（五）明确劳动教育总体目标。通过劳动教育，使学生能够理解和形成马克思主义劳动观，牢固树立劳动最光荣、劳动最崇高、劳动最伟大、劳动最美丽的观念；体会劳动创造美好生活，体认劳动不分贵贱，热爱劳动，尊重普通劳动者，培养勤俭、奋斗、创新、奉献的劳动精神；具备满足生存发展需要的基本劳动能力，形成良好劳动习惯。

（六）设置劳动教育课程。整体优化学校课程设置，将劳动教育纳入中小学国家课程方案和职业院校、普通高等学校人才培养方案，形成具有综合性、实践性、开放性、针对性的劳动教育课程体系。

根据各学段特点，在大中小学设立劳动教育必修课程，系统加强劳动教育。职业院校以实习实训课为主要载体开展劳动教育，其中劳动精神、劳模精神、工匠精神专题教育不少于16学时。普通高等学校要明确劳动教育主要依托课程，其中本科阶段不少于32学时。除劳动教育必修课程外，其他课程结合学科、专业特点，有机融入劳动教育内容。大中小学每学年设立劳动周，可在学年内或寒暑假自主安排，以集体劳动为主。高等学校也可安排劳动月，集中落实各学年劳动周要求。

根据需要编写劳动实践指导手册，明确教学目标、活动设计、工具使用、考核评价、安全保护等劳动教育要求。

（七）确定劳动教育内容要求。根据教育目标，针对不同学段、类型学生特点，以日常生活劳动、生产劳动和服务性劳动为主要内容开展劳动教育。结合产业新业态、劳动新形态，注重选择新型服务性劳动的内容。

中等职业学校重点是结合专业人才培养，增强学生职业荣誉感，提高职业技能水平，培育学生精益求精的工匠精神和爱岗敬业的劳动态度。高等学校要注重围绕创新创业，结合学科和专业积极开展实习实训、专业服务、社会实践、勤工助学等，重视新知识、新技术、新工艺、新方法应用，创造性地解决实际问题，使学生增强诚实劳动意识，积累职业经验，提升就业创业能力，树立正确择业观，具有到艰苦地区和行业工作的奋斗精神，懂得空谈误国、实干兴邦的深刻道理；注重培育公共服务意识，使学生具有面对重大疫情、灾害等危机主动作为的奉献精神。

（八）健全劳动素养评价制度。将劳动素养纳入学生综合素质评价体系，制定评价标准，建立激励机制，组织开展劳动技能和劳动成果展示、劳动竞赛等活动，全面客观记录课内外劳动过程和结果，加强实际劳动技能和价值体认情况的考核。建立公示、审核制度，确保记录真实可靠。把劳动素养评价结果作为衡量学生全面发展情况的重要内容，作为评优评先的重要参考和毕业依据，作为高一级学校录取的重要参考或依据。

三、广泛开展劳动教育实践活动

（十）学校要发挥在劳动教育中的主导作用。学校要切实承担劳动教育主体责任，明确实施机构和人员，开齐开足劳动教育课程，不得挤占、挪用劳动实践时间。明确学校劳动教育要求，着重引导学生形成马克思主义劳动观，系统学习掌握必要的劳动技能。根据学生身体发育情况，科学设计课内外劳动项目，采取灵活多样形式，激发学生劳动的内在需求和动力。统筹安排课内外时间，可采用集中与分散相结合的方式。组织实施好劳动周，高等学校要组织学生走向社会、以校外劳动锻炼为主。

（十一）社会要发挥在劳动教育中的支持作用。充分利用社会各方面资源，为劳动教育提供必要保障。各级政府部门要积极协调和引导企业公司、工厂农场等组织履行社会责任，开放实践场所，支持学校组织学生参加力所能及的生产劳动、参与新型服务性劳动，使学生与普通劳动者一起经历劳动过程。鼓励高新企业为学生体验现代科技条件下劳动实践新形态、新方式提供支持。工会、共青团、妇联等群团组织以及各类公益基金会、社会福利组织要组织动员相关力量、搭建活动平台，共同支持学生深入城乡社区、福利院和公共场所等参加志愿服务，开展公益劳动，参与社区治理。

四、着力提升劳动教育支撑保障能力

（十二）多渠道拓展实践场所。大力拓展实践场所，满足各级各类学校多样化劳动实践需求。充分利用现有综合实践基地、青少年校外活动场所、职业院校和普通高等学校劳动实践场所，建立健全开放共享机制。进一步完善学校建设标准，学校逐步建好配齐劳动实践教室、实训基地。高等学校要充分发挥自身专业优势和服务社会功能，建立相对稳定的实习和劳动实践基地。

（十三）多举措加强人才队伍建设。采取多种措施，建立专兼职相结合的劳动教育师资队伍。根据学校劳动教育需要，为学校配备必要的专任教师。高等学校要加强劳动教育师资培养，有条件的师范院校开设劳动教育相关专业。设立劳模工作室、技能大师工作室、荣誉教师岗位等，聘请相关行业专业人士担任劳动实践指导教师。把劳动教育纳入教师培训内容，开展全员培训，强化每位教师的劳动意识、劳动观念，提升实施劳动教育的自觉性，对承担劳动教育课程的教师进行专项培训，提高劳动教育专业化水平。建立健全劳动教育教师工作考核体系，分类完善评价标准。

（十四）健全经费投入机制。各地区要统筹中央补助资金和自有财力，多种形式筹措资金，加快建设校内劳动教育场所和校外劳动教育实践基地，加强学校劳动教育设施标准化建设，建立学校劳动教育器材、耗材补充机制。学校可按照规定统

筹安排公用经费等资金开展劳动教育。可采取政府购买服务方式，吸引社会力量提供劳动教育服务。

（十五）多方面强化安全保障。各地区要建立政府负责、社会协同、有关部门共同参与的安全管控机制。建立政府、学校、家庭、社会共同参与的劳动教育风险分散机制，鼓励购买劳动教育相关保险，保障劳动教育正常开展。各学校要加强对师生的劳动安全教育，强化劳动风险意识，建立健全安全教育与管理并重的劳动安全保障体系。科学评估劳动实践活动的安全风险，认真排查、清除学生劳动实践中的各种隐患特别是辐射、疾病传染等，在场所设施选择、材料选用、工具设备和防护用品使用、活动流程等方面制定安全、科学的操作规范，强化对劳动过程每个岗位的管理，明确各方责任，防患于未然。制定劳动实践活动风险防控预案，完善应急与事故处理机制。

6.1.2 深化新时代教育评价改革总体方案

2020 年 10 月 20 日，中共中央、国务院印发了《深化新时代教育评价改革总体方案》。相关内容摘录如下。

教育评价事关教育发展方向，有什么样的评价指挥棒，就有什么样的办学导向。为深入贯彻落实习近平总书记关于教育的重要论述和全国教育大会精神，完善立德树人体制机制，扭转不科学的教育评价导向，坚决克服唯分数、唯升学、唯文凭、唯论文、唯帽子的顽瘴痼疾，提高教育治理能力和水平，加快推进教育现代化、建设教育强国、办好人民满意的教育，现制定如下方案。

一、总体要求

（一）指导思想。以习近平新时代中国特色社会主义思想为指导，全面贯彻党的十九大和十九届二中、三中、四中全会精神，全面贯彻党的教育方针，坚持社会主义办学方向，落实立德树人根本任务，遵循教育规律，系统推进教育评价改革，发展素质教育，引导全党全社会树立科学的教育发展观、人才成长观、选人用人观，推动构建服务全民终身学习的教育体系，努力培养担当民族复兴大任的时代新人，培养德智体美劳全面发展的社会主义建设者和接班人。

（二）主要原则。坚持立德树人，牢记为党育人、为国育才使命，充分发挥教育评价的指挥棒作用，引导确立科学的育人目标，确保教育正确发展方向。坚持问题导向，从党中央关心、群众关切、社会关注的问题入手，破立并举，推进教育评价关键领域改革取得实质性突破。坚持科学有效，改进结果评价，强化过程评价，探索增值评价，健全综合评价，充分利用信息技术，提高教育评价的科学性、专业性、客观性。坚持统筹兼顾，针对不同主体和不同学段、不同类型教育特点，分类设计、稳步推进，增强改革的系统性、整体性、协同性。坚持中国特色，扎根中国、融通中外、立足时代、面向未来，坚定不移走中国特色社会主义教育发展道路。

（三）改革目标。经过 5 至 10 年努力，各级党委和政府科学履行职责水平明显提高，各级各类学校立德树人落实机制更加完善，引导教师潜心育人的评价制度更加健全，促进学生全面发展的评价办法更加多元，社会选人用人方式更加科学。到2035 年，基本形成富有时代特征、彰显中国特色、体现世界水平的教育评价体系。

二、重点任务

（二）改革学校评价，推进落实立德树人根本任务

4.坚持把立德树人成效作为根本标准。加快完善各级各类学校评价标准，将落实党的全面领导、坚持正确办学方向、加强和改进学校党的建设以及党建带团建队建、做好思想政治工作和意识形态工作、依法治校办学、维护安全稳定作为评价学校及其领导人员、管理人员的重要内容，健全学校内部质量保障制度，坚决克服重智育轻德育、重分数轻素质等片面办学行为，促进学生身心健康、全面发展。

7.健全职业学校评价。重点评价职业学校（含技工院校，下同）德技并修、产教融合、校企合作、育训结合、学生获取职业资格或职业技能等级证书、毕业生就业质量、"双师型"教师（含技工院校"一体化"教师，下同）队伍建设等情况，扩大行业企业参与评价，引导培养高素质劳动者和技术技能人才。深化职普融通，探索具有中国特色的高层次学徒制，完善与职业教育发展相适应的学位授予标准和评价机制。加大职业培训、服务区域和行业的评价权重，将承担职业培训情况作为核定职业学校教师绩效工资总量的重要依据，推动健全终身职业技能培训制度。

8.改进高等学校评价。推进高校分类评价，引导不同类型高校科学定位，办出特色和水平。改进本科教育教学评估，突出思想政治教育、教授为本科生上课、生师比、生均课程门数、优势特色专业、学位论文（毕业设计）指导、学生管理与服务、学生参加社会实践、毕业生发展、用人单位满意度等。改进学科评估，强化人才培养中心地位，淡化论文收录数、引用率、奖项数等数量指标，突出学科特色、质量

和贡献，纠正片面以学术头衔评价学术水平的做法，教师成果严格按署名单位认定、不随人走。探索建立应用型本科评价标准，突出培养相应专业能力和实践应用能力。制定"双一流"建设成效评价办法，突出培养一流人才、产出一流成果、主动服务国家需求，引导高校争创世界一流。改进师范院校评价，把办好师范教育作为第一职责，将培养合格教师作为主要考核指标。改进高校经费使用绩效评价，引导高校加大对教育教学、基础研究的支持力度。改进高校国际交流合作评价，促进提升校际交流、来华留学、合作办学、海外人才引进等工作质量。探索开展高校服务全民终身学习情况评价，促进学习型社会建设。

（三）改革教师评价，推进践行教书育人使命

9. 坚持把师德师风作为第一标准。坚决克服重科研轻教学、重教书轻育人等现象，把师德表现作为教师资格定期注册、业绩考核、职称评聘、评优奖励首要要求，强化教师思想政治素质考察，推动师德师风建设常态化、长效化。健全教师荣誉制度，发挥典型示范引领作用。全面落实新时代幼儿园、中小学、高校教师职业行为准则，建立师德失范行为通报警示制度。对出现严重师德师风问题的教师，探索实施教育全行业禁入制度。

10. 突出教育教学实绩。把认真履行教育教学职责作为评价教师的基本要求，引导教师上好每一节课、关爱每一个学生。健全"双师型"教师认定、聘用、考核等评价标准，突出实践技能水平和专业教学能力。规范高校教师聘用和职称评聘条件设置，不得将国（境）外学习经历作为限制性条件。把参与教研活动、编写教材、案例，指导学生毕业设计、就业、创新创业、社会实践、社团活动、竞赛展演等计入工作量。落实教授上课制度，高校应明确教授承担本（专）科生教学最低课时要求，确保教学质量，对未达到要求的给予年度或聘期考核不合格处理。支持建设高质量教学研究类学术期刊，鼓励高校学报向教学研究倾斜。完善教材质量监控和评价机制，实施教材建设国家奖励制度，每四年评选一次，对作出突出贡献的教师按规定进行表彰奖励。完善国家教学成果奖评选制度，优化获奖种类和入选名额分配。

11. 强化一线学生工作。各级各类学校要明确领导干部和教师参与学生工作的具体要求。高校领导班子成员年度述职要把上思政课、联系学生情况作为重要内容。完善学校党政管理干部选拔任用机制，原则上应有思政课教师、辅导员或班主任等学生工作经历。高校青年教师晋升高一级职称，至少须有一年担任辅导员、班主任

等学生工作经历。

12. 改进高校教师科研评价。突出质量导向，重点评价学术贡献、社会贡献以及支撑人才培养情况，不得将论文数、项目数、课题经费等科研量化指标与绩效工资分配、奖励挂钩。根据不同学科、不同岗位特点，坚持分类评价，推行代表性成果评价，探索长周期评价，完善同行专家评议机制，注重个人评价与团队评价相结合。探索国防科技等特殊领域教师科研专门评价办法。对取得重大理论创新成果、前沿技术突破、解决重大工程技术难题、在经济社会事业发展中作出重大贡献的，申报高级职称时论文可不作限制性要求。

13. 推进人才称号回归学术性、荣誉性。切实精简人才"帽子"，优化整合涉教育领域各类人才计划。不得把人才称号作为承担科研项目、职称评聘、评优评奖、学位点申报的限制性条件，有关申报书不得设置填写人才称号栏目。依据实际贡献合理确定人才薪酬，不得将人才称号与物质利益简单挂钩。鼓励中西部、东北地区高校"长江学者"等人才称号入选者与学校签订长期服务合同，为实施国家和区域发展战略贡献力量。

（四）改革学生评价，促进德智体美劳全面发展

14. 树立科学成才观念。坚持以德为先、能力为重、全面发展，坚持面向人人、因材施教、知行合一，坚决改变用分数给学生贴标签的做法，创新德智体美劳过程性评价办法，完善综合素质评价体系，切实引导学生坚定理想信念、厚植爱国主义情怀、加强品德修养、增长知识见识、培养奋斗精神、增强综合素质。

15. 完善德育评价。根据学生不同阶段身心特点，科学设计各级各类教育德育目标要求，引导学生养成良好思想道德、心理素质和行为习惯，传承红色基因，增强"四个自信"，立志听党话、跟党走，立志扎根人民、奉献国家。通过信息化等手段，探索学生、家长、教师以及社区等参与评价的有效方式，客观记录学生品行日常表现和突出表现，特别是践行社会主义核心价值观情况，将其作为学生综合素质评价的重要内容。

16. 强化体育评价。建立日常参与、体质监测和专项运动技能测试相结合的考查机制，将达到国家学生体质健康标准要求作为教育教学考核的重要内容，引导学生养成良好锻炼习惯和健康生活方式，锤炼坚强意志，培养合作精神。加强大学生体育评价，探索在高等教育所有阶段开设体育课程。

17.改进美育评价。推动高校将公共艺术课程与艺术实践纳入人才培养方案，实行学分制管理，学生修满规定学分方能毕业。

18.加强劳动教育评价。实施大中小学劳动教育指导纲要，明确不同学段、不同年级劳动教育的目标要求，引导学生崇尚劳动、尊重劳动。探索建立劳动清单制度，明确学生参加劳动的具体内容和要求，让学生在实践中养成劳动习惯，学会劳动、学会勤俭。加强过程性评价，将参与劳动教育课程学习和实践情况纳入学生综合素质档案。

19.严格学业标准。完善各级各类学校学生学业要求，严把出口关。完善过程性考核与结果性考核有机结合的学业考评制度，加强课堂参与和课堂纪律考查，引导学生树立良好学风。探索学士学位论文（毕业设计）抽检试点工作，完善博士、硕士学位论文抽检工作，严肃处理各类学术不端行为。完善实习（实训）考核办法，确保学生足额、真实参加实习（实训）。

20.深化考试招生制度改革。稳步推进中高考改革，构建引导学生德智体美劳全面发展的考试内容体系，改变相对固化的试题形式，增强试题开放性，减少死记硬背和"机械刷题"现象。完善高等职业教育"文化素质＋职业技能"考试招生办法。深化研究生考试招生改革，加强科研创新能力和实践能力考查。各级各类学校不得通过设置奖金等方式违规争抢生源。探索建立学分银行制度，推动多种形式学习成果的认定、积累和转换，实现不同类型教育、学历与非学历教育、校内与校外教育之间互通衔接，畅通终身学习和人才成长渠道。

（五）改革用人评价，共同营造教育发展良好环境

21.树立正确用人导向。党政机关、事业单位、国有企业要带头扭转"唯名校"、"唯学历"的用人导向，建立以品德和能力为导向、以岗位需求为目标的人才使用机制，改变人才"高消费"状况，形成不拘一格降人才的良好局面。

22.促进人岗相适。各级公务员招录、事业单位和国有企业招聘要按照岗位需求合理制定招考条件、确定学历层次，在招聘公告和实际操作中不得将毕业院校、国（境）外学习经历、学习方式作为限制性条件。职业学校毕业生在落户、就业、参加机关企事业单位招聘、职称评聘、职务职级晋升等方面，与普通学校毕业生同等对待。用人单位要科学合理确定岗位职责，坚持以岗定薪、按劳取酬、优劳优酬，建立重实绩、重贡献的激励机制。

6.1.3　关于全面加强和改进新时代学校体育工作的意见

2020 年 10 月，中共中央办公厅、国务院办公厅印发了《关于全面加强和改进新时代学校体育工作的意见》，并发出通知，要求各地区各部门结合实际认真贯彻落实。相关内容摘录如下。

学校体育是实现立德树人根本任务、提升学生综合素质的基础性工程，是加快推进教育现代化、建设教育强国和体育强国的重要工作，对于弘扬社会主义核心价值观，培养学生爱国主义、集体主义、社会主义精神和奋发向上、顽强拼搏的意志品质，实现以体育智、以体育心具有独特功能。为贯彻落实习近平总书记关于教育、体育的重要论述和全国教育大会精神，把学校体育工作摆在更加突出位置，构建德智体美劳全面培养的教育体系，现就全面加强和改进新时代学校体育工作提出如下意见。

一、总体要求

1. 指导思想。以习近平新时代中国特色社会主义思想为指导，全面贯彻党的教育方针，坚持社会主义办学方向，以立德树人为根本，以社会主义核心价值观为引领，以服务学生全面发展、增强综合素质为目标，坚持健康第一的教育理念，推动青少年文化学习和体育锻炼协调发展，帮助学生在体育锻炼中享受乐趣、增强体质、健全人格、锤炼意志，培养德智体美劳全面发展的社会主义建设者和接班人。

2. 工作原则

——改革创新，面向未来。立足时代需求，更新教育理念，深化教学改革，使学校体育同教育事业的改革发展要求相适应，同广大学生对优质丰富体育资源的期盼相契合，同构建德智体美劳全面培养的教育体系相匹配。

——补齐短板，特色发展。补齐师资、场馆、器材等短板，促进学校体育均衡发展。坚持整体推进与典型引领相结合，鼓励特色发展。弘扬中华体育精神，推广中华传统体育项目，形成"一校一品"、"一校多品"的学校体育发展新局面。

——凝心聚力，协同育人。深化体教融合，健全协同育人机制，为学生纵向升学和横向进入专业运动队、职业体育俱乐部打通通道，建立完善家庭、学校、政府、社会共同关心支持学生全面健康成长的激励机制。

3. 主要目标。到 2022 年，配齐配强体育教师，开齐开足体育课，办学条件全面改善，学校体育工作制度机制更加健全，教学、训练、竞赛体系普遍建立，教育教学质量全面提高，育人成效显著增强，学生身体素质和综合素养明显提升。到2035年，多样化、现代化、高质量的学校体育体系基本形成。

二、不断深化教学改革

4. 开齐开足上好体育课。严格落实学校体育课程开设刚性要求，不断拓宽课程领域，逐步增加课时，丰富课程内容。高等教育阶段学校要将体育纳入人才培养方案，学生体质健康达标、修满体育学分方可毕业。鼓励高校和科研院所将体育课程纳入研究生教育公共课程体系。

5. 加强体育课程和教材体系建设。职业教育体育课程与职业技能培养相结合，培养身心健康的技术人才。高等教育阶段体育课程与创新人才培养相结合，培养具有崇高精神追求、高尚人格修养的高素质人才。学校体育教材体系建设要扎根中国、融通中外，充分体现思想性、教育性、创新性、实践性，根据学生年龄特点和身心发展规律，围绕课程目标和运动项目特点，精选教学素材，丰富教学资源。

6. 推广中华传统体育项目。认真梳理武术、摔跤、棋类、射艺、龙舟、毽球、五禽操、舞龙舞狮等中华传统体育项目，因地制宜开展传统体育教学、训练、竞赛活动，并融入学校体育教学、训练、竞赛机制，形成中华传统体育项目竞赛体系。涵养阳光健康、拼搏向上的校园体育文化，培养学生爱国主义、集体主义、社会主义精神，增强文化自信，促进学生知行合一、刚健有为、自强不息。深入开展"传承的力量——学校体育艺术教育弘扬中华优秀传统文化成果展示活动"，加强宣传推广，让中华传统体育在校园绽放光彩。

7. 强化学校体育教学训练。逐步完善"健康知识＋基本运动技能＋专项运动技能"的学校体育教学模式。教会学生科学锻炼和健康知识，指导学生掌握跑、跳、投等基本运动技能和足球、篮球、排球、田径、游泳、体操、武术、冰雪运动等专项运动技能。健全体育锻炼制度，广泛开展普及性体育运动，定期举办学生运动会或体育节，组建体育兴趣小组、社团和俱乐部，推动学生积极参与常规课余训练和体育竞赛。合理安排校外体育活动时间，着力保障学生每天校内、校外各1个小时体育活动时间，促进学生养成终身锻炼的习惯。加强青少年学生军训。

8. 健全体育竞赛和人才培养体系。建立校内竞赛、校际联赛、选拔性竞赛为一体的大中小学体育竞赛体系，构建国家、省、市、县四级学校体育竞赛制度和选拔性竞赛（夏令营）制度。大中小学校建设学校代表队，参加区域乃至全国联赛。加强体教融合，广泛开展青少年体育夏（冬）令营活动，鼓励学校与体校、社会体育俱乐部合作，共同开展体育教学、训练、竞赛，促进竞赛体系深度融合。深化全国学生运动会改革，每年开展赛事项目预赛。加强体育传统特色学校建设，完善竞赛、师资培训等工作，支持建立高水平运动队，提高体育传统特色学校运动水平。加强高校高水平运动队建设，优化拓展项目布局，深化招生、培养、竞赛、管理制度改革，将高校高水平运动队建设与中小学体育竞赛相衔接，纳入国家竞技体育后备人才培养体系。深化高水平运动员注册制度改革，建立健全体育运动水平等级标准，打通教育和体育系统高水平赛事互认通道。

三、全面改善办学条件

9. 配齐配强体育教师。各地要加大力度配齐中小学体育教师，未配齐的地区应每年划出一定比例用于招聘体育教师。在大中小学校设立专（兼）职教练员岗位。建立聘用优秀退役运动员为体育教师或教练员制度。有条件的地区可以通过购买服务方式，与相关专业机构等社会力量合作向中小学提供体育教育教学服务，缓解体育师资不足问题。实施体育教育专业大学生支教计划。通过"国培计划"等加大对农村体育教师的培训力度，支持高等师范院校与优质中小学建立协同培训基地，支持体育教师海外研修访学。推进高校体育教育专业人才培养模式改革，推进地方政府、高校、中小学协同育人，建设一批试点学校和教育基地。明确高校高职体育专业和高校高水平运动队专业教师、教练员配备最低标准，不达标的高校原则上不得开办相关专业。

10. 改善场地器材建设配备。研究制定国家学校体育卫生条件基本标准。建好满足课程教学和实践活动需求的场地设施、专用教室。加强高校体育场馆建设，鼓励有条件的高校与地方共建共享。配好体育教学所需器材设备，建立体育器材补充机制。建有高水平运动队的高校，场地设备配备条件应满足实际需要，不满足的原则上不得招生。

11. 统筹整合社会资源。完善学校和公共体育场馆开放互促共进机制，推进学校体育场馆向社会开放、公共体育场馆向学生免费或低收费开放，提高体育场馆开放程度和利用效率。鼓励学校和社会体育场馆合作开设体育课程。统筹好学校和社会资源，城市和社区建设规划要统筹学生体育锻炼需要，新建项目优先建在学校或其周边。综合利用公共体育设施，将开展体育活动作为解决中小学课后"三点半"问题的有效途径和中小学生课后服务工作的重要载体。

四、积极完善评价机制

12. 推进学校体育评价改革。建立日常参与、体质监测和专项运动技能测试相结合的考查机制，将达到国家学生体质健康标准要求作为教育教学考核的重要内容。积极推进高校在招生测试中增设体育项目。启动在高校招生中使用体育素养评价结果的研究。加强学生综合素质评价档案使用，高校根据人才培养目标和专业学习需要，将学生综合素质评价结果作为招生录取的重要参考。

13. 完善体育教师岗位评价。把师德师风作为评价体育教师素质的第一标准。围绕教会、勤练、常赛的要求，完善体育教师绩效工资和考核评价机制。将评价导向从教师教了多少转向教会了多少，从完成课时数量转向教育教学质量。将体育教师课余指导学生勤练和常赛，以及承担学校安排的课后训练、课外活动、课后服务、指导参赛和走教任务计入工作量，并根据学生体质健康状况和竞赛成绩，在绩效工资内部分配时给予倾斜。完善体育教师职称评聘标准，确保体育教师在职务职称晋升、教学科研成果评定等方面，与其他学科教师享受同等待遇。优化体育教师岗位结构，畅通体育教师职业发展通道。提升体育教师科研能力，在全国教育科学规划课题、教育部人文社会科学研究项目中设立体育专项课题。加大对体育教师表彰力度，在教学成果奖等评选表彰中，保证体育教师占有一定比例。参照体育教师，研究并逐步完善学校教练员岗位评价。

14. 健全教育督导评价体系。将学校体育纳入地方发展规划，明确政府、教育行政部门和学校的职责。把政策措施落实情况、学生体质健康状况、素质测评情况和支持学校开展体育工作情况等纳入教育督导评估范围。完善国家义务教育体育质量监测，提高监测科学性，公布监测结果。把体育工作及其效果作为高校办学评价的重要指标，纳入高校本科教学工作评估指标体系和"双一流"建设成效评价。对政策落实不到位、学生体质健康达标率和素质测评合格率持续下降的地方政府、教育行政部门和学校负责人，依规依法予以问责。

五、切实加强组织保障

15. 加强组织领导和经费保障。地方各级党委和政府要把学校体育工作纳入重要议事日程，加强对本地区学校体育改革发展的总体谋划，党政主要负责同志要重视、关心学校体育工作。各地要建立加强学校体育工作部门联席会议制度，健全统筹协调机制。把学校体育工作纳入有关领导干部培训计划。各级政府要调整优化教育支出结构，完善投入机制，积极支持学校体育工作。地方政府要统筹安排财政转移支付资金和本级财力支持学校体育工作。鼓励和引导社会资金支持学校体育发展，吸引社会捐赠，多渠道增加投入。

16.加强制度保障。完善学校体育法律制度，研究修订《学校体育工作条例》。鼓励地方出台学校体育法规制度，为推动学校体育发展提供有力法治保障。建立政府主导、部门协同、社会参与的安全风险管理机制。健全政府、学校、家庭共同参与的学校体育运动伤害风险防范和处理机制，探索建立涵盖体育意外伤害的学生综合保险机制。试行学生体育活动安全事故第三方调解机制。强化安全教育，加强大型体育活动安全管理。

17.营造社会氛围。各地要研究落实加强和改进新时代学校体育工作的具体措施，可以结合实际制定实施学校体育教师配备和场地器材建设三年行动计划。总结经验做法，形成可推广的政策制度。加强宣传，凝聚共识，营造全社会共同促进学校体育发展的良好社会氛围。

6.1.4　关于全面加强和改进新时代学校美育工作的意见

2020 年 10 月，中共中央办公厅、国务院办公厅印发了《关于全面加强和改进新时代学校美育工作的意见》，并发出通知，要求各地区各部门结合实际认真贯彻落实。相关内容摘录如下。

美是纯洁道德、丰富精神的重要源泉。美育是审美教育、情操教育、心灵教育，也是丰富想象力和培养创新意识的教育，能提升审美素养、陶冶情操、温润心灵、激发创新创造活力。为贯彻落实习近平总书记关于教育的重要论述和全国教育大会精神，进一步强化学校美育育人功能，构建德智体美劳全面培养的教育体系，现就全面加强和改进新时代学校美育工作提出如下意见。

一、总体要求

1.指导思想。以习近平新时代中国特色社会主义思想为指导，全面贯彻党的教育方针，坚持社会主义办学方向，以立德树人为根本，以社会主义核心价值观为引领，以提高学生审美和人文素养为目标，弘扬中华美育精神，以美育人、以美化人、以美培元，把美育纳入各级各类学校人才培养全过程，贯穿学校教育各学段，培养德智体美劳全面发展的社会主义建设者和接班人。

2. 工作原则

——坚持正确方向。将学校美育作为立德树人的重要载体，坚持弘扬社会主义核心价值观，强化中华优秀传统文化、革命文化、社会主义先进文化教育，引领学生树立正确的历史观、民族观、国家观、文化观，陶冶高尚情操，塑造美好心灵，增强文化自信。

——坚持面向全体。健全面向人人的学校美育育人机制，缩小城乡差距和校际差距，让所有在校学生都享有接受美育的机会，整体推进各级各类学校美育发展，加强分类指导，鼓励特色发展，形成"一校一品"、"一校多品"的学校美育发展新局面。

——坚持改革创新。全面深化学校美育综合改革，坚持德智体美劳五育并举，加强各学科有机融合，整合美育资源，补齐发展短板，强化实践体验，完善评价机制，全员全过程全方位育人，形成充满活力、多方协作、开放高效的学校美育新格局。

3. 主要目标。到 2022 年，学校美育取得突破性进展，美育课程全面开齐开足，教育教学改革成效显著，资源配置不断优化，评价体系逐步健全，管理机制更加完善，育人成效显著增强，学生审美和人文素养明显提升。到 2035 年，基本形成全覆盖、多样化、高质量的具有中国特色的现代化学校美育体系。

二、不断完善课程和教材体系

4. 树立学科融合理念。加强美育与德育、智育、体育、劳动教育相融合，充分挖掘和运用各学科蕴含的体现中华美育精神与民族审美特质的心灵美、礼乐美、语言美、行为美、科学美、秩序美、健康美、勤劳美、艺术美等丰富美育资源。有机整合相关学科的美育内容，推进课程教学、社会实践和校园文化建设深度融合，大力开展以美育为主题的跨学科教育教学和课外校外实践活动。

5. 完善课程设置。学校美育课程以艺术课程为主体，主要包括音乐、美术、书法、舞蹈、戏剧、戏曲、影视等课程。职业教育将艺术课程与专业课程有机结合，强化实践，开设体现职业教育特点的拓展性艺术课程。高等教育阶段开设以审美和人文素养培养为核心、以创新能力培育为重点、以中华优秀传统文化传承发展和艺术经典教育为主要内容的公共艺术课程。

6. 科学定位课程目标。构建大中小幼相衔接的美育课程体系，明确各级各类学校美育课程目标。职业教育强化艺术实践，培养具有审美修养的高素质技术技能人才，引导学生完善人格修养，增强文化创新意识。高等教育阶段强化学生文化主体意识，培养具有崇高审美追求、高尚人格修养的高素质人才。

7. 加强教材体系建设。编写教材要坚持马克思主义指导地位，扎根中国、融通中外，体现国家和民族基本价值观，格调高雅，凸显中华美育精神，充分体现思想性、民族性、创新性、实践性。根据学生年龄特点和身心成长规律，围绕课程目标，精选教学素材，丰富教学资源。加强大中小学美育教材一体化建设，注重教材纵向衔接，实现主线贯穿、循序渐进。高校落实美育教材建设主体责任，做好教材研究、编写、使用等工作，探索形成以美学和艺术史论类、艺术鉴赏类、艺术实践类为主体的高校公共艺术课程教材体系。

三、全面深化教学改革

8. 开齐开足上好美育课。严格落实学校美育课程开设刚性要求，不断拓宽课程领域，逐步增加课时，丰富课程内容。义务教育阶段和高中阶段学校严格按照国家课程方案和课程标准开齐开足上好美育课。高等教育阶段将公共艺术课程与艺术实践纳入学校人才培养方案，实行学分制管理，学生修满公共艺术课程 2 个学分方能毕业。鼓励高校和科研院所将美学、艺术学课程纳入研究生教育公共课程体系。

9. 深化教学改革。逐步完善“艺术基础知识基本技能＋艺术审美体验＋艺术专项特长”的教学模式。在学生掌握必要基础知识和基本技能的基础上，着力提升文化理解、审美感知、艺术表现、创意实践等核心素养，帮助学生形成艺术专项特长。成立全国高校和中小学美育教学指导委员会，培育一批学校美育优秀教学成果和名师工作室，建设一批学校美育实践基地，开发一批美育课程优质数字教育资源。推动高雅艺术进校园，持续建设中华优秀传统文化传承学校和基地，创作并推广高校原创文化精品，以大爱之心育莘莘学子，以大美之艺绘传世之作，努力培养心灵美、形象美、语言美、行为美的新时代青少年。

10. 丰富艺术实践活动。面向人人，建立常态化学生全员艺术展演机制，大力推广惠及全体学生的合唱、合奏、集体舞、课本剧、艺术实践工作坊和博物馆、非遗展示传习场所体验学习等实践活动，广泛开展班级、年级、院系、校级等群体性展示交流。有条件的地区可以每年开展大中小学生艺术专项展示，每 3 年分别组织

1 次省级大学生和中小学生综合性艺术展演。加强国家级示范性大中小学校学生艺术团建设，遴选优秀学生艺术团参与国家重大演出活动，以弘扬中华优秀传统文化、革命文化、社会主义先进文化为导向，发挥示范引领作用。

12. 加快艺术学科创新发展。专业艺术教育坚持以一流为目标，进一步优化学科专业布局，构建多元化、特色化、高水平的中国特色艺术学科专业体系，加强国家级一流艺术类专业点建设，创新艺术人才培养机制，提高艺术人才培养能力。艺术师范教育以培养高素质专业化创新型教师队伍为根本，坚定办学方向、坚守师范特质、坚持服务需求、强化实践环节，构建协同育人机制，鼓励艺术教师互聘和双向交流。鼓励有条件的地区建设一批高水平艺术学科创新团队和平台，整合美学、艺术学、教育学等学科资源，加强美育基础理论建设，建设一批美育高端智库。

四、着力改善办学条件

13. 配齐配好美育教师。各地要加大中小学美育教师补充力度，未配齐的地区应每年划出一定比例用于招聘美育教师。鼓励优秀文艺工作者等人士到学校兼任美育教师。推动实施艺术教育专业大学生支教计划。全面提高美育教师思想政治素质、教学素质、育人能力和职业道德水平。优化美育教师岗位结构，畅通美育教师职业发展通道。将美育教师承担学校安排的艺术社团指导，课外活动、课后服务等第二课堂指导和走教任务计入工作量。在教学成果奖等评选表彰中，保证美育教师占有一定比例。

14. 改善场地器材建设配备。建好满足课程教学和实践活动需求的场地设施、专用教室。加强高校美育场馆建设，鼓励有条件的高校与地方共建共享剧院、音乐厅、美术馆、书法馆、博物馆等艺术场馆。配好美育教学所需器材设备，建立美育器材补充机制。制定学校美育工作基本标准。

15. 统筹整合社会资源。加强美育的社会资源供给，推动基本公共文化服务项目为学校美育教学服务。

6.1.5 全国专业学位水平评估实施方案

2020 年 11 月 23 日，国务院教育督导委员会办公室以国教督办函〔2020〕61 号文印发了《全国专业学位水平评估实施方案》。该实施方案相关内容摘录如下：

为深入贯彻习近平总书记关于教育的重要论述和全国研究生教育会议精神，落实《深化新时代教育评价改革总体方案》《关于深化新时代教育督导体制机制改革的意见》《加快推进教育现代化实施方案（2018—2022年)》《专业学位研究生教育发展方案（2020—2025)》等文件要求，加强过程监督诊断、发挥督导评估作用，引导培养单位落实立德树人根本任务，遵循专业学位教育发展规律，加快推进新时代专业学位研究生教育高质量发展，在总结专业学位水平评估试点工作的基础上，制定此方案。

一、总体要求

（一）指导思想

以习近平新时代中国特色社会主义思想为指导，深入贯彻落实习近平总书记关于教育的重要论述和研究生教育工作的重要指示精神，紧紧围绕立德树人根本任务，坚持"四为"方针，遵循新时代教育评价改革要求，坚决克服"五唯"顽疾，以"质量、成效、特色、贡献"为导向，引导培养单位进一步明确定位、发挥特色、内涵发展，促进专业学位研究生教育主动适应国家发展重大战略、行业产业转型升级、当前及未来人才重大需求，培养德才兼备的高层次、应用型、复合型专门人才。

（二）工作目标

全面落实立德树人根本任务，把立德树人成效作为检验学校一切工作的根本标准。突出人才培养质量评价，以学生实践创新能力和职业胜任能力为核心，推动专业学位人才培养模式改革；强化行业需求导向，重视用人单位反馈评价，推动人才培养与行业发展交融互促；发挥评估诊断、改进、督导作用，促进培养单位找差距、补不足，推动我国专业学位研究生教育高质量、内涵式发展；推进评价改革，构建和完善符合专业学位发展规律、具有时代特征、彰显中国特色的专业学位水平评估体系。

（三）基本原则

一是聚焦立德树人，突出职业道德。强调思政教育成效，突出体现职业道德和职业伦理教育，推动构建一体化育人体系，将立德树人根本任务落地、落细、落实。

二是聚焦培养质量，强化特色定位。突出专业学位高层次、应用型、复合型专门人才培养要求，强化分类评价，引导培养单位明确定位、发挥特色、内涵发展，促进专业学位人才培养模式改革。

三是聚焦行业需求，强调职业胜任。重视考察人才培养与社会需求的契合度、学生的职业胜任能力和用人单位的满意度，检验人才培养与行业需求的衔接情况，推动进一步健全专业学位产教融合培养机制。

二、评估重点内容

以人才培养质量为核心，围绕"教、学、做"三个层面，构建教学质量、学习质量、职业发展质量三维度评价体系。指标体系共包括 3 项一级指标、9 项二级指标、15 ～ 16 项三级指标。

三、评估范围和要求

建筑学、城市规划、风景园林、工程管理等 30 个专业学位类别。

各学位授予单位在 2015 年 12 月 31 日前获得上述专业学位授权，且通过专项评估或合格评估的专业学位授权点须参评。

四、评估程序

评估程序包括参评确认、信息采集、信息核查、专家评价、问卷调查、权重确定、结果形成与发布、持续改进等八个环节。

五、组织实施

国务院教育督导委员会办公室负责制定全国专业学位水平评估政策文件、实施方案，并对评估工作进行监督指导。积极构建"管办评"分离、多方参与的评估模式，委托教育部学位中心负责具体实施全国专业学位水平评估。有关省（区、市）教育行政部门按照评估工作安排，指导本行政区域内的评估工作（不含军队院校）。各学位授予单位负责做好本单位符合参评条件的专业学位授权点确认、评估材料报送等工作，并对评估发现的问题进行整改。军队院校评估工作由中央军委训练管理部职业教育局另行组织实施。

附：全国专业学位水平评估指标体系框架

一级指标	二级指标	三级指标
A. 教学质量	A0.培养方案与特色	S0.培养方案与特色
	A1.思政教育成效	S1.思政教育特色与成效
		S2.职业道德与职业伦理教育情况
	A2.课程与实践教学质量	S3.课程教学质量
		S4.专业实践质量
		S5.师资队伍质量
	A3.学生满意度	S6.学生满意度

续表

一级指标	二级指标	三级指标
B. 学习质量	B1. 在学成果	S7. 应用性成果
		S8. 学位论文质量
		S9. 毕业成果质量（部分专业学位）
		S10. 学生比赛获奖（部分专业学位）
		S11. 学生艺术创作获奖、展演/展映/展览、发表(部分专业学位)
		S12. 获得职（执）业资格证书情况（部分专业学位）
	B2. 学生获得感	S13. 学生获得感
C. 职业发展质量	C1. 毕业生质量	S14. 总体就业情况
		S15. 代表性毕业生情况
	C2. 用人单位满意度	S16. 用人单位满意度
	C3. 服务贡献与社会声誉	S17. 服务贡献
		S18. 社会声誉

说明：按专业学位类别（领域）分别设置36套指标体系，各类别（领域）按专业学位特点分别设置15～16个三级指标。各专业学位类别三级指标的具体表述和观测点有所不同。

6.1.6　关于加快推进乡村人才振兴的意见

2021年2月，中共中央办公厅、国务院办公厅印发了《关于加快推进乡村人才振兴的意见》，并发出通知，要求各地区各部门结合实际认真贯彻落实。

意见包括总体要求、加快培养农业生产经营人才、加快培养农村二三产业发展人才、加快培养乡村公共服务人才、加快培养乡村治理人才、加快培养农业农村科技人才、充分发挥各类主体在乡村人才培养中的作用、建立健全乡村人才振兴体制机制、保障措施等九项四十一条。相关内容摘录如下：

三、加快培养农村二三产业发展人才

（九）打造农民工劳务输出品牌。实施劳务输出品牌计划，围绕地方特色劳务群体，建立技能培训体系和评价体系，完善创业扶持、品牌培育政策，通过完善行业标准、建设专家工作室、邀请专家授课、举办技能比赛等途径，普遍提升从业者职业技能，提高劳务输出的组织化、专业化、标准化水平，培育一批叫得响的农民工劳务输出品牌。

四、加快培养乡村公共服务人才

（十三）加强乡村规划建设人才队伍建设。支持熟悉乡村的首席规划师、乡村规划师、建筑师、设计师及团队参与村庄规划设计、特色景观制作、人文风貌引导，提高设计建设水平，塑造乡村特色风貌。统筹推进城乡基础设施建设管护人才互通共享，搭建服务平台，畅通交流机制。实施乡村本土建设人才培育工程，加强乡村建设工匠培训和管理，培育修路工、水利员、改厕专家、农村住房建设辅导员等专业人员，提升农村环境治理、基础设施及农村住房建设管护水平。

6.1.7 关于进一步支持大学生创新创业的指导意见

2021 年 9 月 22 日，国务院办公厅以国办发〔2021〕35 号文印发了《关于进一步支持大学生创新创业的指导意见》，主要内容如下。

纵深推进大众创业万众创新是深入实施创新驱动发展战略的重要支撑，大学生是大众创业万众创新的生力军，支持大学生创新创业具有重要意义。近年来，越来越多的大学生投身创新创业实践，但也面临融资难、经验少、服务不到位等问题。为提升大学生创新创业能力、增强创新活力，进一步支持大学生创新创业，经国务院同意，现提出以下意见。

一、总体要求

以习近平新时代中国特色社会主义思想为指导，深入贯彻落实党的十九大和十九届二中、三中、四中、五中全会精神，全面贯彻党的教育方针，落实立德树人根本任务，立足新发展阶段、贯彻新发展理念、构建新发展格局，坚持创新引领创业、创业带动就业，支持在校大学生提升创新创业能力，支持高校毕业生创业就业，提升人力资源素质，促进大学生全面发展，实现大学生更加充分更高质量就业。

二、提升大学生创新创业能力

（一）将创新创业教育贯穿人才培养全过程。深化高校创新创业教育改革，健全课堂教学、自主学习、结合实践、指导帮扶、文化引领融为一体的高校创新创业教育体系，增强大学生的创新精神、创业意识和创新创业能力。建立以创新创业为导向的新型人才培养模式，健全校校、校企、校地、校所协同的创新创业人才培养机制，打造一批创新创业教育特色示范课程。（教育部牵头，人力资源社会保障部等按职责分工负责）

（二）提升教师创新创业教育教学能力。强化高校教师创新创业教育教学能力和素养培训，改革教学方法和考核方式，推动教师把国际前沿学术发展、最新研究成果和实践经验融入课堂教学。完善高校双创指导教师到行业企业挂职锻炼的保障激励政策。实施高校双创校外导师专项人才计划，探索实施驻校企业家制度，吸引更多各行各业优秀人才担任双创导师。支持建设一批双创导师培训基地，定期开展培训。（教育部牵头，人力资源社会保障部等按职责分工负责）

（三）加强大学生创新创业培训。打造一批高校创新创业培训活动品牌，创新培训模式，面向大学生开展高质量、有针对性的创新创业培训，提升大学生创新创业能力。组织双创导师深入校园举办创业大讲堂，进行创业政策解读、经验分享、实践指导等。支持各类创新创业大赛对大学生创业者给予倾斜。（人力资源社会保障部、教育部等按职责分工负责）

三、优化大学生创新创业环境

（四）降低大学生创新创业门槛。持续提升企业开办服务能力，为大学生创业提供高效便捷的登记服务。推动众创空间、孵化器、加速器、产业园全链条发展，鼓励各类孵化器面向大学生创新创业团队开放一定比例的免费孵化空间，并将开放情况纳入国家级科技企业孵化器考核评价，降低大学生创新创业团队入驻条件。政府投资开发的孵化器等创业载体应安排30%左右的场地，免费提供给高校毕业生。有条件的地方可对高校毕业生到孵化器创业给予租金补贴。（科技部、教育部、市场监管总局等和地方各级人民政府按职责分工负责）

（五）便利化服务大学生创新创业。完善科技创新资源开放共享平台，强化对大学生的技术创新服务。各地区、各高校和科研院所的实验室以及科研仪器、设施等科技创新资源可以面向大学生开放共享，提供低价、优质的专业服务，支持大学生创新创业。支持行业企业面向大学生发布企业需求清单，引导大学生精准创新创业。鼓励国有大中型企业面向高校和大学生发布技术创新需求，开展"揭榜挂帅"。（科技部、发展改革委、教育部、国资委等按职责分工负责）

（六）落实大学生创新创业保障政策。落实大学生创业帮扶政策，加大对创业失败大学生的扶持力度，按规定提供就业服务、就业援助和社会救助。加强政府支持引导，发挥市场主渠道作用，鼓励有条件的地方探索建立大学生创业风险救助机制，可采取创业风险补贴、商业险保费补助等方式予以支持，积极研究更加精准、有效的帮扶措施，及时总结经验、适时推广。毕业后创业的大学生可按规定缴纳"五险一金"，减少大学生创业的后顾之忧。（人力资源社会保障部、教育部、财政部、民

政部、医保局等和地方各级人民政府按职责分工负责）

四、加强大学生创新创业服务平台建设

（七）建强高校创新创业实践平台。充分发挥大学科技园、大学生创业园、大学生创客空间等校内创新创业实践平台作用，面向在校大学生免费开放，开展专业化孵化服务。结合学校学科专业特色优势，联合有关行业企业建设一批校外大学生双创实践教学基地，深入实施大学生创新创业训练计划。（教育部、科技部、人力资源社会保障部等按职责分工负责）

（八）提升大众创业万众创新示范基地带动作用。加强双创示范基地建设，深入实施创业就业"校企行"专项行动，推动企业示范基地和高校示范基地结对共建、建立稳定合作关系。指导高校示范基地所在城市主动规划和布局高校周边产业，积极承接大学生创新成果和人才等要素，打造"城校共生"的创新创业生态。推动中央企业、科研院所和相关公共服务机构利用自身技术、人才、场地、资本等优势，为大学生建设集研发、孵化、投资等于一体的创业创新培育中心、互联网双创平台、孵化器和科技产业园区。（发展改革委、教育部、科技部、国资委等按职责分工负责）

五、推动落实大学生创新创业财税扶持政策

（九）继续加大对高校创新创业教育的支持力度。在现有基础上，加大教育部中央彩票公益金大学生创新创业教育发展资金支持力度。加大中央高校教育教学改革专项资金支持力度，将创新创业教育和大学生创新创业情况作为资金分配重要因素。（财政部、教育部等按职责分工负责）

（十）落实落细减税降费政策。高校毕业生在毕业年度内从事个体经营，符合规定条件的，在3年内按一定限额依次扣减其当年实际应缴纳的增值税、城市维护建设税、教育费附加、地方教育附加和个人所得税；对月销售额15万元以下的小规模纳税人免征增值税，对小微企业和个体工商户按规定减免所得税。对创业投资企业、天使投资人投资于未上市的中小高新技术企业以及种子期、初创期科技型企业的投资额，按规定抵扣所得税应纳税所得额。对国家级、省级科技企业孵化器和大学科技园以及国家备案众创空间按规定免征增值税、房产税、城镇土地使用税。做好纳税服务，建立对接机制，强化精准支持。（财政部、税务总局等按职责分工负责）

六、加强对大学生创新创业的金融政策支持

（十一）落实普惠金融政策。鼓励金融机构按照市场化、商业可持续原则对大

学生创业项目提供金融服务，解决大学生创业融资难题。落实创业担保贷款政策及贴息政策，将高校毕业生个人最高贷款额度提高至20万元，对10万元以下贷款、获得设区的市级以上荣誉的高校毕业生创业者免除反担保要求；对高校毕业生设立的符合条件的小微企业，最高贷款额度提高至300万元；降低贷款利率，简化贷款申报审核流程，提高贷款便利性，支持符合条件的高校毕业生创业就业。鼓励和引导金融机构加快产品和服务创新，为符合条件的大学生创业项目提供金融服务。(财政部、人力资源社会保障部、人民银行、银保监会等按职责分工负责)

(十二) 引导社会资本支持大学生创新创业。充分发挥社会资本作用，以市场化机制促进社会资源与大学生创新创业需求更好对接，引导创新创业平台投资基金和社会资本参与大学生创业项目早期投资与投智，助力大学生创新创业项目健康成长。加快发展天使投资，培育一批天使投资人和创业投资机构。发挥财政政策作用，落实税收政策，支持天使投资、创业投资发展，推动大学生创新创业。(发展改革委、财政部、税务总局、证监会等按职责分工负责)

七、促进大学生创新创业成果转化

(十三) 完善成果转化机制。研究设立大学生创新创业成果转化服务机构，建立相关成果与行业产业对接长效机制，促进大学生创新创业成果在有关行业企业推广应用。做好大学生创新项目的知识产权确权、保护等工作，强化激励导向，加快落实以增加知识价值为导向的分配政策，落实成果转化奖励和收益分配办法。加强面向大学生的科技成果转化培训课程建设。(科技部、教育部、知识产权局等按职责分工负责)

(十四) 强化成果转化服务。推动地方、企业和大学生创新创业团队加强合作对接，拓宽成果转化渠道，为创新成果转化和创业项目落地提供帮助。鼓励国有大中型企业和产教融合型企业利用孵化器、产业园等平台，支持高校科技成果转化，促进高校科技成果和大学生创新创业项目落地发展。汇集政府、企业、高校及社会资源，加强对中国国际"互联网+"大学生创新创业大赛中涌现的优秀创新创业项目的后续跟踪支持，落实科技成果转化相关税收优惠政策，推动一批大赛优秀项目落地，支持获奖项目成果转化，形成大学生创新创业示范效应。(教育部、科技部、发展改革委、财政部、国资委、税务总局等按职责分工负责)

八、办好中国国际"互联网+"大学生创新创业大赛

(十五) 完善大赛可持续发展机制。鼓励省级人民政府积极承办大赛，压实主

办职责，进一步加强组织领导和综合协调，落实配套支持政策和条件保障。坚持政府引导、公益支持，支持行业企业深化赛事合作，拓宽办赛资金筹措渠道，适当增加大赛冠名赞助经费额度。充分利用市场化方式，研究推动中央企业、社会资本发起成立中国国际"互联网＋"大学生创新创业大赛项目专项发展基金。（教育部、国资委、证监会、建设银行等按职责分工负责）

（十六）打造创新创业大赛品牌。强化大赛创新创业教育实践平台作用，鼓励各学段学生积极参赛。坚持以赛促教、以赛促学、以赛促创，丰富竞赛形式和内容。建立健全中国国际"互联网＋"大学生创新创业大赛与各级各类创新创业比赛联动机制，推进大赛国际化进程，搭建全球性创新创业竞赛平台，深化创新创业教育国际交流合作。（教育部等按职责分工负责）

九、加强大学生创新创业信息服务

（十七）建立大学生创新创业信息服务平台。汇集创新创业帮扶政策、产业激励政策和全国创新创业教育优质资源，加强信息资源整合，做好国家和地方的政策发布、解读等工作。及时收集国家、区域、行业需求，为大学生精准推送行业和市场动向等信息。加强对创新创业大学生和项目的跟踪、服务，畅通供需对接渠道，支持各地积极举办大学生创新创业项目需求与投融资对接会。（教育部、发展改革委、人力资源社会保障部等按职责分工负责）

（十八）加强宣传引导。大力宣传加强高校创新创业教育、促进大学生创新创业的必要性、重要性。及时总结推广各地区、各高校的好经验好做法，选树大学生创新创业成功典型，丰富宣传形式，培育创客文化，营造敢为人先、宽容失败的环境，形成支持大学生创新创业的社会氛围。做好政策宣传宣讲，推动大学生用足用好税费减免、企业登记等支持政策。（教育部、中央宣传部牵头，地方各级人民政府、各有关部门按职责分工负责）

各地区、各有关部门要认真贯彻落实党中央、国务院决策部署，抓好本意见的贯彻落实。教育部要会同有关部门加强协调指导，督促支持大学生创新创业各项政策的落实，加强经验交流和推广。地方各级人民政府要加强组织领导，深入了解情况，优化创新创业环境，积极研究制定和落实支持大学生创新创业的政策措施，及时帮助大学生解决实际问题。

6.1.8　关于推动现代职业教育高质量发展的意见

2021 年 10 月，中共中央办公厅、国务院办公厅印发了《关于推动现代职业教育高质量发展的意见》，并发出通知，要求各地区各部门结合实际认真贯彻落实。《关于推动现代职业教育高质量发展的意见》主要内容如下。

职业教育是国民教育体系和人力资源开发的重要组成部分，肩负着培养多样化人才、传承技术技能、促进就业创业的重要职责。在全面建设社会主义现代化国家新征程中，职业教育前途广阔、大有可为。为贯彻落实全国职业教育大会精神，推动现代职业教育高质量发展，现提出如下意见。

一、总体要求

（一）指导思想。以习近平新时代中国特色社会主义思想为指导，深入贯彻党的十九大和十九届二中、三中、四中、五中全会精神，坚持党的领导，坚持正确办学方向，坚持立德树人，优化类型定位，深入推进育人方式、办学模式、管理体制、保障机制改革，切实增强职业教育适应性，加快构建现代职业教育体系，建设技能型社会，弘扬工匠精神，培养更多高素质技术技能人才、能工巧匠、大国工匠，为全面建设社会主义现代化国家提供有力人才和技能支撑。

（二）工作要求。坚持立德树人、德技并修，推动思想政治教育与技术技能培养融合统一；坚持产教融合、校企合作，推动形成产教良性互动、校企优势互补的发展格局；坚持面向市场、促进就业，推动学校布局、专业设置、人才培养与市场需求相对接；坚持面向实践、强化能力，让更多青年凭借一技之长实现人生价值；坚持面向人人、因材施教，营造人人努力成才、人人皆可成才、人人尽展其才的良好环境。

（三）主要目标

到 2025 年，职业教育类型特色更加鲜明，现代职业教育体系基本建成，技能型社会建设全面推进。办学格局更加优化，办学条件大幅改善，职业本科教育招生规模不低于高等职业教育招生规模的 10%，职业教育吸引力和培养质量显著提高。

到 2035 年，职业教育整体水平进入世界前列，技能型社会基本建成。技术技能人才社会地位大幅提升，职业教育供给与经济社会发展需求高度匹配，在全面建设社会主义现代化国家中的作用显著增强。

二、强化职业教育类型特色

（四）巩固职业教育类型定位。因地制宜、统筹推进职业教育与普通教育协调发展。加快建立"职教高考"制度，完善"文化素质＋职业技能"考试招生办法，加强省级统筹，确保公平公正。加强职业教育理论研究，及时总结中国特色职业教育办学规律和制度模式。

（五）推进不同层次职业教育纵向贯通。大力提升中等职业教育办学质量，优化布局结构，实施中等职业学校办学条件达标工程，采取合并、合作、托管、集团办学等措施，建设一批优秀中等职业学校和优质专业，注重为高等职业教育输送具有扎实技术技能基础和合格文化基础的生源。支持有条件的中等职业学校根据当地经济社会发展需要试办社区学院。推进高等职业教育提质培优，实施好"双高计划"，集中力量建设一批高水平高等职业学校和专业。稳步发展职业本科教育，高标准建设职业本科学校和专业，保持职业教育办学方向不变、培养模式不变、特色发展不变。一体化设计职业教育人才培养体系，推动各层次职业教育专业设置、培养目标、课程体系、培养方案衔接，支持在培养周期长、技能要求高的专业领域实施长学制培养。鼓励应用型本科学校开展职业本科教育。按照专业大致对口原则，指导应用型本科学校、职业本科学校吸引更多中高职毕业生报考。

（六）促进不同类型教育横向融通。加强各学段普通教育与职业教育渗透融通，在普通中小学实施职业启蒙教育，培养掌握技能的兴趣爱好和职业生涯规划的意识能力。探索发展以专项技能培养为主的特色综合高中。推动中等职业学校与普通高中、高等职业学校与应用型大学课程互选、学分互认。鼓励职业学校开展补贴性培训和市场化社会培训。制定国家资历框架，建设职业教育国家学分银行，实现各类学习成果的认证、积累和转换，加快构建服务全民终身学习的教育体系。

三、完善产教融合办学体制

（七）优化职业教育供给结构。围绕国家重大战略，紧密对接产业升级和技术变革趋势，优先发展先进制造、新能源、新材料、现代农业、现代信息技术、生物技术、人工智能等产业需要的一批新兴专业，加快建设学前、护理、康养、家政等一批人才紧缺的专业，改造升级钢铁冶金、化工医药、建筑工程、轻纺制造等一批传统专业，撤并淘汰供给过剩、就业率低、职业岗位消失的专业，鼓励学校开设更多紧缺的、符合市场需求的专业，形成紧密对接产业链、创新链的专业体系。优化区域资源配置，推进部省共建职业教育创新发展高地，持续深化职业教育东西部协作。启动实施技能型社会职业教育体系建设地方试点。支持办好面向农村的职业教育，强化校地合作、育训结合，加快培养乡村振兴人才，鼓励更多农民、返乡农民工接受职业教育。支持行业企业开展技术技能人才培养培训，推行终身职业技能培训制度和在岗继续教育制度。

（八）健全多元办学格局。构建政府统筹管理、行业企业积极举办、社会力量深度参与的多元办学格局。健全国有资产评估、产权流转、权益分配、干部人事管理等制度。鼓励上市公司、行业龙头企业举办职业教育，鼓励各类企业依法参与举办职业教育。鼓励职业学校与社会资本合作共建职业教育基础设施、实训基地，共建共享公共实训基地。

（九）协同推进产教深度融合。各级政府要统筹职业教育和人力资源开发的规模、结构和层次，将产教融合列入经济社会发展规划。以城市为节点、行业为支点、企业为重点，建设一批产教融合试点城市，打造一批引领产教融合的标杆行业，培育一批行业领先的产教融合型企业。积极培育市场导向、供需匹配、服务精准、运作规范的产教融合服务组织。分级分类编制发布产业结构动态调整报告、行业人才就业状况和需求预测报告。

四、创新校企合作办学机制

（十）丰富职业学校办学形态。职业学校要积极与优质企业开展双边多边技术协作，共建技术技能创新平台、专业化技术转移机构和大学科技园、科技企业孵化器、众创空间，服务地方中小微企业技术升级和产品研发。推动职业学校在企业设立实习实训基地、企业在职业学校建设培养培训基地。推动校企共建共管产业学院、企业学院，延伸职业学校办学空间。

（十一）拓展校企合作形式内容。职业学校要主动吸纳行业龙头企业深度参与职业教育专业规划、课程设置、教材开发、教学设计、教学实施，合作共建新专业、开发新课程、开展订单培养。鼓励行业龙头企业主导建立全国性、行业性职教集团，推进实体化运作。探索中国特色学徒制，大力培养技术技能人才。支持企业接收学生实习实训，引导企业按岗位总量的一定比例设立学徒岗位。严禁向学生违规收取实习实训费用。

（十二）优化校企合作政策环境。各地要把促进企业参与校企合作、培养技术技能人才作为产业发展规划、产业激励政策、乡村振兴规划制定的重要内容，对产教融合型企业给予"金融＋财政＋土地＋信用"组合式激励，按规定落实相关税费政策。工业和信息化部门要把企业参与校企合作的情况，作为各类示范企业评选的重要参考。教育、人力资源社会保障部门要把校企合作成效作为评价职业学校办学质量的重要内容。国有资产监督管理机构要支持企业参与和举办职业教育。鼓励金融机构依法依规为校企合作提供相关信贷和融资支持。积极探索职业学校实习生参加工伤保险办法。加快发展职业学校学生实习实训责任保险和人身意外伤害保险，鼓励保险公司对现代学徒制、企业新型学徒制保险专门确定费率。职业学校通过校企合作、技术服务、社会培训、自办企业等所得收入，可按一定比例作为绩效工资来源。

五、深化教育教学改革

（十三）强化双师型教师队伍建设。加强师德师风建设，全面提升教师素养。完善职业教育教师资格认定制度，在国家教师资格考试中强化专业教学和实践要求。制定双师型教师标准，完善教师招聘、专业技术职务评聘和绩效考核标准。按照职业学校生师比例和结构要求配齐专业教师。加强职业技术师范学校建设。支持高水平学校和大中型企业共建双师型教师培养培训基地，落实教师定期到企业实践的规定，支持企业技术骨干到学校从教，推进固定岗与流动岗相结合、校企互聘兼职的教师队伍建设改革。继续实施职业院校教师素质提高计划。

（十四）创新教学模式与方法。提高思想政治理论课质量和实效，推进习近平新时代中国特色社会主义思想进教材、进课堂、进头脑。举办职业学校思想政治教育课程教师教学能力比赛。普遍开展项目教学、情境教学、模块化教学，推动现代信息技术与教育教学深度融合，提高课堂教学质量。全面实施弹性学习和学分制管理，支持学生积极参加社会实践、创新创业、竞赛活动。办好全国职业院校技能大赛。

（十五）改进教学内容与教材。完善"岗课赛证"综合育人机制，按照生产实际和岗位需求设计开发课程，开发模块化、系统化的实训课程体系，提升学生实践能力。深入实施职业技能等级证书制度，完善认证管理办法，加强事中事后监管。及时更新教学标准，将新技术、新工艺、新规范、典型生产案例及时纳入教学内容。把职业技能等级证书所体现的先进标准融入人才培养方案。强化教材建设国家事权，分层规划，完善职业教育教材的编写、审核、选用、使用、更新、评价监管机制。引导地方、行业和学校按规定建设地方特色教材、行业适用教材、校本专业教材。

（十六）完善质量保证体系。建立健全教师、课程、教材、教学、实习实训、信息化、安全等国家职业教育标准，鼓励地方结合实际出台更高要求的地方标准，支持行业组织、龙头企业参与制定标准。推进职业学校教学工作诊断与改进制度建设。完善职业教育督导评估办法，加强对地方政府履行职业教育职责督导，做好中等职业学校办学能力评估和高等职业学校适应社会需求能力评估。健全国家、省、学校质量年报制度，定期组织质量年报的审查抽查，提高编制水平，加大公开力度。强化评价结果运用，将其作为批复学校设置、核定招生计划、安排重大项目的重要参考。

六、打造中国特色职业教育品牌

（十七）提升中外合作办学水平。办好一批示范性中外合作办学机构和项目。加强与国际高水平职业教育机构和组织合作，开展学术研究、标准研制、人员交流。在"留学中国"项目、中国政府奖学金项目中设置职业教育类别。

（十八）拓展中外合作交流平台。全方位践行世界技能组织2025战略，加强与联合国教科文组织等国际和地区组织的合作。鼓励开放大学建设海外学习中心，推进职业教育涉外行业组织建设，实施职业学校教师教学创新团队、高技能领军人才和产业紧缺人才境外培训计划。积极承办国际职业教育大会，办好办实中国—东盟教育交流周，形成一批教育交流、技能交流和人文交流的品牌。

（十九）推动职业教育走出去。探索"中文＋职业技能"的国际化发展模式。服务国际产能合作，推动职业学校跟随中国企业走出去。完善"鲁班工坊"建设标准，拓展办学内涵。提高职业教育在出国留学基金等项目中的占比。积极打造一批高水平国际化的职业学校，推出一批具有国际影响力的专业标准、课程标准、教学资源。各地要把职业教育纳入对外合作规划，作为友好城市（省州）建设的重要内容。

七、组织实施

（二十）加强组织领导。各级党委和政府要把推动现代职业教育高质量发展摆在更加突出的位置，更好支持和帮助职业教育发展。职业教育工作部门联席会议要充分发挥作用，教育行政部门要认真落实对职业教育工作统筹规划、综合协调、宏观管理职责。国家将职业教育工作纳入省级政府履行教育职责督导评价，各省将职业教育工作纳入地方经济社会发展考核。选优配强职业学校主要负责人，建设高素质专业化职业教育干部队伍。落实职业学校在内设机构、岗位设置、用人计划、教师招聘、职称评聘等方面的自主权。加强职业学校党建工作，落实意识形态工作责任制，开展新时代职业学校党组织示范创建和质量创优工作，把党的领导落实到办学治校、立德树人全过程。

（二十一）强化制度保障。加快修订职业教育法，地方结合实际制定修订有关地方性法规。健全政府投入为主、多渠道筹集职业教育经费的体制。优化支出结构，新增教育经费向职业教育倾斜。严禁以学费、社会服务收入冲抵生均拨款，探索建立基于专业大类的职业教育差异化生均拨款制度。

（二十二）优化发展环境。加强正面宣传，挖掘宣传基层和一线技术技能人才成长成才的典型事迹，弘扬劳动光荣、技能宝贵、创造伟大的时代风尚。打通职业学校毕业生在就业、落户、参加招聘、职称评审、晋升等方面的通道，与普通学校毕业生享受同等待遇。对在职业教育工作中取得成绩的单位和个人、在职业教育领域作出突出贡献的技术技能人才，按照国家有关规定予以表彰奖励。各地将符合条件的高水平技术技能人才纳入高层次人才计划，探索从优秀产业工人和农业农村人才中培养选拔干部机制，加大技术技能人才薪酬激励力度，提高技术技能人才社会地位。

6.2 教育部下发的相关文件

6.2.1 研究生导师指导行为准则

2020年10月30日，教育部以教研〔2020〕12号文印发了《研究生导师指导行为准则》，该行为准则全文如下。

导师是研究生培养的第一责任人，肩负着培养高层次创新人才的崇高使命。长期以来，广大导师贯彻党的教育方针、立德修身、严谨治学、潜心育人，为研究生教育事业发展和创新型国家建设作出了突出贡献。为进一步加强研究生导师队伍建设，规范指导行为，努力造就有理想信念、有道德情操、有扎实学识、有仁爱之心的新时代优秀导师，在《教育部关于全面落实研究生导师立德树人职责的意见》（教研〔2018〕1号）、《新时代高校教师职业行为十项准则》基础上，制定以下准则。

一、坚持正确思想引领。坚持以习近平新时代中国特色社会主义思想为指导，模范践行社会主义核心价值观，强化对研究生的思想政治教育，引导研究生树立正确的世界观、人生观、价值观，增强使命感、责任感，既做学业导师又做人生导师。不得有违背党的理论和路线方针政策、违反国家法律法规、损害党和国家形象、背离社会主义核心价值观的言行。

二、科学公正参与招生。在参与招生宣传、命题阅卷、复试录取等工作中，严格遵守有关规定，公平公正，科学选才。认真完成研究生考试命题、复试、录取等各环节工作，确保录取研究生的政治素养和业务水平。不得组织或参与任何有可能损害考试招生公平公正的活动。

三、精心尽力投入指导。根据社会需求、培养条件和指导能力，合理调整自身指导研究生数量，确保足够的时间和精力提供指导，及时督促指导研究生完成课程学习、科学研究、专业实习实践和学位论文写作等任务；采用多种培养方式，激发研究生创新活力。不得对研究生的学业进程及面临的学业问题疏于监督和指导。

四、正确履行指导职责。遵循研究生教育规律和人才成长规律，因材施教；合理指导研究生学习、科研与实习实践活动；综合开题、中期考核等关键节点考核情况，提出研究生分流退出建议。不得要求研究生从事与学业、科研、社会服务无关的事务，不得违规随意拖延研究生毕业时间。

五、严格遵守学术规范。秉持科学精神，坚持严谨治学，带头维护学术尊严和科研诚信；以身作则，强化研究生学术规范训练，尊重他人劳动成果，杜绝学术不端行为，对与研究生联合署名的科研成果承担相应责任。不得有违反学术规范、损害研究生学术科研权益等行为。

六、把关学位论文质量。加强培养过程管理，按照培养方案和时间节点要求，指导研究生做好论文选题、开题、研究及撰写等工作；严格执行学位授予要求，对研究生学位论文质量严格把关。不得将不符合学术规范和质量要求的学位论文提交评审和答辩。

七、严格经费使用管理。鼓励研究生积极参与科学研究、社会实践和学术交流，按规定为研究生提供相应经费支持，确保研究生正当权益。不得以研究生名义虚报、冒领、挪用、侵占科研经费或其他费用。

八、构建和谐师生关系。落实立德树人根本任务，加强人文关怀，关注研究生学业、就业压力和心理健康，建立良好的师生互动机制。不得侮辱研究生人格，不得与研究生发生不正当关系。

6.2.2 新时代学校思想政治理论课改革创新实施方案

2020年12月18日，中共中央组织部、教育部以教材〔2020〕6号文下发了《新时代学校思想政治理论课改革创新实施方案》，该实施方案摘录如下。

为全面贯彻党的教育方针，深入落实中共中央办公厅、国务院办公厅《关于深化新时代学校思想政治理论课改革创新的若干意见》精神，充分发挥思想政治理论课（以下简称思政课）在立德树人中的关键课程作用，循序渐进、螺旋上升地开设好大中小学思政课，现就新时代学校思政课课程教材改革创新提出如下实施方案。

一、基本要求

一是把握新时代。坚持用习近平新时代中国特色社会主义思想铸魂育人，加强"四个自信"教育，将学习贯彻习近平新时代中国特色社会主义思想体现在大中小学各学段的课程目标、课程设置和课程教材内容中，实现全覆盖、贯穿全过程。二是推进一体化。建立纵向各学段层层递进、横向各课程密切配合、必修课选修课相互协调的课程教材体系，实现课程目标、课程设置、课程教材内容的有效贯通。三是突出创新性。完善课程教材建设机制，优化教材内容，创新教学方法，推动思政课在改进中加强、在创新中提高。四是增强针对性。遵循思想政治工作规律、教书育人规律、学生成长规律，编写适用不同类型高校的教材，进一步增强思政课的思想性、理论性和亲和力、针对性。五是注重统筹性。总体推进，分类指导，分步实施，积极稳妥地做好各项工作。

二、课程目标体系

按照循序渐进、螺旋上升的原则，立足于思政课的政治性属性，对大中小学思政课课程目标进行一体化设计，以了解学习、理解把握习近平新时代中国特色社会主义思想为课程主线，在政治认同、家国情怀、道德修养、法治意识、文化修养等方面提出明确要求，引导学生坚定"四个自信"，做德智体美劳全面发展的社会主义建设者和接班人。

（三）高中阶段重在提升学生的政治素养。重点引导学生初步掌握马克思主义基本原理，了解马克思主义中国化历史进程及其理论成果，理解习近平新时代中国特色社会主义思想；树立正确的历史观、民族观、国家观、文化观，认同伟大祖国、中华民族、中华文化、中国共产党、中国特色社会主义，积极践行社会主义核心价值观，树立宪法法律至上、法律面前人人平等观念，进一步增强法治意识；有序参与公共事务，勇于承担社会责任，积极行使人民当家作主的政治权利，明方向、遵法纪、知荣辱；衷心拥护党的领导和我国社会主义制度，形成做社会主义建设者和接班人的政治认同。中等职业学校（含技工学校）课程要体现职业教育特色。

（四）大学阶段重在增强学生的使命担当。重点引导学生系统掌握马克思主义基本原理和马克思主义中国化理论成果，了解党史、新中国史、改革开放史、社会主义发展史，认识世情、国情、党情，深刻领会习近平新时代中国特色社会主义思想，培养运用马克思主义立场观点方法分析和解决问题的能力；自觉践行社会主义核心价值观，尊重和维护宪法法律权威，识大局、尊法治、修美德；矢志不渝听党话跟党走，争做社会主义合格建设者和可靠接班人。本科及高等职业学校专科课程重在加强理论教育和学习，高等职业学校课程还要体现职业教育特色。研究生课程重在探究式教育和学习。

三、课程体系

根据学生成长规律，结合不同年龄段学生的认知特点，构建大中小学一体化思政课课程体系。在小学及初中阶段"道德与法治"、高中阶段"思想政治"、大学阶段"思想政治理论课"中落实课程目标要求，重点推进习近平新时代中国特色社会主义思想融入课程，实现整体设计、循序渐进、逐步深化，切实提高课程设置的针对性实效性。

（二）高中阶段

2.中等职业学校课程设置

中等职业学校（含技工学校）开设"思想政治"必修课程和选修课程。

必修课程教学内容包括中国特色社会主义、心理健康与职业生涯、哲学与人生、职业道德与法治，共144学时。

围绕时事政策教育，中华优秀传统文化、革命文化、社会主义先进文化教育，法律与职业教育，国家安全教育，民族团结进步教育，就业创业创新教育，公共卫生安全教育等教学内容，开设选修课程，不少于36学时。

（三）大学阶段

大学阶段开设"思想政治理论课"必修课程和选择性必修课程。

1. 大学阶段必修课程

本科课程设置：

（1）马克思主义基本原理 3 学分

（2）毛泽东思想和中国特色社会主义理论体系概论 5 学分

（3）中国近现代史纲要 3 学分

（4）思想道德与法治 3 学分

（5）形势与政策 2 学分

在全国重点马克思主义学院率先全面开设"习近平新时代中国特色社会主义思想概论"课，学分按有关要求执行。

高等职业学校专科课程设置：

（1）毛泽东思想和中国特色社会主义理论体系概论 4 学分

（2）思想道德与法治 3 学分

（3）形势与政策 1 学分

硕士研究生课程设置：

新时代中国特色社会主义理论与实践 2 学分

博士研究生课程设置：

中国马克思主义与当代 2 学分

2. 大学阶段选择性必修课程

各高校结合本校实际，统筹校内通识类课程，围绕马克思主义经典著作，党史、新中国史、改革开放史、社会主义发展史，中华优秀传统文化、革命文化、社会主义先进文化，宪法法律等，开设本科及高等职业学校专科选择性必修课程，确保学生至少从"四史"中选修 1 门课程；围绕习近平新时代中国特色社会主义思想专题研究、马克思恩格斯列宁经典著作选读、马克思主义与社会科学方法论、自然辩证法概论等，开设硕士、博士研究生选择性必修课程，硕士研究生至少选择 1 学分课程。各高校要安排选择性必修课程必要学时，充分发挥马克思主义学院统筹审核把关作用。

各高校要规范实践教学，把思想政治教育有机融入社会实践、志愿服务、实习实训等活动中，切实提高实践教学实效。

四、课程内容

在各学段现有课程内容基础上，重点强化习近平新时代中国特色社会主义思想进课程进教材，培育和践行社会主义核心价值观，推进法治教育、劳动教育、总体国家安全观教育、公共卫生安全教育等方面内容的全面融入，实现学段纵向衔接、逐层递进，学科、课程协同联动。

（三）高中课程。以学生的认知为基础，讲授中国特色社会主义的开创与发展，习近平新时代中国特色社会主义思想的丰富内涵、思想精髓和理论意义，帮助学生理解社会主义基本经济制度、中国特色社会主义政治发展道路、中华优秀传统文化、革命文化和社会主义先进文化等内容，引导学生理解"为什么"，坚定"四个自信"。中等职业学校（含技工学校）课程还要体现职业教育特色，加强对学生的心理健康与职业道德教育。

（四）本科及高等职业学校专科课程

本科及高等职业学校专科要围绕以下课程内容，根据不同类型学校和不同层次人才培养要求，进一步增强教学的针对性和实效性。

"马克思主义基本原理"，主要讲授反映马克思主义世界观和方法论的最基本的原理，帮助学生深刻领会、准确把握马克思主义的根本性质和整体特征，学习掌握贯穿其中的马克思主义立场观点方法，提升运用马克思主义基本原理分析世界的能力，增强对人类社会发展规律、特别是中国特色社会主义发展规律的认识和把握，树立共产主义远大理想和中国特色社会主义共同理想。

"毛泽东思想和中国特色社会主义理论体系概论"，主要讲授中国共产党把马克思主义基本原理同中国具体实际相结合产生的马克思主义中国化的两大理论成果，帮助学生理解毛泽东思想、邓小平理论、"三个代表"重要思想、科学发展观、习近平新时代中国特色社会主义思想是一脉相承又与时俱进的科学体系，引导学生深刻理解中国共产党为什么能、马克思主义为什么行、中国特色社会主义为什么好，坚定"四个自信"。

"中国近现代史纲要"，主要讲授中国近代以来争取民族独立、人民解放和实现国家富强、人民幸福的历史，帮助学生了解党史、国史、国情，深刻领会历史和人民选择马克思主义、选择中国共产党、选择社会主义道路、选择改革开放的必然性。

"思想道德与法治"，主要讲授马克思主义的人生观、价值观、道德观、法治观，社会主义核心价值观与社会主义法治建设的关系，帮助学生筑牢理想信念之基，培育和践行社会主义核心价值观，传承中华传统美德，弘扬中国精神，尊重和维护宪法法律权威，提升思想道德素质和法治素养。高等职业学校结合自身特点，注重加强对学生的职业道德教育。

"形势与政策"，主要讲授党的理论创新最新成果，新时代坚持和发展中国特色社会主义的生动实践，马克思主义形势观政策观、党的路线方针政策、基本国情、国内外形势及其热点难点问题，帮助学生准确理解当代中国马克思主义，深刻领会党和国家事业取得的历史性成就、面临的历史性机遇和挑战，引导大学生正确认识世界和中国发展大势，正确认识中国特色和国际比较，正确认识时代责任和历史使命，正确认识远大抱负和脚踏实地。

（五）研究生课程

"新时代中国特色社会主义理论与实践"，专题讲授新时代中国特色社会主义理论和实践的重大问题，帮助学生进一步掌握中国特色社会主义理论体系，深化对习近平新时代中国特色社会主义思想的认识，坚定对马克思主义的信仰、对中国特色社会主义的信念、对实现中华民族伟大复兴中国梦的信心。

"中国马克思主义与当代"，运用当代中国马克思主义的基本观点，深入分析当代世界重大社会问题和国际经济、政治、文化、生态环境等热点问题、全球治理问题、当代科学技术前沿问题、当代重大社会思潮和理论热点等，提高学生正确分析、研判当代世界问题的能力和水平。

五、教材体系建设

（一）完善教材编审制度。在党中央集中统一领导下，国家教材委员会指导和统筹大中小学思政课课程标准、教学大纲和教材的统编统审统用。依据小学、初中、高中阶段思政课课程标准，教材实行"一标一本"，由教育部负责组织编写。大学阶段必修课教材实行"一纲一本"。由中央宣传部会同教育部组织编写本科、高等职业学校专科、研究生必修课教材，按程序审核后报中央审定，适时推出。适时组织编写"习近平新时代中国特色社会主义思想概论"课教材，规范"形势与政策"课教学资料编写使用。由教育部根据教学实际情况组织编写选择性必修课教学大纲或教材。地方或高校开设的思政课选修课教材，由地方或高校负责组织审核选用。

（二）健全一体化教材建设机制。建立大中小学思政课教材主编和主要编写人员联席沟通制度，定期研究各学段教材编写内容。健全一体化教材建设的编审专家库，加强编写人员与审核专家的沟通交流，发挥审核专家的指导作用。建立一体化教材建设监测反馈机制，跟踪研判评估教材使用情况，为加强教材研究和修订完善提供支撑。

（三）加强教材研究。重视和加强思政课课程教材建设的基础理论、基本概念、基本规律、重大问题研究。持续开展课程教材一体化研究，每门思政课教材内容、不同学段及同一学段各门思政课教材内容的相互关系研究，教材文献资料、学术话语、表述方式、呈现形式研究，以及思政课课程与教材、教学评价之间的互动研究等，促进思政课教材的科学性、权威性与针对性、生动性有机结合。

（四）构建立体化教材体系。加强大中小学思政课教材配套用书的建设和管理，依规进行编审工作。国家统编的中小学思政课教材的配套用书，按现行要求组织编写。高校思政课必修课教材的配套用书，根据需要由国家统一组织编写审核、推荐使用。支持、鼓励研制优秀教案、课件和案例等，推进数字资源和网络信息资源库建设，构建大中小学思政课立体化教材体系。

六、组织领导

（一）加强领导。各地各级教育部门和学校要从坚持马克思主义在意识形态领域指导地位的根本制度的高度，切实加强领导，认真组织实施，作出具体的实施工作安排，确保取得实效。省级教育部门要统筹推进大中小学思政课课程教材一体化建设，做好组织领导和督促检查，落实大中小学思政课建设专项经费。省级宣传部门要从落实意识形态工作责任制的高度推进实施。各学校要加强党组织对学校思政课的统一领导，落实党组织书记、校长带头抓思政课机制。

（二）组织好教学。开齐开足课程，大中小学都要高度重视思政课教学，确保学时学分和教学质量。健全教学机构，小学应配备一定数量的专职思政课教师，中学应配齐专职思政课教师，高校要根据课程设立教研室（部）。鼓励有条件的高校和中小学组建思政课一体化教学改革创新联合体。充分挖掘各学科专业课程蕴含的思想政治教育资源，推进各类课程与思政课同向同行。在教学中注重多样化评价方式，综合考核学生的思想政治素质。

（三）培训好教师。针对教材重点内容和难点问题，组织开展大中小学思政课教师全员培训、专题研修，确保实现全覆盖。围绕教材使用，分课程、跨课程、跨学段组织大中小学思政课教师集体备课，每年至少一次。结合教学实践，组织大中小学思政课教师开展交流研讨，共同探讨思政课一体化教学规律。

（四）使用好教材。统一使用国家统编教材，把教材使用情况作为教学监测、评估、检查的重要内容和主要指标。组织教师加强教材重点难点的研究，准确把握教材的基本精神和主要内容。做好教材内容向教学内容的转化，组织教师编写教案、制作课件、整理案例，切实把教材体系转化为教学体系。

本方案从 2021 年秋季入学的新生开始，在全国大中小学普遍实施。

6.2.3　中国特色高水平高职学校和专业建设计划绩效管理暂行办法

2020 年 12 月 21 日，教育部、财政部以教职成〔2020〕8 号文印发了《中国特色高水平高职学校和专业建设计划绩效管理暂行办法》，该办法全文如下。

第一条　为规范和加强中国特色高水平高职学校和专业建设计划（简称"双高计划"）绩效管理，明确责任，提高资金配置效益和使用效率，确保绩效目标如期实现，根据《中共中央 国务院关于全面实施预算绩效管理的意见》《现代职业教育质量提升计划资金管理办法》（财教〔2019〕258 号）、《教育部 财政部关于实施中国特色高水平高职学校和专业建设计划的意见》（教职成〔2019〕5 号）等有关规定，制定本办法。

第二条　"双高计划"绩效管理（简称绩效管理）是指"双高计划"建设学校（简称学校）、中央及省级教育部门和财政部门组织实施绩效目标管理，依据设定的绩效目标实施过程监控，开展绩效评价并加强评价结果应用的管理过程。

第三条　绩效目标是"双高计划"在实施期内预期达到的产出和效果。绩效目标着重对接国家战略，响应改革任务部署，紧盯"引领"、强化"支撑"、凸显"高"、彰显"强"、体现"特"，展示在国家形成"一批有效的职业教育高质量发展政策、制度、标准"方面的贡献度，通过"双高计划"有关系统填报与备案。绩效目标应做到科学合理、细化量化、可衡量可评价、体现项目核心成果。

第四条　绩效评价是指学校、中央及省级教育部门和财政部门，对建设成效进行客观、公正的测量、分析和评判。绩效评价按评价主体分为学校绩效自评和部门绩效评价，评价工作应当做到职责明确、相互衔接、科学公正、公开透明。

第五条　学校自评包括年度、中期及实施期结束后自评。学校对自评结果的客观性、真实性负责，学校法人代表是第一责任人。学校应当结合各自实际，设定绩效目标，对绩效目标实现情况进行全方位、全过程的自我评价。对绩效自评发现的绩效目标落实中存在的问题，应及时纠正、调整，确保绩效目标如期完成。学校应当在次年初，依据《双高学校建设数据采集表》（见附件 1）、《高水平专业（群）建设数据采集表》（见附件 2）的指标框架，结合学校"双高计划"建设方案，进一步细化本校指标，通过系统如实填报当年度进展数据。学校中期及实施期结束后，在规定时间内完成自评，通过系统向省级主管部门提交《双高学校绩效自评报告》（见附件 3），有选择地填写《基于"双高绩效目标实现贡献度"信息采集表》（见附件 4）、《基于"高水平学校和专业群社会认可度"信息采集表》（见附件 5）、《基于"地方政府（含举办方）重视程度"信息采集表》（见附件 6）。选择性采集的信息主要供教育部门和财政部门了解建设成效、调整相关政策、进行绩效评价做参考。

第六条　省（自治区、直辖市）、计划单列市和新疆生产建设兵团教育行政部门会同同级财政部门负责本地学校绩效管理工作，指导学校科学设定项目（含年度）绩效目标；加强审核，批复下达绩效目标，并报教育部和财政部备案；审核学校自评结果，对省内学校自评结果负责。

第七条　教育部、财政部结合国家职业教育改革阶段任务，确定"双高计划"总体目标，组织专家或委托第三方机构在学校自评的基础上，开展中期及实施期结束后绩效评价。

第八条　出现以下情形的，停止"双高计划"建设，退出计划。

1. 违背立德树人根本任务，学校在思想政治工作上出现重大问题的。

2. 偏离国家"双高计划"总体目标、社会贡献度显现较弱或学校建设任务没有如期完成、目标实现未达预期。

第九条　出现以下情形的，限期整改，并在绩效评价结果中予以反映。

1. 擅自调整批复的建设方案和任务书内容，降低学校建设目标，减少建设任务。

2. 项目经费使用不符合国家财务制度规定。

3. 其他违反国家法律法规和本办法规定的行为。

第十条　教育部、财政部评价结果是完善相关政策、调整中央财政奖补资金、本周期验收以及下一周期遴选的重要依据。学校在实施期出现重大问题，经整改仍无改善的，退出"双高计划"。退出"双高计划"的学校不得再次申请。

第十一条　学校要主动接受教育、财政、纪检、监察等部门的监督检查，依法接受外部审计部门的监督，发现问题应当及时制定整改措施并落实。

第十二条　本办法自印发之日起施行，由教育部、财政部负责解释和修订。

6.2.4　关于加强新时代高校教师队伍建设改革的指导意见

2020 年 12 月 24 日，教育部、中央组织部、中央宣传部、财政部、人力资源社会保障部、住房和城乡建设部以教师〔2020〕12 号文下发了《关于加强新时代高校教师队伍建设改革的指导意见》，该指导意见摘录如下。

为全面贯彻习近平总书记关于教育的重要论述和全国教育大会精神，深入落实中共中央、国务院印发的《关于全面深化新时代教师队伍建设改革的意见》和《深化新时代教育评价改革总体方案》，加强新时代高校教师队伍建设改革，现提出如下指导意见。

一、准确把握高校教师队伍建设改革的时代要求，落实立德树人根本任务

1. 指导思想。以习近平新时代中国特色社会主义思想为指导，落实立德树人根本任务，聚焦高校内涵式发展，以强化高校教师思想政治素质和师德师风建设为首要任务，以提高教师专业素质能力为关键，以推进人事制度改革为突破口，遵循教育规律和教师成长发展规律，为提高人才培养质量、增强科研创新能力、服务国家经济社会发展提供坚强的师资保障。

2. 目标任务。通过一系列改革举措，高校教师发展支持体系更加健全，管理评价制度更加科学，待遇保障机制更加完善，教师队伍治理体系和治理能力实现现代化。高校教师职业吸引力明显增强，教师思想政治素质、业务能力、育人水平、创新能力得到显著提升，建设一支政治素质过硬、业务能力精湛、育人水平高超的高素质专业化创新型高校教师队伍。

二、全面加强党的领导，不断提升教师思想政治素质和师德素养

3. 加强思想政治引领。引导广大教师坚持"四个相统一"，争做"四有"好老师，当好"四个引路人"，增强"四个意识"、坚定"四个自信"、做到"两个维护"。强化党对高校的政治领导，增强高校党组织政治功能，加强党员教育管理监督，发挥基层党组织和党员教师作用。重视做好在优秀青年教师、留学归国教师中发展党员工作。完善教师思想政治工作组织管理体系，充分发挥高校党委教师工作部在教师思想政治工作和师德师风建设中的统筹作用。健全教师理论学习制度，全面提升教师思想政治素质和育德育人能力。加强民办高校思想政治建设，配齐建强民办高校思想政治工作队伍。

4. 培育弘扬高尚师德。常态化推进师德培育涵养，将各类师德规范纳入新教师岗前培训和在职教师全员培训必修内容。创新师德教育方式，通过榜样引领、情景体验、实践教育、师生互动等形式，激发教师涵养师德的内生动力。强化高校教师"四史"教育，规范学时要求，在一定周期内做到全员全覆盖。建好师德基地，构建师德教育课程体系。加大教师表彰力度，健全教师荣誉制度，高校可举办教师入职、荣休仪式，设立以教书育人为导向的奖励，激励教师潜心育人。鼓励社会组织和个人出资奖励教师。支持地方和高校建立优秀教师库，挖掘典型，强化宣传感召。持续推出主题鲜明、展现教师时代风貌的影视文学作品。

5. 强化师德考评落实。将师德师风作为教师招聘引进、职称评审、岗位聘用、导师遴选、评优奖励、聘期考核、项目申报等的首要要求和第一标准，严格师德考核，注重运用师德考核结果。高校新入职教师岗前须接受师德师风专题培训，达到一定学时、考核合格方可取得高等学校教师资格并上岗任教。切实落实主体责任，将师德师风建设情况作为高校领导班子年度考核的重要内容。落实《新时代高校教师职业行为十项准则》，依法依规严肃查处师德失范问题。建立健全师德违规通报曝光机制，起到警示震慑作用。依托政法机关建立的全国性侵违法犯罪信息库等，建立教育行业从业限制制度。

三、建设高校教师发展平台，着力提升教师专业素质能力

6. 健全高校教师发展制度。高校要健全教师发展体系，完善教师发展培训制度、保障制度、激励制度和督导制度，营造有利于教师可持续发展的良性环境。积极应对新科技对人才培养的挑战，提升教师运用信息技术改进教学的能力。鼓励支持高校教师进行国内外访学研修，参与国际交流合作。继续实施高校青年教师示范性培训项目、高职教师教学创新团队建设项目。探索教师培训学分管理，将培训学分纳入教师考核内容。

7. 夯实高校教师发展支持服务体系。统筹教师研修、职业发展咨询、教育教学指导、学术发展、学习资源服务等职责，建实建强教师发展中心等平台，健全教师发展组织体系。高校要加强教师发展工作和人员专业化建设，加大教师发展的人员、资金、场地等资源投入，推动建设各级示范性教师发展中心。鼓励高校与大中型企事业单位共建教师培养培训基地，支持高校专业教师与行业企业人才队伍交流融合，

提升教师实践能力和创新能力。发挥教学名师和教学成果奖的示范带动作用。

四、完善现代高校教师管理制度，激发教师队伍创新活力

8. 完善高校教师聘用机制。充分落实高校用人自主权，政府各有关部门不统一组织高校人员聘用考试，简化进人程序。高校根据国家有关规定和办学实际需要，自主制定教师聘用条件，自主公开招聘教师。不得将毕业院校、出国（境）学习经历、学习方式和论文、专利等作为限制性条件。严把高校教师选拔聘用入口关，将思想政治素质和业务能力双重考察落到实处。建立新教师岗前培训与高校教师资格相衔接的制度。拓宽选人用人渠道，加大从国内外行业企业、专业组织等吸引优秀人才力度。按要求配齐配优建强高校思政课教师队伍和辅导员队伍。探索将行业企业从业经历、社会实践经历作为聘用职业院校专业课教师的重要条件。研究出台外籍教师聘任和管理办法，规范外籍教师管理。

9. 加快高校教师编制岗位管理改革。积极探索实行高校人员总量管理。高校依法采取多元化聘用方式自主灵活用人，统筹用好编制资源，优先保障教学科研需求，向重点学科、特色学科和重要管理岗位倾斜。合理设置教职员岗位结构比例，加强职员队伍建设。深入推进岗位聘用改革，实施岗位聘期制管理，进一步探索准聘与长聘相结合等管理方式，落实和完善能上能下、能进能出的聘用机制。

10. 强化高校教师教育教学管理。完善教学质量评价制度，多维度考评教学规范、教学运行、课堂教学效果、教学改革与研究、教学获奖等教学工作实绩。强化教学业绩和教书育人实效在绩效分配、职务职称评聘、岗位晋级考核中的比重，把承担一定量的本（专）科教学工作作为教师职称晋升的必要条件。将教授为本专科生上课作为基本制度，高校应明确教授承担本专科生教学最低课时要求，对未达到要求的给予年度或聘期考核不合格处理。

11. 推进高校教师职称制度改革。研究出台高校教师职称制度改革的指导意见，将职称评审权直接下放至高校，由高校自主评审、按岗聘任。完善教师职称评审标准，根据不同学科、不同岗位特点，分类设置评价指标，确定评审办法。不把出国（境）学习经历、专利数量和对论文的索引、收录、引用等指标要求作为限制性条件。完善同行专家评价机制，推行代表性成果评价。对承担国防和关键核心技术攻关任务的教师，探索引入贡献评价机制。完善职称评审程序，持续做好高校教师职称评审监管。

12. 深化高校教师考核评价制度改革。突出质量导向，注重凭能力、实绩和贡献评价教师，坚决扭转轻教学、轻育人等倾向，克服唯论文、唯帽子、唯职称、唯学历、唯奖项等弊病。规范高等学校 SCI 等论文相关指标使用，避免 SCI、SSCI、A&HCI、CSSCI 等引文数据使用中的绝对化，坚决摒弃"以刊评文"，破除论文"SCI 至上"。合理设置考核评价周期，探索长周期评价。注重个体评价与团队评价相结合。建立考核评价结果分级反馈机制。建立院校评估、本科教学评估、学科评估和教师评价政策联动机制，优化、调整制约和影响教师考核评价政策落实的评价指标。

13. 建立健全教师兼职和兼职教师管理制度。高校教师在履行校内岗位职责、不影响本职工作的前提下，经学校同意，可在校外兼职从事与本人学科密切相关、并能发挥其专业能力的工作。地方和高校应建立健全教师兼职管理制度，规范教师合理兼职，坚决惩治教师兼职乱象。鼓励高校聘请校外专家学者等担任兼职教师，完善兼职教师管理办法，规范遴选聘用程序，明确兼职教师的标准、责任、权利和工作要求，确保兼职教师具有较高的师德素养、业务能力和育人水平。

五、切实保障高校教师待遇，吸引稳定一流人才从教

14. 推进高校薪酬制度改革。落实以增加知识价值为导向的收入分配政策，扩大高校工资分配自主权，探索建立符合高校特点的薪酬制度。探索建立高校薪酬水平调查比较制度，健全完善高校工资水平决定和正常增长机制，在保障基本工资水平正常调整的基础上，合理确定高校教师工资收入水平，并向高层次人才密集、承担教学科研任务较重的高校加大倾斜力度。高校教师依法取得的职务科技成果转化现金奖励计入当年本单位绩效工资总量，但不受总量限制，不纳入总量基数。落实高层次人才工资收入分配激励、兼职兼薪和离岗创业等政策规定。鼓励高校设立由第三方出资的讲席教授岗位。

15. 完善高校内部收入分配激励机制。落实高校内部分配自主权，高校要结合实际健全内部收入分配机制，完善绩效考核办法，向扎根教学一线、业绩突出的教师倾斜，向承担急难险重任务、作出突出贡献的教师倾斜，向从事基础前沿研究、国防科技等领域的教师倾斜。把参与教研活动，编写教材案例，承担命题监考任务，指导学生毕业设计、就业、创新创业、社会实践、学生社团、竞赛展演等情况计入工作量。激励优秀教师承担继续教育的教学工作，将相关工作量纳入绩效考核体系。不将论文数、专利数、项目数、课题经费等科研量化指标与绩效工资分配、奖励直接挂钩，切实发挥收入分配政策的激励导向作用。

六、优化完善人才管理服务体系，培养造就一批高层次创新人才

16. 优化人才引育体系。强化服务国家战略导向，加强人才体系顶层设计，发挥好国家重大人才工程的引领作用，着力打造高水平创新团队，培养一批具有国际影响力的科学家、学科领军人才和青年学术英才。规范人才引进，严把政治关、师德关，做到"凡引必审"。加强高校哲学社会科学人才和高端智库建设，汇聚培养一批哲学社会科学名师。坚持正确的人才流动导向，鼓励高校建立行业自律机制和人才流动协商沟通机制，发挥高校人才工作联盟作用。坚决杜绝违规引进人才，未经人才计划主管部门同意，在支持周期内离开相关单位和岗位的，取消人才称号及相应支持。

17. 科学合理使用人才。充分发挥好人才战略资源作用，坚持正确的人才使用导向，分类推进人才评价机制改革，推动各类人才"帽子"、人才称号回归荣誉、回归学术的本质，避免同类人才计划重复支持，以岗择人、按岗定酬，不把人才称号作为承担科研项目、职称评聘、评优评奖、学位点申报的限制性条件。营造鼓励创新、宽容失败的学术环境，为人才开展研究留出足够的探索时间和试错空间。严格人才聘后管理，强化对合同履行和作用发挥情况的考核。加强对人才的关怀和服务，切实解决他们工作生活中的实际困难。

七、全力支持青年教师成长，培育高等教育事业生力军

18. 强化青年教师培养支持。鼓励高校扩大博士后招收培养数量，将博士后人员作为补充师资的重要来源。建立青年教师多元补充机制，大力吸引出国留学人员和外籍优秀青年人才。鼓励青年教师到企事业单位挂职锻炼和到国内外高水平大学、科研院所访学。鼓励高校对优秀青年人才破格晋升、大胆使用。根据学科特点确定青年教师评价考核周期，鼓励大胆创新、持续研究。高校青年教师晋升高一级职称，至少须有一年担任辅导员、班主任等学生工作经历，或支教、扶贫、参加孔子学院及国际组织援外交流等工作经历。

19. 解决青年教师后顾之忧。地方和高校要加强统筹协调，对符合公租房保障条件的，按政策规定予以保障，同时，通过发展租赁住房、盘活挖掘校内存量资源、发放补助等多种方式，切实解决青年教师的住房困难。鼓励采取多种办法提高青年教师待遇，确保青年教师将精力放在教学科研上。鼓励高校与社会力量、政府合作举办幼儿园和中小学，解决青年教师子女入托入学问题。重视青年教师身心健康，关心关爱青年教师。

八、强化工作保障，确保各项政策举措落地见效

20. 健全组织保障体系。将建设高素质教师队伍作为高校建设的基础性工作，强化学校主体责任，健全党委统一领导、统筹协调，教师工作、组织、宣传、人事、教务、科研等部门各负其责、协同配合的工作机制。建立领导干部联系教师制度，定期听取教师意见和建议。落实教职工代表大会制度，依法保障教师知情权、参与权、表达权和监督权。加强民办高校教师队伍建设，依法保障民办高校教师与公办高校教师同等法律地位和同等权利。强化督导考核，把加强教师队伍建设工作纳入高校巡视、"双一流"建设、教学科研评估范围，作为各级党组织和党员干部工作考核的重要内容。加强优秀教师和工作典型宣传，维护教师合法权益，营造关心支持教师发展的社会环境，形成全社会尊师重教的良好氛围。

6.2.5 本科层次职业教育专业设置管理办法（试行）

2021年1月22日，教育部办公厅以教职成〔2021〕1号文印发了《本科层次职业教育专业设置管理办法（试行)》，该办法全文如下。

第一章 总则

第一条 为做好本科层次职业教育专业设置管理，根据《中华人民共和国教育法》《中华人民共和国职业教育法》《中华人民共和国学位条例》《中华人民共和国高等教育法》和《国家职业教育改革实施方案》等规定，制定本办法。

第二条 本科层次职业教育专业设置应牢固树立新发展理念，坚持需求导向、服务发展，顺应新一轮科技革命和产业变革，主动服务产业基础高级化、产业链现代化，服务建设现代化经济体系和实现更高质量更充分就业需要，遵循职业教育规律和人才成长规律，适应学生全面可持续发展的需要。

第三条 本科层次职业教育专业设置应体现职业教育类型特点，坚持高层次技术技能人才培养定位，进行系统设计，促进中等职业教育、专科层次职业教育、本科层次职业教育纵向贯通、有机衔接，促进普职融通。

第四条 教育部负责全国本科层次职业教育专业设置的管理和指导，坚持试点先行，按照更高标准，严格规范程序，积极稳慎推进。

第五条　省级教育行政部门根据教育部有关规定，做好本行政区域内高校本科层次职业教育专业建设规划，优化资源配置和专业结构。

第六条　教育部制订并发布本科层次职业教育专业目录，每年动态增补，五年调整一次。高校依照相关规定，在专业目录内设置专业。

第七条　本科层次职业教育专业目录是设置与调整本科层次职业教育专业、实施人才培养、组织招生、授予学位、指导就业、开展教育统计和人才需求预测等工作的重要依据，是学生选择就读本科层次职业教育专业、社会用人单位选用毕业生的重要参考。

第二章　专业设置条件与要求

第八条　高校设置本科层次职业教育专业应紧紧围绕国家和区域经济社会产业发展重点领域，服务产业新业态、新模式，对接新职业，聚焦确需长学制培养的相关专业。原则上应符合第九条至第十四条规定的条件和要求。

第九条　设置本科层次职业教育专业需有详实的专业设置可行性报告。可行性报告包括对行业企业的调研分析，对自身办学基础和专业特色的分析，对培养目标和培养规格的论证，有保障开设本专业可持续发展的规划和相关制度等。拟设置的本科层次职业教育专业需与学校办学特色相契合，所依托专业应是省级及以上重点（特色）专业。

第十条　设置本科层次职业教育专业须有完成专业人才培养所必需的教师队伍，具体应具备以下条件：

（一）全校师生比不低于1∶18；所依托专业专任教师与该专业全日制在校生数之比不低于1∶20，高级职称专任教师比例不低于30%，具有研究生学位专任教师比例不低于50%，具有博士研究生学位专任教师比例不低于15%。

（二）本专业的专任教师中，"双师型"教师占比不低于50%。来自行业企业一线的兼职教师占一定比例并有实质性专业教学任务，其所承担的专业课教学任务授课课时一般不少于专业课总课时的20%。

（三）有省级及以上教育行政部门等认定的高水平教师教学（科研）创新团队，或省级及以上教学名师、高层次人才担任专业带头人，或专业教师获省级及以上教学领域有关奖励两项以上。

第十一条　设置本科层次职业教育专业需有科学规范的专业人才培养方案，具体应具备以下条件：

（一）培养方案应校企共同制订，需遵循技术技能人才成长规律，突出知识与技能的高层次，使毕业生能够从事科技成果、实验成果转化，生产加工中高端产品、提供中高端服务，能够解决较复杂问题和进行较复杂操作。

（二）实践教学课时占总课时的比例不低于50%，实验实训项目（任务）开出率达到100%。

第十二条　设置本科层次职业教育专业需具备开办专业所必需的合作企业、经费、校舍、仪器设备、实习实训场所等办学条件：

（一）应与相关领域产教融合型企业等优质企业建立稳定合作关系。积极探索现代学徒制等培养模式，促进学历证书与职业技能等级证书互通衔接。

（二）有稳定的、可持续使用的专业建设经费并逐年增长。专业生均教学科研仪器设备值原则上不低于1万元。

（三）有稳定的、数量够用的实训基地，满足师生实习实训（培训）需求。

第十三条　设置本科层次职业教育专业需在技术研发与社会服务上有较好的工作基础，具体应具备以下条件：

（一）有省级及以上技术研发推广平台（工程研究中心、协同创新中心、重点实验室或技术技能大师工作室、实验实训基地等）。

（二）能够面向区域、行业企业开展科研、技术研发、社会服务等项目，并产生明显的经济和社会效益。

（三）专业面向行业企业和社会开展职业培训人次每年不少于本专业在校生数的2倍。

第十四条　设置本科层次职业教育专业需有较高的培养质量基础和良好的社会声誉，具体应具备以下条件：

（一）所依托专业招生计划完成率一般不低于90%，新生报到率一般不低于85%。

（二）所依托专业应届毕业生就业率不低于本省域内高校平均水平。

第三章　专业设置程序

第十五条　专业设置和调整，每年集中通过专门信息平台进行管理。

第十六条　高校设置本科层次职业教育专业应以专业目录为基本依据，符合专业设置基本条件，并遵循以下基本程序：

（一）开展行业、企业、就业市场调研，做好人才需求分析和预测。

（二）在充分考虑区域产业发展需求的基础上，结合学校办学实际，进行专业设置必要性和可行性论证。符合条件的高等职业学校（专科）设置本科层次职业教育专业总数不超过学校专业总数的30%，本科层次职业教育专业学生总数不超过学校在校生总数的30%。

（三）根据国家有关规定，提交相关论证材料，包括学校和专业基本情况、拟设置专业论证报告、人才培养方案、专业办学条件、相关教学文件等。

（四）专业设置论证材料经学校官网公示后报省级教育行政部门。

（五）省级教育行政部门在符合条件的高校范畴内组织论证提出拟设专业，并报备教育部，教育部公布相关结果。

第四章　专业设置指导与监督

第十七条　教育部负责协调国家行业主管部门、行业组织定期发布行业人才需求以及专业设置指导建议等信息，负责建立健全专业设置评议专家组织，加强对本科层次职业教育专业设置的宏观管理。

第十八条　省级教育行政部门通过统筹规划、信息服务、专家指导等措施，指导区域内高校设置专业。

高校定期对专业设置情况进行自我评议，评议结果列入高校质量年度报告。

第十九条　教育行政部门应建立健全专业设置的预警和动态调整机制，把招生、办学、就业、生均经费投入等情况评价结果作为优化专业布局、调整专业结构的基本依据。

第二十条　教育行政部门对本科层次职业教育专业组织阶段性评价和周期性评估监测，高校所开设专业出现办学条件严重不足、教学质量低下、就业率过低等情形的，应调减该专业招生计划，直至停止招生。连续3年不招生的，原则上应及时撤销该专业点。

第五章　附则

第二十一条　本办法自发布之日起实施，由教育部职业教育与成人教育司负责解释。

6.2.6 《普通高等学校本科教育教学审核评估实施方案（2021—2025 年）》

2021 年 1 月 21 日，教育部以教督〔2021〕1 号文印发了《普通高等学校本科教育教学审核评估实施方案（2021—2025 年）》，该实施方案全文如下：

为深入学习贯彻习近平总书记关于教育的重要论述和全国教育大会精神，落实中共中央、国务院印发的《深化新时代教育评价改革总体方案》和中共中央办公厅、国务院办公厅《关于深化新时代教育督导体制机制改革的意见》，引导高校遵循教育规律，聚焦本科教育教学质量，培养德智体美劳全面发展的社会主义建设者和接班人，制定普通高等学校本科教育教学审核评估（以下简称审核评估）实施方案（2021—2025 年）。

一、指导思想

以习近平新时代中国特色社会主义思想为指导，全面贯彻落实党的教育方针，坚持教育为人民服务、为中国共产党治国理政服务、为巩固和发展中国特色社会主义制度服务、为改革开放和社会主义现代化建设服务。全面落实立德树人根本任务，坚决破除"五唯"顽瘴痼疾，扭转不科学教育评价导向，确保人才培养中心地位和本科教育教学核心地位。推进评估分类，以评促建、以评促改、以评促管、以评促强，推动高校积极构建自觉、自省、自律、自查、自纠的大学质量文化，建立健全中国特色、世界水平的本科教育教学质量保障体系，引导高校内涵发展、特色发展、创新发展，培养德智体美劳全面发展的社会主义建设者和接班人。

二、基本原则

（一）坚持立德树人。把牢社会主义办学方向，构建以立德树人成效为根本标准的评估体系，加强对学校办学方向、育人过程、学生发展、质量保障体系等方面的审核，引导高校构建"三全育人"格局。

（二）坚持推进改革。紧扣本科教育教学改革主线，落实"以本为本""四个回归"，强化学生中心、产出导向、持续改进，以评估理念引领改革、以评估举措落实改革、以评估标准检验改革，实现高质量内涵式发展。

（三）坚持分类指导。适应高等教育多样化发展需求，依据不同层次不同类型高校办学定位、培养目标、教育教学水平和质量保障体系建设情况，实施分类评价、精准评价，引导和激励高校各展所长、特色发展。

（四）坚持问题导向。建立"问题清单"，严把高校正确办学方向，落实本科人才培养底线要求，提出改进发展意见，强化评估结果使用和督导复查，推动高校落实主体责任、建立持续改进长效机制，培育践行高校质量文化。

（五）坚持方法创新。综合运用互联网、大数据、人工智能等现代信息技术手段，深度挖掘常态监测数据，采取线上与入校结合、定性与定量结合、明察与暗访结合等方式，切实减轻高校负担，提高工作实效。

三、评估对象、周期及分类

（一）评估对象和周期。经国家正式批准独立设置的普通本科高校均应参加审核评估，其中：新建普通本科高校应先参加普通高等学校本科教学工作合格评估，原则上获得"通过"结论 5 年后方可参加本轮审核评估。

审核评估每 5 年一个周期，本轮审核评估时间为 2021—2025 年。

（二）评估分类。根据高等教育整体布局结构和高校办学定位、服务面向、发展实际，本轮审核评估分为两大类。高校可根据大学章程和发展规划，综合考虑各自办学定位、人才培养目标和质量保障体系建设情况等进行自主选择。

1. 第一类审核评估针对具有世界一流办学目标、一流师资队伍和育人平台，培养一流拔尖创新人才，服务国家重大战略需求的普通本科高校。重点考察建设世界一流大学所必备的质量保障能力及本科教育教学综合改革举措与成效。

2. 第二类审核评估针对高校的办学定位和办学历史不同，具体分为三种：一是适用于已参加过上轮审核评估，重点以学术型人才培养为主要方向的普通本科高校；二是适用于已参加过上轮审核评估，重点以应用型人才培养为主要方向的普通本科高校；三是适用于已通过合格评估 5 年以上，首次参加审核评估、本科办学历史较短的地方应用型普通本科高校。第二类审核评估重点考察高校本科人才培养目标定位、资源条件、培养过程、学生发展、教学成效等。

四、评估程序

审核评估程序包括评估申请、学校自评、专家评审、反馈结论、限期整改、督导复查。

（一）评估申请。高校需向教育行政部门提出申请，包括选择评估类型和评估时间。中央部门所属高校（包括部省合建高校，下同）向教育部提出申请。地方高校向省级教育行政部门提出申请，其中申请参加第一类审核评估由省级教育行政部门向教育部推荐。

教育部普通高等学校本科教育教学评估专家委员会（以下简称教育部评估专家委员会）审议第一类审核评估参评高校。

（二）学校自评。高校成立由主要负责人任组长的审核评估工作领导小组，落实主体责任，按要求参加评估培训，对照评估重点内容和指标体系，结合实际和上一轮评估整改情况，制订工作方案，全面深入开展自评工作，形成《自评报告》并公示。

（三）专家评审。评估专家统一从全国审核评估专家库中产生，人数为 15—21 人。原则上，外省（区、市）专家人数不少于评估专家组人数的三分之二、专家组组长由外省（区、市）专家担任。采取审阅材料、线上访谈、随机暗访等方式进行线上评估，在全面考察的基础上，提出需要入校深入考察的存疑问题，形成专家个人线上评估意见。专家组组长根据线上评估情况，确定 5—9 位入校评估专家，在 2—4 天内重点考察线上评估提出的存疑问题。综合线上评估和入校评估总体情况，制订问题清单，形成写实性《审核评估报告》。

通过教育部认证（评估）并在有效期内的专业（课程），免于评估考察，切实减轻高校负担。

（四）反馈结论。教育部和各省级教育行政部门分别负责审议《审核评估报告》，通过后作为评估结论反馈高校，并在一定范围内公开。对于突破办学规范和办学条件底线等问题突出的高校，教育部和有关省级教育行政部门要采取约谈负责人、减少招生计划和限制新增本科专业备案等问责措施。教育部每年向社会公布完成审核评估的高校名单，并在完成评估的高校中征集本科教育教学示范案例，经教育部评估专家委员会审议后发布，做好经验推广、示范引领。

（五）限期整改。高校应在评估结论反馈 30 日内，制订并提交《整改方案》。评估整改坚持问题导向，找准问题原因，排查薄弱环节，提出解决举措，加强制度建设。建立整改工作台账，实行督查督办和问责制度，持续追踪整改进展，确保整改取得实效。原则上，高校需在两年内完成整改并提交《整改报告》。

（六）督导复查。教育部和各省级教育行政部门以随机抽查的方式，对高校整改情况进行督导复查。对于评估整改落实不力、关键办学指标评估后下滑的高校，将采取约谈高校负责人、减少招生计划、限制新增本科专业备案和公开曝光等问责措施。

五、组织管理

教育部负责制定审核评估政策、总体规划，统筹协调、指导监督各地各校审核评估工作。委托教育部高等教育教学评估中心（以下简称教育部评估中心）具体组织实施中央部门所属高校第一、二类审核评估和地方高校第一类审核评估工作。

省级教育行政部门依据国家有关规定和要求，结合实际，负责制订本地区审核评估实施方案、总体规划，报教育部备案。组织所属高校第二类审核评估及推荐高校参加第一类审核评估工作。选取1—2所高校委托教育部评估中心指导开展第二类审核评估试点，为全面推开本地区审核评估工作做好示范。

教育部评估中心制订专家管理办法，建设全国统一、开放共享的专家库，建立专家组织推荐、专业培训、持证入库、随机遴选、异地选派及淘汰退出机制。

审核评估经费由有关具体组织部门负责落实。

六、纪律与监督

审核评估实行信息公开制度，严肃评估纪律，开展"阳光评估"，广泛接受学校、教师、学生和社会的监督，确保评估工作公平公正。教育部和省级教育行政部门对参评学校、评估专家和评估组织工作的规范性、公正性进行监督，受理举报和申诉，提出处理意见。

6.2.7　关于进一步做好第二学士学位教育有关工作的通知

2021年2月25日，教育部办公厅以教高厅函〔2021〕8号文下发了《关于进一步做好第二学士学位教育有关工作的通知》，主要内容如下。

为贯彻落实党的十九届五中全会精神，构建高质量教育体系，全面提高高等教育质量，大力培养复合型人才，缓解结构性就业矛盾，现就进一步做好第二学士学位教育有关工作通知如下：

一、各地各高校要认真贯彻落实党中央、国务院关于做好"六稳"工作的决策部署，充分发挥高等教育资源优势，根据学校发展规划和办学条件合理确定第二学士学位教育规模，加快培养社会紧缺人才，为稳定就业、增强学生就业能力提供有力支持。

二、各地各高校开展第二学士学位教育，要结合社会用人需要、学生个人发展需求和学校实际办学条件，系统化推进专业设置、招生、培养、就业等各个环节工作，确保教育教学质量。

三、高校可依托现具有学士学位授予资格的本科专业申请增设第二学士学位专业，由校内专业设置评议专家组织审议后报教育部备案。支持高校在重点领域和依托"双一流"建设学科、优势特色学科、国家级和省级一流本科专业合理申请增设第二学士学位专业，建设一批培养质量高、就业有保障的第二学士学位专业。

四、高校应参照《普通高等学校本科专业类教学质量国家标准》中有关要求，研究制定第二学士学位专业人才培养方案，明确培养目标、毕业要求、课程体系、教学安排。

五、第二学士学位招生计划在国家普通本科总规模内单列下达，重点向上一年度计划执行情况较好的高校、国家急需紧缺学科专业领域倾斜。各地各高校要严格执行教育部核定的第二学士学位招生计划，任何高校均不得不经批准擅自招生和授予学历学位。

六、第二学士学位招生工作纳入有关高校招生工作领导小组统一管理。高校要根据相关专业人才培养要求和学校实际研究制定第二学士学位招生考试办法，并报属地省级教育行政部门备案后公布实施。

七、第二学士学位招生范围和报考条件由高校自主确定，可以只招收本校学生，也可以跨学校招生。

八、第二学士学位考试招生办法由高校自主确定。对本校毕业生可根据在校期间学业成绩等情况，灵活制定考评办法；对跨校报考的学生应通过考试录取。

九、招生高校应参照国家教育考试有关工作要求，加强考试招生管理，规范工作程序，严格录取标准，确保公平公正。各省级教育行政部门负责监督相关高校在本地开展第二学士学位计划的考试招生工作，对违反相关规定、造成恶劣社会影响的，应追究相关人员责任。省级教育考试机构协助做好招生宣传服务工作。

十、教育部建设"全国普通高校第二学士学位招生信息平台"。高校在平台发布招生简章，开展政策宣传、录取名单公示等工作。

十一、各省级教育行政部门负责对本地高校第二学士学位录取数据进行审核整理，报送教育部。第二学士学位录取数据应纳入中国高等教育学生信息网（学信网）进行学籍学历注册管理。

十二、高校教务、招生部门要密切配合，加强宣传，共同做好第二学士学位考试招生政策咨询、考试组织、招生录取等工作，及时回应社会关切，营造良好氛围，确保工作落实到位，促进第二学士学位教育健康发展。相关招生工作应在当年7月底之前完成。

十三、各省级教育行政部门高等教育、高校学生管理、发展规划等部门和省级教育考试机构应各司其职，切实履行好主体责任。根据《教育部办公厅关于在普通高校继续开展第二学士学位教育的通知》（教高厅函〔2020〕9号）和本文件要求，研究制定第二学士学位教育实施细则，综合施策、形成合力，确保工作落实到位，平稳顺利。

6.2.8 职业教育专业目录（2021年）

2021年3月12日，教育部以教职成〔2021〕2号文下发了关于印发《职业教育专业目录（2021年）》的通知。主要内容如下：

为贯彻《国家职业教育改革实施方案》，加强职业教育国家教学标准体系建设，落实职业教育专业动态更新要求，推动专业升级和数字化改造，我部组织对职业教育专业目录进行了全面修（制）订，形成了《职业教育专业目录（2021年）》（以下简称《目录》）。现将《目录》印发给你们，请遵照执行，并就有关事项通知如下。

一、修订情况

《目录》按照"十四五"国家经济社会发展和2035年远景目标对职业教育的要求，在科学分析产业、职业、岗位、专业关系基础上，对接现代产业体系，服务产业基础高级化、产业链现代化，统一采用专业大类、专业类、专业三级分类，一体化设计中等职业教育、高等职业教育专科、高等职业教育本科不同层次专业，共设置19个专业大类、97个专业类、1349个专业，其中中职专业358个、高职专科专业744个、高职本科专业247个。我部根据经济社会发展等需要，动态更新《目录》，完善专业设置管理办法。

二、执行要求

1.优化专业布局结构。《目录》自发布之日起施行。2021年起，职业院校拟招生专业设置与管理工作按《目录》及相应专业设置管理办法执行。各省级教育行政部门要依照《目录》和办法，结合区域经济社会高质量发展需求合理设置专业，并做好国家控制布点专业的设置管理工作。中等职业学校可按规定备案开设《目录》外专业。高等职业学校依照相关规定要求自主设置和调整高职专业，可自主论证设置专业方向。我部指导符合条件的职业院校按照高起点、高标准的要求，积极稳妥设置高职本科专业，避免"一哄而上"。

2. 落实专业建设要求。我部根据《目录》陆续发布相应专业简介，组织研制相应专业教学标准。各地要指导职业院校依据《教育部关于职业院校专业人才培养方案制订与实施工作的指导意见》（教职成〔2019〕13 号），对照《目录》和专业简介等，全面修（制）订并发布实施相应专业人才培养方案，推进专业升级和数字化改造。各职业院校要根据《目录》及时调整优化师资配备、开发或更新专业课程教材，以《目录》实施为契机，深入推进教师教材教法改革。

3. 做好新旧目录衔接。目前在校生按原目录的专业名称培养至毕业，学校应根据专业内涵变化对人才培养方案进行必要的调整更新。已入选"双高计划"等我部建设项目的相关专业（群），应结合《目录》和项目建设要求，进行调整升级。用人单位选用相关专业毕业生时，应做好新旧目录使用衔接。

专业目录是职业教育教学的基础性指导文件，是职业院校专业设置、招生、统计以及用人单位选用毕业生的基本依据，是职业教育类型特征的重要体现，也是职业教育支撑服务经济社会发展的重要观测点。各地要结合地方实际，加大宣讲解读，严格贯彻落实，不断深化职业教育供给侧结构性改革，提高职业教育适应性。实施过程中遇有问题，请及时报告我部（职业教育与成人教育司）。

相关专业目录摘录如下。

中等职业教育专业

序号	专业代码	专业名称
64 土木建筑大类		
6401 建筑设计类		
84	640101	建筑表现
85	640102	建筑装饰技术
86	640103	古建筑修缮
87	640104	园林景观施工与维护
6402 城乡规划与管理类		
88	640201	城镇建设
6403 土建施工类		
89	640301	建筑工程施工
90	640302	装配式建筑施工

续表

序号	专业代码	专业名称
91	640303	建筑工程检测
6404 建筑设备类		
92	640401	建筑智能化设备安装与运维
93	640402	建筑水电设备安装与运维
94	640403	供热通风与空调施工运行
6405 建设工程管理类		
95	640501	建筑工程造价
96	640502	建设项目材料管理
6406 市政工程类		
97	640601	市政工程施工
98	640602	给排水工程施工与运行
99	640603	城市燃气智能输配与应用
6407 房地产类		
100	640701	房地产营销
101	640702	物业服务

高等职业教育专科专业

序号	专业代码	专业名称
44 土木建筑大类		
4401 建筑设计类		
161	440101	建筑设计
162	440102	建筑装饰工程技术
163	440103	古建筑工程技术
164	440104	园林工程技术
165	440105	风景园林设计
166	440106	建筑室内设计
167	440107	建筑动画技术
4402 城乡规划与管理类		
168	440201	城乡规划
169	440202	智慧城市管理技术
170	440203	村镇建设与管理

续表

序号	专业代码	专业名称
4403 土建施工类		
171	440301	建筑工程技术
172	440302	装配式建筑工程技术
173	440303	建筑钢结构工程技术
174	440304	智能建造技术
175	440305	地下与隧道工程技术
176	440306	土木工程检测技术
4404 建筑设备类		
177	440401	建筑设备工程技术
178	440402	建筑电气工程技术
179	440403	供热通风与空调工程技术
180	440404	建筑智能化工程技术
181	440405	工业设备安装工程技术
182	440406	建筑消防技术
4405 建设工程管理类		
183	440501	工程造价
184	440502	建设工程管理
185	440503	建筑经济信息化管理
186	440504	建设工程监理
4406 市政工程类		
187	440601	市政工程技术
188	440602	给排水工程技术
189	440603	城市燃气工程技术
190	440604	市政管网智能检测与维护
191	440605	城市环境工程技术
4407 房地产类		
192	440701	房地产经营与管理
193	440702	房地产智能检测与估价
194	440703	现代物业管理

高等职业教育本科专业

序号	专业代码	专业名称
24 土木建筑大类		
2401 建筑设计类		
38	240101	建筑设计
39	240102	建筑装饰工程
40	240103	古建筑工程
41	240104	园林景观工程
42	240105	城市设计数字技术
2402 城乡规划与管理类		
43	240201	城乡规划
2403 土建施工类		
44	240301	建筑工程
45	240302	智能建造工程
46	240303	城市地下工程
47	240304	建筑智能检测与修复
2404 建筑设备类		
48	240401	建筑环境与能源工程
49	240402	建筑电气与智能化工程
2405 建设工程管理类		
50	240501	工程造价
51	240502	建设工程管理
2406 市政工程类		
52	240601	市政工程
53	240602	城市设施智慧管理
2407 房地产类		
54	240701	房地产投资与策划
55	240702	现代物业管理

相关新旧专业对照情况摘录如下。

中等职业教育新旧专业对照表

序号	专业代码	专业名称	原专业代码	原专业名称	调整情况
64 土木建筑大类					
6401 建筑设计类					
84	640101	建筑表现	040900	建筑表现	保留
85	640102	建筑装饰技术	040200	建筑装饰	更名
86	640103	古建筑修缮	040300	古建筑修缮与仿建	更名
87	640104	园林景观施工与维护			新增
6402 城乡规划与管理类					
88	640201	城镇建设	040400	城镇建设	保留
6403 土建施工类					
89	640301	建筑工程施工	040100	建筑工程施工	保留
90	640302	装配式建筑施工			新增
91	640303	建筑工程检测	041700	土建工程检测	更名
6404 建筑设备类					
92	640401	建筑智能化设备安装与运维	040700	楼宇智能化设备安装与运行	更名
93	640402	建筑水电设备安装与运维	040600	建筑设备安装	更名
94	640403	供热通风与空调施工运行	040800	供热通风与空调施工运行	保留
6405 建设工程管理类					
95	640501	建筑工程造价	040500	工程造价	更名
96	640502	建设项目材料管理			新增
6406 市政工程类					
97	640601	市政工程施工	041200	市政工程施工	保留
98	640602	给排水工程施工与运行	041100	给排水工程施工与运行	保留
99	640603	城市燃气智能输配与应用	041000	城市燃气输配与应用	更名
6407 房地产类					
100	640701	房地产营销	122000	房地产营销与管理	归属调整、更名
101	640702	物业服务	180700	物业管理	归属调整、更名

高等职业教育专科新旧专业对照表

序号	专业代码	专业名称	原专业代码	原专业名称	调整情况
44 土木建筑大类					
4401 建筑设计类					
161	440101	建筑设计	540101	建筑设计	保留
162	440102	建筑装饰工程技术	540102	建筑装饰工程技术	保留
163	440103	古建筑工程技术	540103	古建筑工程技术	保留
164	440104	园林工程技术	540106	园林工程技术	保留
165	440105	风景园林设计	540105	风景园林设计	保留
166	440106	建筑室内设计	540104	建筑室内设计	保留
167	440107	建筑动画技术	540107	建筑动画与模型制作	更名
4402 城乡规划与管理类					
168	440201	城乡规划	540201	城乡规划	保留
169	440202	智慧城市管理技术	540203	城市信息化管理	更名
170	440203	村镇建设与管理	540202	村镇建设与管理	保留
4403 土建施工类					
171	440301	建筑工程技术	540301	建筑工程技术	保留
172	440302	装配式建筑工程技术			新增
173	440303	建筑钢结构工程技术	540304	建筑钢结构工程技术	保留
174	440304	智能建造技术			新增
175	440305	地下与隧道工程技术	540302	地下与隧道工程技术	保留
176	440306	土木工程检测技术	540303	土木工程检测技术	保留
4404 建筑设备类					
177	440401	建筑设备工程技术	540401	建筑设备工程技术	保留
178	440402	建筑电气工程技术	540403	建筑电气工程技术	保留
179	440403	供热通风与空调工程技术	540402	供热通风与空调工程技术	保留
180	440404	建筑智能化工程技术	540404	建筑智能化工程技术	保留
181	440405	工业设备安装工程技术	540405	工业设备安装工程技术	保留
182	440406	建筑消防技术	540406	消防工程技术	更名
4405 建设工程管理类					
183	440501	工程造价	540502	工程造价	保留
184	440502	建设工程管理	540501	建设工程管理	合并
			540504	建设项目信息化管理	
185	440503	建筑经济信息化管理	540503	建筑经济管理	更名

续表

序号	专业代码	专业名称	原专业代码	原专业名称	调整情况
186	440504	建设工程监理	540505	建设工程监理	保留
4406 市政工程类					
187	440601	市政工程技术	540601	市政工程技术	保留
188	440602	给排水工程技术	540603	给排水工程技术	保留
189	440603	城市燃气工程技术	540602	城市燃气工程技术	保留
190	440604	市政管网智能检测与维护			新增
191	440605	城市环境工程技术	540604	环境卫生工程技术	更名
4407 房地产类					
192	440701	房地产经营与管理	540701	房地产经营与管理	保留
193	440702	房地产智能检测与估价	540702	房地产检测与估价	更名
194	440703	现代物业管理	540703	物业管理	更名

高等职业教育本科新旧专业对照表

序号	专业代码	专业名称	原专业代码	原专业名称	调整情况
24 土木建筑大类					
2401 建筑设计类					
38	240101	建筑设计	740301	建筑设计	保留
39	240102	建筑装饰工程			新增
40	240103	古建筑工程			新增
41	240104	园林景观工程	740302	风景园林	更名
42	240105	城市设计数字技术			新增
2402 城乡规划与管理类					
43	240201	城乡规划			新增
2403 土建施工类					
44	240301	建筑工程	740101	土木工程	更名
45	240302	智能建造工程			新增
46	240303	城市地下工程			新增
47	240304	建筑智能检测与修复			新增
2404 建筑设备类					
48	240401	建筑环境与能源工程			新增
49	240402	建筑电气与智能化工程			新增

续表

序号	专业代码	专业名称	原专业代码	原专业名称	调整情况
2405 建设工程管理类					
50	240501	工程造价	740201	工程造价	保留
51	240502	建设工程管理	740202	工程管理	更名
2406 市政工程类					
52	240601	市政工程			新增
53	240602	城市设施智慧管理			新增
2407 房地产类					
54	240701	房地产投资与策划			新增
55	240702	现代物业管理			新增

6.2.9　职业院校教师素质提高计划（2021—2025 年）

2021 年 7 月 29 日，教育部、财政部以教师函〔2021〕6 号文下发了关于实施职业院校教师素质提高计划（2021—2025 年）的通知。主要内容如下。

为深入贯彻习近平总书记关于教育的重要论述和全国职业教育大会精神，落实《中共中央　国务院关于全面深化新时代教师队伍建设改革的意见》《国家职业教育改革实施方案》《国民经济和社会发展第十四个五年规划和 2035 年远景目标纲要》，加强职业院校高素质"双师型"教师队伍建设，促进职业教育高质量发展，教育部、财政部决定联合实施职业院校教师素质提高计划（2021—2025 年）（以下简称"计划"），现将有关事项通知如下。

一、总体要求

（一）指导思想

以习近平新时代中国特色社会主义思想为指导，贯彻党的十九大和十九届二中、三中、四中、五中全会精神，牢固树立新发展理念，落实立德树人根本任务，深化产教融合、校企合作，突出"双师型"教师个体成长和"双师型"教学团队建设相结合，兼顾公共基础课程教师队伍建设，着力提升教师思想政治素质和师德素养，提高教师教育教学能力，努力造就一支师德高尚、技艺精湛、专兼结合、充满活力的高素质"双师型"教师队伍，推动职业教育高质量发展。

（二）主要目标

发挥示范引领作用，带动地方健全完善职业院校教师培训体系和全员培训制度，打造高水平、高层次的技术技能人才培养队伍。创新培训方式，重点支持骨干教师、专业带头人、名师名校长和培训者等的能力素质提升。教师按照国家职业标准和教学标准开展教育教学、培训和评价的能力全面提高，分工协作进行模块化教学的模式全面实施，"双师型"教师和教学团队数量基本充足，校企共建一批"双师型"教师培养培训基地，现代职业教育师资培训体系基本健全。

（三）实施原则

1. 服务大局，突出重点。服务国家经济社会发展、技术变革和产业优化升级需要，落实职业教育高质量发展和深化新时代教师队伍建设改革的总体要求，重点支撑职业教育教师、教材、教法改革（"三教改革"）和1+X证书制度改革。

2. 深化改革，提质增效。全面推进教师培训关键环节改革，优化培训内容，鼓励各地根据地方特色产业发展需求设置创新项目。改进培训形式，探索成果转化机制，持续强化返岗实践运用成效。

3. 分层分类，精准施策。根据职业院校教师专业发展不同阶段需求，教师、管理者和培训者不同群体需要，精准分析培训需求，科学制订培训方案，加强过程管理与诊断改进。

4. 分级实施，示范引领。坚持和完善国家示范引领、省级统筹实施、市县联动保障、校本特色研修的四级培训体系，建立健全管理制度和考核评价机制，提升培训质量与效益。

二、重点任务

（一）优化完善教师培训内容

1. 落实立德树人根本任务。以习近平新时代中国特色社会主义思想特别是习近平总书记关于职业教育的重要指示批示铸魂育人。推进理想信念教育常态化，将思想政治和师德师风纳入教师培训必修内容。全面推进课程思政建设，切实增强教师课程思政意识和能力，使各类课程与思政课程同向同行，寓价值观引导于知识传授和能力培养之中。加强党史、新中国史、改革开放史、社会主义发展史教育，大力弘扬职业精神、工匠精神、劳模精神。

2. 对接新标准更新知识技能。对接新专业目录、新专业内涵，适应职业教育教学改革需求、特别是复合型技术技能人才培养培训模式改革需求，把职业标准、专业教学标准、职业技能等级证书标准、行业企业先进技术等纳入教师培训必修模块，提升教师落实育训并举的能力。

3. 强化提升教育教学能力。推进教师的理念转变、知识更新、技能提升，提高教师参与研制专业人才培养方案的能力、组织参与结构化模块式教学的能力、运用现代教育理论和方法开展教育教学的能力。加强职业教育心理学、德育与班主任工作、现代教育技术等方面内容培训。全面提升教师信息化教学能力、教材开发能力，促进信息技术与教育教学融合创新发展。

（二）健全教师精准培训机制

4. 创新教师培训形式。精准分析不同发展阶段、不同类型教师专业发展需求，综合采取线下混合研修、在线培训、结对学习、跟岗研修、顶岗研修、访学研修、返岗实践等灵活多样的研修方式，为教师量身打造培训方案，建立适应职业技能培训要求的教师分级培训模式。

5. 健全校企合作机制。强化教师到行业企业深度实践，注重提升"双师"素养。推进专业课教师每年至少累计1个月以多种形式参与企业实践或实训基地实训。建立校企人员双向流动、相互兼职常态运行机制。完善政府、行业企业、学校、社会等多方参与的教师培养培训机制。探索跨区域联合组织实施培训，推动东西部结对帮扶、区域间资源共享、经验交流。

（三）健全教师发展支持体系

6. 打造高水平教师培训基地。支持高水平学校和大中型企业共建"双师型"教师培养培训基地、企业实践基地，充分发挥引领作用，辐射区域内学校和企业，提升校企合作育人水平。认定一批"双师型"教师培养培训示范基地。鼓励校企共建教师发展中心，在教师和员工培训、课程教材开发、实践教学、学术成果转化等方面开展深度合作。

7. 锻造高素质专业化培训者团队。加大培训者团队培训力度，提升培训队伍的项目管理能力和组织实施能力。聘请技术能手、职教专家和行业企业高水平人员参与教师培训工作，打造一支能够适应职业教育改革需要、指导教师专业发展的培训专家队伍。培训基地要加强相应的课程资源和师资力量的投入，组建专业化培训团队。

8. 推进培训资源共建共享。开发一批教师培训优势特色专业和优质课程资源。建立对接产业、实时更新、动态调整的产业导师资源库。完善现有信息管理平台，鼓励有条件的地方建设培训资源平台，推动培训基地、企业实践基地等的优质培训资源共建共享。

（四）强化日常管理和考核

9. 强化监督管理。各省级教育部门要依托相关管理机构，利用信息化等手段，对培训工作进行全程管理。成立职业院校教师培训专家工作组，定期组织开展质量监测、视导调研和跟踪问效。"十四五"期间，教育部将组织专家对各省份"计划"执行情况开展视导。

10. 健全考核评价机制。各省级教育部门要积极完善政府、行业、企业、职业院校等共同参与的质量评价机制，支持第三方机构开展评估，采取专家实地调研、现场指导、网络监测评估、学员匿名评估、第三方评估等方式，对各机构项目实施过程及成效进行考核，考核结果作为经费分配、任务调整的重要参考。

三、保障措施

（一）加强顶层设计，强化统筹规划

教育部负责"计划"的顶层设计、总体规划、年度任务部署和绩效评价，优化工作推进相关制度。各省级教育部门要加强对本地区"计划"的组织实施，建立健全工作推进机制，加快执行进度，每年根据事业发展和培训需求，制定本地区年度实施方案，加强监督检查、跟踪问效。

（二）建优培训体系，强化分工协作

健全完善国家示范引领、省级统筹实施、市县联动保障、校本特色研修的四级培训体系。中央财政投入主要用于骨干教师、专业带头人、名师名校长、培训者的示范性培训等，省、市、县和学校在国家的示范引领下，重点支持开展对新入职教师、青年教师等的培训和校企合作，强化校本研修，实现职业院校教师培训全员覆盖。

（三）优化投入结构，严格使用管理

各地要加强职业教育教师队伍建设资金使用管理，确保经费按时拨付。经费投入要进一步突出改革导向。各省级教育部门、培训机构要参照国家关于培训经费管理的相关规定及《现代职业教育质量提升计划资金管理办法》等文件，结合本省实际制定相关资金管理办法，严格界定经费开支范围，规范拨付流程，加强经费使用监管，提高经费使用效益。

各省级教育部门要制定本省职业院校教师素质提高计划"十四五"实施规划并报教育部备案。同时，每年12月底前制定次年实施方案并报教育部备案。

附件：职业院校教师素质提高计划指导方案

一、"三教"改革研修

1. 课程实施能力提升。面向职业院校专业骨干教师，采取集中研修、岗位辅导等形式，分阶段开展研修。研修内容主要包括职业教育国家教学标准体系、课程思政实施、人才培养方案和教案编写与实施、新型活页式与工作手册式教材编写与使用、模块化教学模式研究与实施、实训实习教学组织与实施、教学诊断与改进的实施、教学质量评价等。

2. 信息技术应用能力提升。面向职业院校骨干教师，采取集中研修、项目实操等形式，分阶段开展研修。研修内容主要包括职业教育信息化制度标准、数字化教学资源开发制作应用、在线教学组织实施和平台使用、混合式教学组织实施、VR（虚拟现实）、AR（增强现实）、MR（混合现实）、AI（人工智能）等新一代信息技术应用、教学管理信息化应用。

3. 1+X证书制度种子教师培训。遴选1+X证书制度试点院校专业带头人、骨干教师，采取联合研发、合作培训、岗位实践等方式，分阶段开展研修。研修内容主要包括职业（专业）技能，职业技能等级标准、专业教学标准与人才培养方案改革，职业技能等级证书与专业课程融合，模块化教学方式方法，职业技能等级考核与培养课程考核评价等。

4. 公共基础课教学能力提升。面向职业院校公共基础课，特别是中职学校思想政治、语文、历史专任教师和高职学校思想政治理论课专职教师，采取线上线下相结合的混合研修、专题研修和德育研学等形式，分阶段开展培训。内容主要包括中职思想政治、语文和历史三科统编教材编写思路、课程内容和教学方法；新时代思想政治理论课教学改革与质量评价；中职数学等7门公共基础课，高职英语、信息技术等公共基础课教学能力提升；教案、教学案例开发设计等。

5. 访学研修。遴选骨干教师或专业带头人到国家职教师资培养培训基地、"双高计划"建设单位等优质学校、学术和科研机构及国内外高水平大学进行访学，采取结对学习、联合教研、专项指导、顶岗研修等方式，分阶段开展研修。研修内容主要包括人才培养方案研制、专业升级与数字化改造、课程开发与建设、名师工作室建设、教学能力大赛、技能大赛、教科研方法等。

二、名师名校长培育

6.名校长（书记）培育。遴选职业院校校长（书记）参加培训，通过集中研修、跟岗研修、考察交流、在线研讨、返岗实践等方式进行培育，内容主要包括党中央、国务院关于职业教育和教师工作的重要政策、国际职业教育先进理念和实践、区域职业教育现代化、职业院校治理、职业院校人才培养模式改革、1+X 证书制度、"三教"改革组织领导与实施、校企合作深化、教育教学成果培育、信息化建设管理和应用等。

7.名师（名匠）团队培育。遴选职业院校具有较大影响力的教学名师或具有绝招绝技的技能大师（专兼职）组建"双师型"名师（名匠）工作室或技艺技能传承创新平台，通过定期团队研修、项目研究、行动学习等方式，进行为期 3 年的分阶段研修。"双师型"名师（名匠）工作室研修内容主要包括模块化课程建设与组织实施、教学资源研发、教学能力和教科研能力提升等；技艺技能传承创新平台研修内容主要包括技术技能传承、积累与开发应用、传统（民族）技艺传承、实习实训资源开发、创新创业教育经验交流等。

8.培训者团队建设。面向全国职教师资培养培训基地和省级师资培训基地骨干培训教师、培训管理人员，组建专业教学团队、培训管理团队。通过集中面授、网络研修、课题研究相结合的方式进行分阶段研修。研修内容主要包括培训基地建设、需求分析方法、模块化培训课程设计、绩效考核评估等。

三、校企双向交流

9.教师企业实践。选派职业院校青年教师到国家级教师企业实践基地开展产学研训一体化岗位实践，采用教师企业实践流动站顶岗、参与研发项目、兼职任职等方式，开展企业跟岗实践，可分阶段进行。内容主要包括了解企业的生产组织方式、工艺流程、产业发展趋势等基本情况，熟悉企业相关岗位职责、操作规范、技能要求、用人标准、管理制度、企业文化等，学习所教专业在生产实践中应用的新知识、新技术、新工艺、新材料、新设备、新标准等。

10.产业导师特聘。支持职业院校设立一批产业导师特聘岗，聘请企业工程技术人员、高技能人才、管理人员、能工巧匠等到学校工作。采取兼职任教、合作研究、参与项目等方式。工作内容主要包括承担教学工作，参与学校专业建设、课程建设、参与"双师型"名师工作室建设、校本研修、产学研合作研究等。

6.2.10　全国职业院校技能大赛章程

2021 年 9 月 2 日，教育部等三十五部门以教职成函〔2021〕11 号文印发了《全国职业院校技能大赛章程》，该章程相关内容摘录如下。

坚持以习近平新时代中国特色社会主义思想为指导，深入贯彻落实党中央、国务院关于职业教育重要部署，依据《中华人民共和国职业教育法》，优化职业教育类型定位，加快构建现代职业教育体系，深化"三教"改革、"岗课赛证"综合育人，促进职业教育高质量发展，培养更多高素质技术技能人才、能工巧匠、大国工匠，推进全国职业院校技能大赛规范化建设，提高专业化水平，确保大赛规范、公平、优质、高效、廉洁，办成世界水平赛事，制定本章程。

第一章　总则

第一条　全国职业院校技能大赛（以下简称大赛）是教育部发起并牵头，联合国务院其他有关部门以及有关行业组织、人民团体、学术团体和地方共同举办的一项公益性、全国性职业院校师生综合技能竞赛活动。大赛每年举办一届。

第二条　大赛是提升技术技能人才培养质量、检验教学成果、引领教育教学改革的重要抓手，是职业院校教育教学活动的一种重要形式和有效延伸。大赛以提升职业院校学生技能水平、培育工匠精神为宗旨，以促进职业教育专业建设和教学改革、提高教育教学质量为导向，面向全国职业院校在校师生，基本覆盖职业院校主要专业群，是对接产业需求、反映国家职业教育教学水平的师生技能赛事。

第三条　大赛秉持育人为本理念。坚持德技并修、工学结合，深化产教融合、校企合作，弘扬劳动光荣、技能宝贵、创造伟大的时代风尚，推动人人皆可成才、人人尽展其才的局面形成，引导全社会了解、支持和参与职业教育。

第四条　大赛力求办出教育特色、社会影响、世界水平。坚持以赛促教、以赛促学、以赛促改，赛课融通、赛训结合；合理借鉴世界技能大赛的理念和标准，对标世界先进水平，培养高素质技能人才，促进技能型社会建设；坚持政府主导、学校主体、行业指导、企业支持、社会参与，推动合作办赛、开放办赛，打造富有创意、影响深远的技能大赛。

第五条　大赛建立学校、省级、国家三级竞赛体系。国赛选手须来自省赛，形成"校有比赛，省有竞赛，国有大赛"的职业院校技能竞赛体系。大赛分为中等职业学校和高等职业学校（含专科、本科层次）两个组别。大赛实行赛区制，比赛相对集中举办。

第六条　大赛着重考核选手的综合素质和手脑并用能力。内容设计围绕职业教育国家教学标准和真实工作的过程、任务与要求，重点考查选手的职业素养、实践动手能力、规范操作程度、精细工作质量、创新创意水平、应变能力、工作组织能力和团队合作精神。

第七条　大赛经费多渠道筹措。大赛经费来自各级政府为举办大赛投入的财政资金、比赛项目（简称赛项）承办单位自筹资金和社会捐赠资金等。

第二章　组织机构

第二十三条　赛项由赛区执委会选择条件适宜的城市和职业院校单独承办或校企联办。鼓励场馆模式集中办赛，允许特殊赛项根据实际情况分散办赛。承办地需提供经费、场馆支持和安全保障等。赛项承办院校在赛区执委会和赛项执委会领导下开展工作，负责赛项的具体实施和运行保障。

第二十四条　赛项承办院校遴选原则是：

1. 由各赛区对申请承办赛项的院校择优遴选；

2. 院校优势专业及当地优势产业与赛项内容相关度高；

3. 同一院校同一届大赛承办赛项原则上不超过2个，首次承办比赛的院校当届大赛承办赛项不超过1个；

4. 同一院校承办同一赛项原则上连续不超过2届，优先考虑承办院校第二年对同一赛项的承办申请；

5. 拥有至少一次承办省级（含）及以上技能大赛的经历，且未发生过违纪违规行为及安全事故。

第二十五条　赛项承办院校主要职责包括：

1. 按照赛项技术方案落实比赛场地以及基础设施；

2. 配合赛项执委会做好比赛的组织、接待工作；

3. 配合赛区执委会做好比赛的宣传工作；

4. 维持赛场秩序，保障赛事安全和相关保密工作；

5. 参与赛项经费预算编制和管理，执行赛项预算支出；

6. 比赛过程文件存档和赛后资料上报等。

第二十六条　赛项合作企业遴选原则和职责是：

1.合作企业遴选遵循公开、公平、公正原则，满足意向承办赛项技术方案要求；

2.同一合作企业参与申请承办的年度赛项不超过2项；

3.同一合作企业申办同一赛项联合申请承办的学校不超过2所；

4.合作企业应履行合同承诺，保证赛前捐赠资金到账，捐赠设施设备到位，技术服务支持及时；

5.合作企业应配合赛区执委会做好赛事工作；

6.合作企业重视职业教育、资信状况良好、社会声誉良好，且无违法违规记录。

第三章　赛项设置

第二十七条　每5年制定一次大赛执行规划，规划赛项设置方向和大赛发展重点。制订赛项目录。大赛年度赛项以大赛执行规划为依据，每年遴选确定一次。

第二十八条　赛项设置须对应职业院校主要专业群，对接产业需求、行业标准和企业主流技术水平。大赛赛项分为常规赛项和行业特色赛项两类。中职组赛项和高职组赛项数量根据实际情况确定。

第二十九条　常规赛项指面向的专业全国布点较多、产业行业需求较大、比赛内容成熟、比赛用设备相对稳定、适当兼顾专业大类平衡的赛项；行业特色赛项指面向的专业对国家基础性、战略性产业起重要支持作用，行业特色突出、全国布点较少，由大赛组委会根据需要核准委托行业设计实施，大赛统一管理的赛项。

第三十条　中职赛项设计突出岗位针对性；高职赛项设计注重考查选手的综合技术应用能力与水平及团队合作能力，除岗位针对性极强的专业外，不做单一技能测试。比赛形式分为团体赛和个人赛。

第三十一条　赛项立项申报单位主要包括：

1.全国行业职业教育教学指导委员会；

2.教育部职业院校教学（教育）指导委员会；

3.全国性行业学会（协会）；

4.其他全国性的职业教育学术组织；

5.各省级教育行政部门。

第三十二条　赛项设置遴选基本流程：

1.大赛执委会发布赛项设置征集通知；

2. 申报单位将申报材料提交大赛执委会办公室；

3. 大赛执委会对申报赛项开展材料有效性核定，完善赛项目录，组织赛项初审、专家评议，形成拟设年度赛项建议；

4. 大赛组委会核准确定年度赛项；

5. 大赛执委会组织遴选赛区，协商确定赛区赛项；

6. 赛区执委会组织征集和遴选承办院校、合作企业，形成年度赛项承办院校和合作企业建议名单报大赛执委会；

7. 大赛组委会秘书处核准确定年度赛项承办省份、承办院校和合作企业。

第四章 参赛规则与奖项设置

第三十三条 省级教育行政部门负责分别组队参加中、高职组的比赛，适当控制参赛规模，计划单列市可单独组队参加中职组比赛。对涉及国家战略需求、新兴产业、人才紧缺专业、民族民间非遗传承等需要，且参赛规模不足10队的赛项，可适当放宽参赛队数。团体赛原则上不跨校组队。团体赛和个人赛参赛选手可根据需要配备指导教师。

第三十四条 参赛选手条件。原则上学生技能比赛的中职选手应为中等职业学校全日制在籍学生。高等职业学校专科、本科层次选手应为学校全日制在籍学生。五年制高职一、二、三年级学生参加中职组比赛，四、五年级学生参加高职组比赛。鼓励高职大龄学生、国际学生、符合条件的国际选手参赛。往届大赛获得过一等奖的学生不再参加同一项目相同组别的比赛。可根据需要选择合适赛项接纳社会公众观摩体验，促进全社会崇尚和学习技能的良好氛围。

第三十五条 大赛坚持公益性。任何组织不得以竞赛名义营利，不得以任何名目向参赛选手和学校收取参赛费用，禁止命题专家以辅导培训名义向参赛选手和学校收取费用，禁止企业以支持办赛名义向参赛选手和学校收取费用。

第三十六条 大赛奖励办法。向参赛选手，比赛以赛项实际参赛队（团体赛）或参赛选手（个人赛）总数为基数设一、二、三等奖，获奖比例分别控制在10%、20%、30%；面向大赛参与对象，包括专家、裁判员、监督仲裁员、工作人员、合作企业、承办院校及获奖选手（个人赛）或参赛队（团体赛）指导教师等颁发写实性证书。涉及专业布点数过少的行业特色赛项的设奖比例由大赛执委会根据常规赛项相应情况适当核减。各赛区和赛项不得以技能大赛名义另外设奖。大赛不进行省级单位或学校总成绩排名。

第三十七条 大赛采取赛区申办制。开幕式（或闭幕式）所在赛区按照自愿原则向执委会提出申请，执委会组织遴选，由执委会办公室报组委会秘书处审批，大赛组委会每年向开幕式（或闭幕式）所在赛区组委会授赛区旗，年度赛事结束后交还回大赛执委会。

第五章 宣传与资源转化

第三十八条 大赛设官方网站，并通过各类媒体深入开展多种形式的宣传推广。提升大赛管理的信息化水平。

第三十九条 大赛坚持加强与其他国际及区域性师生技能比赛的联系，建立交流渠道，促进相互了解，探索合作方式；及时借鉴国（境）外先进成熟赛事的标准、规范、经验；完善邀请国（境）外学校组队参赛的机制。

第四十条 大赛坚持资源转化与赛项筹办统筹设计、协调实施、相互驱动，将竞赛内容转化为教学资源，推动大赛成果在专业教学领域的推广和应用。

第六章 规范廉洁办赛

第四十一条 大赛坚持公平、公正、安全、有序。公开遴选承办地、承办校和合作企业，公开遴聘专家、裁判。赛前公开赛项规程、赛（样）题或题库、比赛时间、比赛方式、比赛规则、比赛环境、技术规范、技术平台、评分标准等内容。公开申诉程序，建立畅通的申诉渠道。

第四十二条 大赛坚持规范赛项设备与设施管理，规范赛项规程编制，规范专家和裁判管理，规范赛题管理。实施赛项监督仲裁制度。

第四十三条 大赛结束后公示和公开发布获奖名单。公示期内，大赛组委会秘书处接受实名书面形式投诉或异议反映，接受有具体事实的匿名投诉。大赛组委会保护实名投诉人的合法权益。对于赛事过程中，经查证属实的违纪违规行为，依据大赛相关制度规定追究相关人员或组织的责任，并给予相应惩戒。

第四十四条 大赛坚持规范经费的筹集、使用和管理，加强大赛经费管理，按相关规定严格执行捐赠、拨付、使用及审计等程序。

第四十五条 严格执行大赛纪律。坚持廉洁办赛、节约办赛，严禁铺张浪费，严格执行用餐、住宿、交通规定。严格贯彻落实中央八项规定精神、执行六项禁令和中纪委九个严禁要求。

第七章　附则

第四十六条　大赛执委会应依据本章程制定和公布大赛有关工作的具体规定、规则、办法、标准等规范性文件，严格遵守大赛经费管理办法。各赛区、赛项均要制定经费管理细则，并针对实施中新发现的问题适时作出补充说明或修订。

第四十七条　本章程的修订工作由大赛组委会秘书处根据需要启动和组织，修订内容须经组委会成员单位三分之二以上同意。

第四十八条　全国职业院校技能大赛教学能力比赛、中等职业学校班主任能力比赛等教师教育教学比赛，依照本章程总体要求，由教育部会同有关部门结合实际制定具体实施办法。

6.2.11　住房和城乡建设职业教育教学指导委员会（2021—2025 年）组成人员名单

2021 年 11 月 22 日，教育部以教职成函〔2021〕13 号文公布了全国行业职业教育教学指导委员会（2021—2025 年）和教育部职业院校教学（教育）指导委员会（2021—2025 年）组成人员和工作规程。其中，住房和城乡建设职业教育教学指导委员会组成人员名单如下。

主 任 委 员：江小群　住房和城乡建设部人事司

副主任委员：尤　完　北京建筑大学

　　　　　　李　辉　四川建筑职业技术学院

　　　　　　程　鸿　住房和城乡建设部人力资源开发中心

　　　　　　路　明　住房和城乡建设部人事司

秘 书 长：程　鸿　（兼）住房和城乡建设部人力资源开发中心

副秘书长：温　欣　住房和城乡建设部人力资源开发中心

委　　　员：王广斌　同济大学

　　　　　　王付全　黄河水利职业技术学院

　　　　　　王　卓　国家开放大学

　　　　　　王娟丽　甘肃建筑职业技术学院

　　　　　　王　斌　辽宁城市建设职业技术学院

　　　　　　王　新　中国建筑西南勘察设计研究院有限公司

王增义　北京城市排水集团有限责任公司

牛建刚　内蒙古建筑职业技术学院

石建平　新疆建设职业技术学院

田恒久　山西工程科技职业大学

朱向军　湖南城建职业技术学院

朱迎迎　上海市建设工程安全质量监督总站

危道军　湖北城市建设职业技术学院

刘晓敏　黄冈职业技术学院

刘海波　江苏建筑职业技术学院

刘海峰　青海建筑职业技术学院

刘　晨　中国城市燃气协会

米良洲　山西省城乡建设学校

许　光　河北科技工程职业技术大学

孙　刚　日照职业技术学院

花景新　山东城市建设职业学院

杜绍堂　昆明冶金高等专科学校

李　进　上海市高等教育建筑设计研究院

李明安　中国土木工程学会

李翠萍　中建协绿色建造与智能建筑分会

杨秀方　上海市建筑工程学校

杨　雄　云南建设学校

吴　昆　广西建设职业技术学院

吴海蓉　广州市城市建设职业学校

何　辉　浙江建设职业技术学院

张小明　南京工业职业技术大学

张齐欣　安徽建设学校

张　迪　咸阳职业技术学院

张　菁　中国城市规划设计研究院

张　琰　中国城市建设研究院有限公司

陈静玲　广西壮族自治区住房和城乡建设厅

陈德豪　广州大学

武　敬　武汉职业技术学院

金　睿　浙江省建工集团有限责任公司

赵崇晖　福建省福州建筑工程职业中专学校

胡兴福　四川建筑职业技术学院

胡晓光　中国建设教育协会

贺海宏　河北城乡建设学校

夏　锋　宝业集团股份有限公司

高延伟　中国建筑出版传媒有限公司

高　忻　中联房地产评估有限公司

高宪仁　北京恒兴物业管理集团有限公司

黄志良　江苏城乡建设职业学院

黄春蕾　重庆建筑工程职业学院

崔兆举　浙江建设技师学院

董　强　中国建筑设计研究院

惠乐怡　中国建筑集团有限公司

景海河　黑龙江建筑职业技术学院

喻圻亮　深圳职业技术学院

管晗波　北京智能装配式建筑研究院

薛红蕾　贝壳找房（北京）科技有限公司

6.2.12　高等学校思想政治理论课建设标准（2021 年本）

2021 年 11 月 30 日，教育部以教社科〔2021〕2 号文印发了《高等学校思想政治理论课建设标准（2021 年本）》，该建设标准全文如下。

一级指标	二级指标	三级指标	指标类型	责任部门
组织管理	领导体制	1. 学校党委直接领导，支持校行政负责实施。分管校领导具体负责，并成立相应的领导机构。坚持把从严管理和科学治理结合起来，增强"四个意识"、坚定"四个自信"、做到"两个维护"	A*	学校党委、行政领导

续表

一级指标	二级指标	三级指标	指标类型	责任部门
组织管理	工作机制	2. 校党委（常委）会议、校长办公会每学期至少召开一次专题会议研究思想政治理论课建设，解决突出问题，在工作格局、队伍建设、支持保障等方面采取有效措施，会议决议能够及时落实	A	学校党委、行政领导
		3. 建立学校党委书记、校长带头抓思想政治理论课机制。党委书记、校长作为第一责任人，带头听课讲课，带头推动思想政治理论课建设，带头联系思想政治理论课教师，每学年到思想政治理论课教研部门开现场办公会至少1次，听取思想政治理论课教学工作汇报，解决实际问题。学校党政主要负责同志每学期至少给学生讲授4个课时思想政治理论课。高校领导班子其他成员每学期至少给学生讲授2个课时思想政治理论课。党委书记、校长及分管思想政治理论课建设、教学、科研工作的校领导每学期至少听1课时思想政治理论课	A*	
		4. 把思想政治理论课建设列入学校事业发展规划，纳入学校党的建设工作考核、办学质量和学科建设评估标准体系，作为学校重点课程建设。有条件的本科院校同时应作为重点学科建设，每年至少进行一次专项督查。思想政治理论课建设情况纳入领导班子考核和政治巡视	A	
		5. 学校宣传、人事、教务、研究生院（处）、财务、科研、学生处、团委等党政部门和思想政治理论课教学科研机构各负其责，相互配合，落实思想政治理论课教育教学、学科建设、人才培养、科研立项、社会实践、经费保障等各方面政策和措施	A	学校党委、行政领导及有关部门
	机构建设	6. 独立设置直属学校领导的、与学校其他二级院（系）行政同级的思想政治理论课教学科研组织二级机构，承担全校本、专科学生和研究生思想政治理论课教学任务，统一管理思想政治理论课教师。有马克思主义理论学科点的机构同时应作为马克思主义理论学科点的依托单位，承担马克思主义理论科学研究、学科建设、研究生培养等工作	A*	学校党委、行政领导
		7. 配齐二级机构领导班子，思想政治理论课教学科研机构负责人应当是中共党员，并有长期从事思想政治理论课教学或者马克思主义理论学科研究的经历，不得兼任其他二级院（系）的主要负责人	A*	学校党委、行政领导及有关部门
		8. 与专业院系同等配备办公用房和教学设备、基本图书资料、国内外主要社科期刊、声像资料、教学课件以及办公设备等，满足教学及办公需要	B	
	专项经费	9. 学校在保障思想政治理论课教学科研机构正常运转的各项经费的同时，本科院校按在校本硕博全部在校生总数每生每年不低于40元，专科院校每生每年不低于30元的标准提取专项经费，用于教师学术交流、实践研修等，并随着学校经费的增长逐年增加。专项经费安排使用明确，专款专用	A*	学校党委、行政领导及财务部门

续表

一级指标	二级指标	三级指标	指标类型	责任部门
教学管理	管理制度	10. 教学管理制度健全，建立备课、听课制度以及教学内容和教学质量监控制度，认真执行各项管理规章制度，检查、评价制度等。教学档案齐全	B	教务处 思想政治理论课 教学科研机构
	课程设置	11. 按照中央确定的最新方案，落实课程和学分及对应的课堂教学学时，无挪用或减少课时的情况	A*	教务处 研究生院（处）
		12. 积极创造条件开设本科生和研究生层次思想政治理论课选修课。要重点围绕习近平新时代中国特色社会主义思想、党史、新中国史、改革开放史、社会主义发展史、宪法法律、中华优秀传统文化等设定课程模块，开设系列选择性必修课程	A	
	教材使用	13. 使用最新版马克思主义理论研究和建设工程重点教材为思想政治理论课统编教材	A	教务处 研究生院（处）
		14. "形势与政策"课要根据教育部下发的教学要点组织教学，选用中宣部和教育部组织制作的《时事报告（大学生版）》和《时事》DVD 作为学生学习辅导资料	B	
	课堂教学	15. 课堂规模一般不超过 100 人，推行中班教学，倡导中班上课、小班研学讨论的教学模式	A	教务处
		16. 合理安排课堂教学时间	B	
	实践教学	17. 实践教学纳入教学计划，统筹思想政治理论课各门课的实践教学，落实学分（本科 2 学分，专科 1 学分）、教学内容、指导教师和专项经费。实践教学覆盖全体学生，建立相对稳定的校外实践教学基地	B	教务处 财务处 学生处 团委 思想政治理论课 教学科研机构
	改革创新	18. 深化思想政治理论课改革创新，坚持政治性和学理性相统一、价值性和知识性相统一、建设性和批判性相统一、理论性和实践性相统一、统一性和多样性相统一、主导性和主体性相统一、灌输性和启发性相统一、显性教育和隐性教育相统一，积极探索教学方法改革、优化教学手段，不断增强思想政治理论课的思想性、理论性和亲和力、针对性	A	思想政治理论课 教学科研机构
		19. 建设"大思政课"，调动各种资源用于思想政治理论课建设，把思政小课堂与社会大课堂相结合，突出实践教学，将生动鲜活的实践引入课堂教学，将课堂设在生产劳动和社会实践一线，全面提升育人效果	A	
		20. 改革考试评价方式，建立健全科学全面准确的考试考核评价体系，注重过程考核和教学效果考核	B	
	教学成果	21. 列入校级教学成果类奖系列评选之中，并积极组织推荐参评校级以上教学评选活动	B	教务处

续表

一级指标	二级指标	三级指标	指标类型	责任部门
队伍管理	政治方向	22.建设一支政治强、情怀深、思维新、视野广、自律严、人格正的思想政治理论课教师队伍。思想政治理论课教师应坚持正确的政治方向，有扎实的马克思主义理论基础，在政治立场、政治方向、政治原则、政治道路上同以习近平同志为核心的党中央保持高度一致	A*	人事处 思想政治理论课 教学科研机构
	师德师风	23.思想政治理论课教师具有良好的思想品德、职业道德、责任意识和敬业精神，无学术不端、教学违纪现象	A	人事处 思想政治理论课 教学科研机构
	教师选配	24.学校应建设专职为主、专兼结合、数量充足、素质优良的思想政治理论课教师队伍。严格按照师生比不低于1：350的比例核定专职思想政治理论课教师岗位，在编制内配足，且不得挪作他用	A	人事处
		25.兼职教师具有硕士研究生以上学历（专科院校兼职教师具有本科以上学历）和相关专业背景，按学校有关规定考核合格	B	
		26.新任专职教师原则上应是中共党员，并具备马克思主义理论相关学科背景硕士以上学位	A	
		27.实行不合格思想政治理论课教师退出机制	B	
	培养培训	28.统一实行集体备课，集中研讨提问题、集中培训提素质、集中备课提质量。新任专职教师必须参加省级岗前培训；所有专职教师应积极参加省级或中宣部、教育部组织的示范培训或课程培训或骨干研修。学校每年对全体教师至少培训一次	B	人事处 思想政治理论课 教学科研机构
		29.每学年至少安排1/4的专职教师开展学术交流、实践研修或学习考察活动。有条件的学校可以开展国（境）外学术交流和实践研修，但不作为评聘职称硬性要求	B	
		30.安排专职教师进行脱产或半脱产进修，每人每4年至少一次	B	
		31.鼓励支持专职教师攻读马克思主义理论相关学科学位。实施好思想政治理论课教师在职攻读马克思主义理论博士学位专项计划	B	
	职务评聘	32.学校在专业技术职务（职称）评聘工作中，要单独设立马克思主义理论类别，校级专业技术职务（职称）评聘委员会要有同比例的马克思主义理论学科专家。按教师比例核定思想政治理论课教师专业技术职务（职称）各类岗位占比，高级专业技术职务（职称）岗位比例不低于学校平均水平，指标不得挪作他用	A	人事处
		33.制定实施符合思想政治理论课教师职业特点的(职务)职称评聘标准，提高教学和教学研究占比。要将思想政治理论课教师在中央和地方主要媒体上发表的理论文章纳入学术成果范畴。被有关部门采纳并发挥积极作用的理论文章、调研报告等应作为专业技术（职务）职称评定的依据	B	

续表

一级指标	二级指标	三级指标	指标类型	责任部门
队伍管理	经济待遇	34.思想政治理论课教师的岗位津贴和课时补助等纳入学校内部分配体系统筹考虑，思想政治理论课教师工作量、课酬计算标准与其他专业课教师一致，教师的实际平均收入不低于本校教师的平均水平，相应核增学校绩效工资总量	A	人事处教务处
	表彰评优	35.纳入学校各类教师表彰体系中，并为思想政治理论课教师确定一定比例，进行统一表彰	B	人事处
学科建设	学科点建设	36.马克思主义理论学科点设在思想政治理论课教学科研机构，首要任务是为思想政治理论课教育教学服务。紧紧围绕马克思主义理论一级学科及其所属二级学科开展科研，从整体上研究马克思主义基本原理和科学体系、深入研究马克思列宁主义、毛泽东思想、邓小平理论、"三个代表"重要思想、科学发展观，深入研究习近平新时代中国特色社会主义思想；深入研究中国特色社会主义重大理论和实践问题；深入研究思想政治理论课教学重点难点问题和教学方法改革创新	A*	人事处科研处教务处研究生院（处）
		37.除马克思主义理论学科下属的 研究生院（处）本科专业外，马克思主义理论学科点不办其他本科专业。统筹推进马克思主义理论学科本硕博一体化人才培养，积极承担"高校思想政治理论课教师队伍后备人才培养专项支持计划"任务	A*	
		38.马克思主义理论学科的学术骨干必须是思想政治理论课的教学骨干。每一位导师至少承担一门思想政治理论课的教学任务	A	
	科研工作	39.设立思想政治理论课教育教学研究专项课题。创造条件支持思想政治理论课教师申报各级各类课题，参评各种科研成果奖等，鼓励教师围绕教材和教学中的重点、难点问题发表论文、出版专著。在校报、校刊设置思想政治理论课教研科研专栏	B	教务处科研处思想政治理论课教学科研机构
特色项目	教学改革特色项目	40.开展思想政治理论课教学改革与创新，并取得显著成果，其经验在全国或全省得到一定推广	B	宣传部教务处思想政治理论课教学科研机构
	其他	41.能够推动思想政治理论课建设工作的其他有特色的项目	B	

说明：

1.关于指标类型。建设指标分 A*、A、B 三类，共 41 项，其中 A* 为核心指标（9 项），A 为重点指标（14 项），B 为基本指标（18 项）。

2.关于评价标准。本科院校 A* 指标 9 项、A 类指标 12 项以上、B 类指标 14 项以上达标方可认定合格；专科院校 A* 指标 7 项、A 类指标 10 项以上、B 类指标 13 项以上达标方可认定合格。

3.关于教师类别。专职教师是指编制在思想政治理论课教学科研机构且从事思想政治理论课教学科研工作的教师；兼职教师是指编制属其他教学机构或管理部门（单位）的教师。

6.2.13 "十四五"职业教育规划教材建设实施方案

2021 年 12 月 3 日，教育部办公厅以教职成厅〔2021〕3 号文印发了《"十四五"

职业教育规划教材建设实施方案》，该实施方案全文如下：

为深入贯彻全国职业教育大会和全国教材工作会议精神，落实《关于推动现代职业教育高质量发展的意见》《全国大中小学教材建设规划（2019—2022年）》和《职业院校教材管理办法》有关部署，做好"十四五"职业教育规划教材建设工作，以规划教材为引领，建设中国特色高质量职业教育教材体系，制定本方案。

一、总体要求

"十四五"职业教育规划教材建设要深入贯彻落实习近平总书记关于职业教育工作和教材工作的重要指示批示精神，全面贯彻党的教育方针，落实立德树人根本任务，强化教材建设国家事权，突显职业教育类型特色，坚持"统分结合、质量为先、分级规划、动态更新"原则，完善国家和省级职业教育教材规划建设机制。

"十四五"期间，分批建设1万种左右职业教育国家规划教材，指导建设一大批省级规划教材，加大对基础、核心课程教材的统筹力度，突出权威性、前沿性、原创性教材建设，打造培根铸魂、启智增慧，适应时代要求的精品教材，以规划教材为引领，高起点、高标准建设中国特色高质量职业教育教材体系。

二、重点建设领域

规划教材建设要突出重点，加强公共基础课程和重点专业领域教材建设，补足紧缺领域教材，增强教材适用性、科学性、先进性。

（一）统筹建设意识形态属性强的课程教材。推进习近平新时代中国特色社会主义思想进教材进课堂进头脑，巩固马克思主义在意识形态领域的指导地位，加强社会主义核心价值观教育，加强中华优秀传统文化、革命文化和社会主义先进文化教育，落实党的领导、劳动教育、总体国家安全观教育等要求，促进学生德技并修。统一编写使用中等职业学校思想政治、语文、历史教材，用好《习近平新时代中国特色社会主义思想学生读本》。继续做好高等职业学校（含高职本科，下同）统一使用统编教材工作。重点在部分公共基础课程和财经商贸、文化艺术、教育体育、新闻出版、广播影视、公安司法、公共管理与服务等专业大类相关专业领域，推进职业教育领域新时代马克思主义理论研究和建设工程教育部重点教材建设。

（二）规范建设公共基础课程教材。完善基于课程标准的职业院校公共基础课程教材编写机制。依据中等职业学校公共基础课程方案和课程标准，统一规划中等职业学校数学、英语、信息技术、艺术、体育与健康、物理、化学教材的编写和选用工作，每门课程教材不超过 5 种。健全高等职业学校公共基础课程标准，统一规划高等职业学校公共基础课程教材编写和选用工作。通过组织编写、遴选等方式，加强职业院校中华优秀传统文化、劳动教育、职业素养、国家安全教育等方面教材（读本）供给，加强价值引导、提升核心素养，为学生终身发展奠基。

（三）开发服务国家战略和民生需求紧缺领域专业教材。围绕国家重大战略，紧密对接产业升级和技术变革趋势，服务职业教育专业升级和数字化改造，优先规划建设先进制造、新能源、新材料、现代农业、新一代信息技术、生物技术、人工智能等产业领域需要的专业课程教材。服务民生领域急需紧缺行业发展，加快建设学前、托育、护理、康养、家政等领域专业课程教材。改造更新钢铁冶金、化工医药、建筑工程、轻纺、机械制造、会计等领域专业课程教材。推动编写一批适应国家对外开放需要的专业课程教材。

（四）支持建设新兴专业和薄弱专业教材。重点支持《职业教育专业目录（2021年）》中新增和内涵升级明显的专业课程教材。加强长学制专业相应课程教材建设，促进中高职衔接教材、高职专科和高职本科衔接教材建设。遴选建设一批高职本科教材。支持布点较少专业课程教材建设。支持非通用语种外语教材，艺术类、体育类职业教育教材，特殊职业教育教材等的建设。

（五）加快建设新形态教材。适应结构化、模块化专业课程教学和教材出版要求，重点推动相关专业核心课程以真实生产项目、典型工作任务、案例等为载体组织教学单元。结合专业教学改革实际，分批次组织院校和行业企业、教科研机构、出版单位等联合开发不少于 1000 种深入浅出、图文并茂、形式多样的活页式、工作手册式等新形态教材。开展"岗课赛证"融通教材建设，结合订单培养、学徒制、1+X证书制度等，将岗位技能要求、职业技能竞赛、职业技能等级证书标准有关内容有机融入教材。推动教材配套资源和数字教材建设，探索纸质教材的数字化改造，形成更多可听、可视、可练、可互动的数字化教材。建设一批编排方式科学、配套资源丰富、呈现形式灵活、信息技术应用适当的融媒体教材。

三、规划教材编写要求

规划教材编写应遵循教材建设规律和职业教育教学规律、技术技能人才成长规律，紧扣产业升级和数字化改造，满足技术技能人才需求变化，依据职业教育国家教学标准体系，对接职业标准和岗位（群）能力要求。

（一）坚持正确的政治方向和价值导向。坚持马克思主义指导地位，将马克思主义立场、观点、方法贯穿教材始终，体现党的理论创新最新成果特别是习近平新时代中国特色社会主义思想，体现中国和中华民族风格，体现人类文化知识积累和创新成果，全面落实课程思政要求，弘扬劳动光荣、技能宝贵、创造伟大的时代风尚。

（二）遵循职业教育教学规律和人才成长规律。符合学生认知特点，体现先进职业教育理念，鼓励专业课程教材以真实生产项目、典型工作任务等为载体，体现产业发展的新技术、新工艺、新规范、新标准，反映人才培养模式改革方向，将知识、能力和正确价值观的培养有机结合，适应专业建设、课程建设、教学模式与方法改革创新等方面的需要，满足项目学习、案例学习、模块化学习等不同学习方式要求，有效激发学生学习兴趣和创新潜能。

（三）配强编写人员队伍。鼓励职业院校与高水平大学、科研机构、龙头企业联合开发教材。鼓励具有高级职称的专业带头人或资深专家领衔编写教材，支持中青年骨干教师参与教材建设。教材编写和审核专家应具有较高专业水平，无违法违纪记录或师德师风问题。职业教育国家规划教材建设实行主编负责制，主编对教材编写质量负总责。

（四）科学合理编排教材内容。教材内容设计逻辑严谨、梯度明晰，文字表述规范准确流畅，图文并茂、生动活泼、形式新颖；名称、术语、图表规范，编校、装帧、印装质量等符合国家有关技术质量标准和规范；符合国家有关著作权等方面的规定，未发生明显的编校质量问题。

四、编写选用和退出机制

按照《职业院校教材管理办法》等规定，严格规划教材编写、选用、退出机制。

（一）规范资质管理。坚持"凡编必审"，支持建设一批职业教育国家规划教材高水平出版机构。出版机构须持续提升教材使用培训、配套资源更新等专业服务水平，定期开展著作权等自查，加强教材盗版盗印专项治理。

（二）严格试教试用制度。新编教材和根据课程标准修订的教材，须进行试教试用，在真实教学情境下对教材进行全面检验。试教试用的范围原则上应覆盖不同类型的地区和学校。试教试用单位要组织专题研讨，提交试教试用报告，提出修改建议。编写单位要根据试教试用情况对教材进行修改完善。

（三）严格教材选用管理。坚持"凡选必审"，职业院校须建立校级教材选用委员会，规范教材选用程序与要求，指导校内选择易教利学的优质教材。落实教材选用备案制度，职业院校选用教材情况每学年报学校主管部门备案，并汇总至省级教育行政部门。

（四）健全教材更新和调整机制。规划教材严格落实每三年修订一次、每年动态更新内容的要求，并定期报送修订更新情况。对于连续三年不更新、编者被发现存在师德师风问题、出现重大负面影响事件、教材推广发行行为不规范等情形的，退出规划教材目录，并按有关规定严肃追责问责。符合三年一修订要求和"十四五"职业教育国家规划教材遴选标准的"十三五"职业教育国家规划教材按程序复核通过后纳入"十四五"职业教育国家规划教材。获得首届全国教材建设奖全国优秀教材（职业教育类）的，原则上直接纳入"十四五"职业教育国家规划教材。充分发挥国家教材目录导向作用，加大国家统编教材、全国教材建设奖优秀教材的推广力度，加大规划教材选用比例，形成高质量教材有效普及、劣质教材加速淘汰的调整机制。

（五）健全教材评价督查机制。将教材工作作为教育督导和学校评估的重要内容，加强对各类教材特别是境外教材、教辅、课外读物、校本教材的监管，优化教材跟踪调查、抽查制度。国家、省两级抽查教材的比例合计不低于50%并公布抽检结果，淘汰不合格的教材并建立责任倒查机制，推进教材更新使用。完善教材评价制度，支持专业机构对教材进行第三方评议。在教材选用、管理等方面存在严重问题的，按照相关规定严肃处理。

五、工作机制

（一）加强统筹领导。在国家教材委员会统筹领导下，教育部统一组织国家规划教材建设。教育部职业教育与成人教育司具体组织实施职业教育非统编国家规划教材建设，发布职业教育国家规划教材目录。有关行业部门、行业组织、行指委、教指委要发挥行业指导作用，在教育部统一领导下，积极参与职业教育教材建设。

（二）落实地方责任。省级教育行政部门围绕本区域经济社会发展对技术技能人才需求，结合区域职业教育特色，组织省级规划教材建设并发布省级规划教材目录。各地要充分论证、科学规划、严格把关，避免低水平重复建设，健全职业教育省级规划教材目录制度，做好省级规划教材与国家规划教材的衔接。

（三）做好教材出版。出版单位应牢固树立精品意识，着力建设研编一体的高水平编辑队伍，健全教材策划、编写、编辑、印制、发行各环节质量保障体系，发挥试教试用和意见反馈机制作用，严格执行多审多校、印前审读制度，坚持微利定价原则，及时组织修订再版，发行确保课前到书。

六、条件保障

（一）加强党对教材建设的全面领导。把党的全面领导落实到教材建设各个环节，把好为党育人、为国育才的重要关口，使规划教材领域成为坚持党的领导的坚强阵地。学校党组织要严格落实教材建设意识形态工作责任制，切实履行主体责任，高度重视教材建设的组织实施、重点任务研究部署和督促落实。所申报教材的编写人员、责任编辑人员、审核人员应符合《职业院校教材管理办法》有关规定，并提供所在单位党组织政审意见。主编须提供所在单位一级党组织政审意见。

（二）加强政策和经费支持。各地教育行政部门要加大对职业教育教材工作的支持，在课题研究、评优评先、职称评定、职务（岗位）晋升等方面予以倾斜。按规定将教材建设相关经费纳入预算。鼓励多渠道筹措教材建设经费。建立完善职业院校教师参与规划教材编审工作纳入学校绩效考核的制度。

（三）加强教材研究和平台建设。国家统筹建立职业院校教材建设研究基地，推动建立一批国家级和省级职业教材研究基地。国家和省级职业教育教研机构应发挥专业优势，深入开展教材建设重大理论和实践问题研究。定期组织开展教材研究成果交流，推动研究成果及时转化。完善职业教育教材信息服务平台，及时发布教材编写、出版、选用及评价信息。建设教材研究资源库和专题数据库，收集国内外教材和教材研究成果。

（四）加大教材培训和交流。完善国家、省两级规划教材编写和使用培训体系，对参与国家规划教材编审的相关人员进行培训；结合各级教师培训项目和其他教研活动，组织开展规划教材使用培训，不断提高教师用好教材的能力。组织开展全国教材建设奖全国优秀教材（职业教育类）宣传推广工作。加强教材国际交流合作，根据实际需要适当引进急需短缺的境外高水平教材并加强审核把关。拓展深化与"一带一路"国家的教材合作，为培养国际化高素质技术技能人才提供有力支撑。

6.2.14 专业学位研究生教育指导委员会换届

2021年12月27日，国务院学位委员会、教育部、人力资源社会保障部以学位〔2021〕22号文下发了《关于全国金融等30个专业学位研究生教育指导委员会换届的通知》。其中，城市规划、工程管理专业学位研究生教育指导委员会成员名单如下。

全国城市规划专业学位研究生教育指导委员会

主任委员

　　庄少勤　自然资源部　副部长

副主任委员

　　彭震伟　同济大学　党委副书记

　　张　兵　自然资源部国土空间规划局　局长

　　张　悦　清华大学　教授

　　曾　鹏　天津大学　教授

秘书长

　　卓　健　同济大学　教授

委　员（按姓氏笔画排列）

　　马向明　广东省城乡规划设计研究院有限责任公司　总工程师

　　王树声　西安建筑科技大学　校长

　　阳建强　东南大学　教授

　　杨晓春　深圳大学　教授

　　沈国强　浙江大学　教授

　　张京祥　南京大学　教授

　　张晓玲　中国土地学会　常务副秘书长

　　陈有川　山东建筑大学　教授

　　易树柏　自然资源部职业技能鉴定指导中心　主任

　　周剑云　华南理工大学　教授

　　赵燕菁　中国城市规划学会　副理事长

　　袁　昕　中国城市规划协会　副会长

　　袁敬诚　沈阳建筑大学　教授

　　袁锦富　江苏省规划设计集团　总规划师

　　黄亚平　华中科技大学　教授

　　黄　勇　重庆大学　教授

　　董　慰　哈尔滨工业大学　教授

蔡　军　大连理工大学　教授

魏　伟　武汉大学　教授

秘书处设在同济大学

全国工程管理专业学位研究生教育指导委员会

主任委员

郑　力　清华大学　副校长

副主任委员

曹建国　中国航空发动机集团　董事长

吴燕生　中国航天科技集团　董事长

奚立峰　上海交通大学　副校长

魏一鸣　北京理工大学　副校长

秘书长

张　伟　清华大学　教授

委员（按姓氏笔画排列）

王长峰　北京邮电大学　教授

王文顺　中国矿业大学　教授

王青娥　中南大学　教授

王　峰　中国国家铁路集团有限公司　副总工程师

王雪青　天津大学　教授

车阿大　西北工业大学　教授

刘贵文　重庆大学　教授

苏　成　华南理工大学　校长助理

李学群　中信重工机械股份有限公司　副总经理

何正文　西安交通大学　教授

宋金波　大连理工大学　教授

宋　洁　北京大学　教授

宋　梅　中国矿业大学（北京）　教授

陈云敏　浙江大学　教授

施　骞　同济大学　教授

骆汉宾　华中科技大学　教授

倪明玖　中国科学院大学　教授

高　睿　武汉大学　教授

黄海量　上海财经大学　教授

梁昌勇　合肥工业大学　教授

傅少川　北京交通大学　教授

秘书处设在清华大学

6.3　住房和城乡建设部下发的相关文件

6.3.1　关于加快培育新时代建筑产业工人队伍的指导意见

2020 年 12 月 18 日，住房和城乡建设部、国家发展改革委、教育部、工业和信息化部、人力资源社会保障部、交通运输部、水利部、税务总局、市场监管总局、国家铁路局、民航局、中华全国总工会以建市〔2020〕105 号文提出了关于加快培育新时代建筑产业工人队伍的指导意见。该指导意见摘录如下。

党中央、国务院历来高度重视产业工人队伍建设工作，制定出台了一系列支持产业工人队伍发展的政策措施。建筑产业工人是我国产业工人的重要组成部分，是建筑业发展的基础，为经济发展、城镇化建设作出重大贡献。同时也要看到，当前我国建筑产业工人队伍仍存在无序流动性大、老龄化现象突出、技能素质低、权益保障不到位等问题，制约建筑业持续健康发展。为深入贯彻落实党中央、国务院决策部署，加快培育新时代建筑产业工人（以下简称建筑工人）队伍，提出如下意见。

一、总体思路

以习近平新时代中国特色社会主义思想为指导，全面贯彻党的十九大和十九届二中、三中、四中、五中全会精神，统筹推进"五位一体"总体布局和协调推进"四个全面"战略布局，牢固树立新发展理念，坚持以人民为中心的发展思想，以推进建筑业供给侧结构性改革为主线，以夯实建筑产业基础能力为根本，以构建社会化专业化分工协作的建筑工人队伍为目标，深化"放管服"改革，建立健全符合新时代建筑工人队伍建设要求的体制机制，为建筑业持续健康发展和推进新型城镇化提供更有力的人才支撑。

二、工作目标

到 2025 年，符合建筑行业特点的用工方式基本建立，建筑工人实现公司化、专业化管理，建筑工人权益保障机制基本完善；建筑工人终身职业技能培训、考核评价体系基本健全，中级工以上建筑工人达 1000 万人以上。

到 2035 年，建筑工人就业高效、流动有序，职业技能培训、考核评价体系完善，建筑工人权益得到有效保障，获得感、幸福感、安全感充分增强，形成一支秉承劳模精神、劳动精神、工匠精神的知识型、技能型、创新型建筑工人大军。

三、主要任务

（一）引导现有劳务企业转型发展。改革建筑施工劳务资质，大幅降低准入门槛。鼓励有一定组织、管理能力的劳务企业引进人才、设备等向总承包和专业承包企业转型。鼓励大中型劳务企业充分利用自身优势搭建劳务用工信息服务平台，为小微专业作业企业与施工企业提供信息交流渠道。引导小微型劳务企业向专业作业企业转型发展，进一步做专做精。

（二）大力发展专业作业企业。鼓励和引导现有劳务班组或有一定技能和经验的建筑工人成立以作业为主的企业，自主选择1—2个专业作业工种。鼓励有条件的地区建立建筑工人服务园，依托"双创基地"、创业孵化基地，为符合条件的专业作业企业落实创业相关扶持政策，提供创业服务。政府投资开发的孵化基地等创业载体应安排一定比例场地，免费向创业成立专业作业企业的农民工提供。鼓励建筑企业优先选择当地专业作业企业，促进建筑工人就地、就近就业。

（三）鼓励建设建筑工人培育基地。引导和支持大型建筑企业与建筑工人输出地区建立合作关系，建设新时代建筑工人培育基地，建立以建筑工人培育基地为依托的相对稳定的建筑工人队伍。创新培育基地服务模式，为专业作业企业提供配套服务，为建筑工人谋划职业发展路径。

（四）加快自有建筑工人队伍建设。引导建筑企业加强对装配式建筑、机器人建造等新型建造方式和建造科技的探索和应用，提升智能建造水平，通过技术升级推动建筑工人从传统建造方式向新型建造方式转变。鼓励建筑企业通过培育自有建筑工人、吸纳高技能技术工人和职业院校（含技工院校，下同）毕业生等方式，建立相对稳定的核心技术工人队伍。鼓励有条件的企业建立首席技师制度、劳模和工匠人才（职工）创新工作室、技能大师工作室和高技能人才库，切实加强技能人才队伍建设。项目发包时，鼓励发包人在同等条件下优先选择自有建筑工人占比大的企业；评优评先时，同等条件下优先考虑自有建筑工人占比大的项目。

（五）完善职业技能培训体系。完善建筑工人技能培训组织实施体系，制定建筑工人职业技能标准和评价规范，完善职业（工种）类别。强化企业技能培训主体作用，发挥设计、生产、施工等资源优势，大力推行现代学徒制和企业新型学徒制。鼓励企业采取建立培训基地、校企合作、购买社会培训服务等多种形式，解决建筑工人理论与实操脱节的问题，实现技能培训、实操训练、考核评价与现场施工有机结合。推行终身职业技能培训制度，加强建筑工人岗前培训和技能提升培训。鼓励各地加大实训基地建设资金支持力度，在技能劳动者供需缺口较大、产业集中度较高的地区建设公共实训基地，支持企业和院校共建产教融合实训基地。探索开展智能建造相关培训，加大对装配式建筑、建筑信息模型（BIM）等新兴职业（工种）建筑工人培养，增加高技能人才供给。

（六）建立技能导向的激励机制。各地要根据项目施工特点制定施工现场技能工人基本配备标准，明确施工现场各职业（工种）技能工人技能等级的配备比例要求，逐步提高基本配备标准。引导企业不断提高建筑工人技能水平，对使用高技能等级工人多的项目，可适当降低配备比例要求。加强对施工现场作业人员技能水平和配备标准的监督检查，将施工现场技能工人基本配备标准达标情况纳入相关诚信评价体系。建立完善建筑职业（工种）人工价格市场化信息发布机制，为建筑企业合理确定建筑工人薪酬提供信息指引。引导建筑企业将薪酬与建筑工人技能等级挂钩，完善激励措施，实现技高者多得、多劳者多得。

（七）加快推动信息化管理。完善全国建筑工人管理服务信息平台，充分运用物联网、计算机视觉、区块链等现代信息技术，实现建筑工人实名制管理、劳动合同管理、培训记录与考核评价信息管理、数字工地、作业绩效与评价等信息化管理。制定统一数据标准，加强各系统平台间的数据对接互认，实现全国数据互联共享。加强数据分析运用，将建筑工人管理数据与日常监管相结合，建立预警机制。加强信息安全保障工作。

（八）健全保障薪酬支付的长效机制。贯彻落实《保障农民工工资支付条例》，工程建设领域施工总承包单位对农民工工资支付工作负总责，落实工程建设领域农民工工资专用账户管理、实名制管理、工资保证金等制度，推行分包单位农民工工资委托施工总承包单位代发制度。依法依规对列入拖欠农民工工资"黑名单"的失信违法主体实施联合惩戒。加强法律知识普及，加大法律援助力度，引导建筑工人通过合法途径维护自身权益。

（九）规范建筑行业劳动用工制度。用人单位应与招用的建筑工人依法签订劳动合同，严禁用劳务合同代替劳动合同，依法规范劳务派遣用工。施工总承包单位或者分包单位不得安排未订立劳动合同并实名登记的建筑工人进入项目现场施工。制定推广适合建筑业用工特点的简易劳动合同示范文本，加大劳动监察执法力度，全面落实劳动合同制度。

（十）完善社会保险缴费机制。用人单位应依法为建筑工人缴纳社会保险。对不能按用人单位参加工伤保险的建筑工人，由施工总承包企业负责按项目参加工伤保险，确保工伤保险覆盖施工现场所有建筑工人。大力开展工伤保险宣教培训，促进安全生产，依法保障建筑工人职业安全和健康权益。鼓励用人单位为建筑工人建立企业年金。

（十一）持续改善建筑工人生产生活环境。各地要依法依规及时为符合条件的建筑工人办理居住证，用人单位应及时协助提供相关证明材料，保障建筑工人享有城市基本公共服务。全面推行文明施工，保证施工现场整洁、规范、有序，逐步提高环境标准，引导建筑企业开展建筑垃圾分类管理。不断改善劳动安全卫生标准和条件，配备符合行业标准的安全帽、安全带等具有防护功能的工装和劳动保护用品，制定统一的着装规范。施工现场按规定设置避难场所，定期开展安全应急演练。鼓励有条件的企业按照国家规定进行岗前、岗中和离岗时的职业健康检查，并将职工劳动安全防护、劳动条件改善和职业危害防护等纳入平等协商内容。大力改善建筑工人生活区居住环境，根据有关要求及工程实际配置空调、淋浴等设备，保障水电供应、网络通信畅通，达到一定规模的集中生活区要配套食堂、超市、医疗、法律咨询、职工书屋、文体活动室等必要的机构设施，鼓励开展物业化管理。将符合当地住房保障条件的建筑工人纳入住房保障范围。探索适应建筑业特点的公积金缴存方式，推进建筑工人缴存住房公积金。加大政策落实力度，着力解决符合条件的建筑工人子女城市入托入学等问题。

四、保障措施

（一）加强组织领导。各地要充分认识建筑工人队伍建设的重要性和紧迫性，强化部门协作、建立协调机制、细化工作措施，扎实推进建筑工人队伍建设。要强化建筑工人队伍的思想政治引领。加强宣传思想文化阵地建设，深化理想信念教育，培育和践行社会主义核心价值观，坚持不懈用习近平新时代中国特色社会主义思想教育和引导广大建筑工人。要按照《建筑工人施工现场生活环境基本配置指南》《建筑工人施工现场劳动保护基本配置指南》《建筑工人施工现场作业环境基本配置指南》（见附件）要求，结合本地区实际进一步细化落实，加强监督检查，切实改善建筑工人生产生活环境，提高劳动保障水平。

（二）发挥工会组织和社会组织积极作用。充分发挥工会组织作用，着力加强源头（劳务输出地）建会、专业作业企业建会和用工方建会，提升建筑工人入会率。鼓励依托现有行业协会等社会组织，建设建筑工人培育产业协作机制，搭建施工专业作业用工信息服务平台，助力小微专业作业企业发展。

（三）加大政策扶持和财税支持力度。对于符合条件的建筑企业，继续落实在税收、行政事业性收费、政府性基金等方面的相关减税降费政策。落实好职业培训、考核评价补贴等政策，结合实际情况，明确一定比例的建筑安装工程费专项用于施工现场工人技能培训、考核评价。对达到施工现场技能工人配备比例的工程项目，建筑企业可适当减少该项目建筑工人技能培训、考核评价的费用支出。引导建筑企业建立建筑工人培育合作伙伴关系，组建建筑工人培育平台，共同出资培训建筑工人，归集项目培训经费，统筹安排资金使用，提高资金利用效率。指导企业足额提取职工教育经费用于开展职工教育培训，加强监督管理，确保专款专用。对符合条件人员参加建筑业职业培训以及高技能人才培训的，按规定给予培训补贴。

（四）大力弘扬劳模精神、劳动精神和工匠精神。鼓励建筑企业大力开展岗位练兵、技术交流、技能竞赛，扩大参与覆盖面，充分调动建筑企业和建筑工人参与积极性，提高职业技能；加强职业道德规范素养教育，不断提高建筑工人综合素质，大力弘扬和培育工匠精神。坚持正确的舆论导向，宣传解读建筑工人队伍建设改革的重大意义、目标任务和政策举措，及时总结和推广建筑工人队伍建设改革的好经验、好做法。加大建筑工人劳模选树宣传力度，大力宣传建筑工人队伍中的先进典型，营造劳动最光荣、劳动最崇高、劳动最伟大、劳动最美丽的良好氛围。

6.3.2 新一届高等教育城乡规划、给排水科学与工程、工程管理专业评估委员会成员名单

2021年2月5日，住房和城乡建设部以建人函〔2021〕17号下发了关于印发新一届高等教育城乡规划、给排水科学与工程、工程管理专业评估委员会成员名单的通知。通知全文如下。

各有关单位：

第五届住房和城乡建设部高等教育城乡规划专业评估委员会、第四届住房和城乡建设部高等教育给排水科学与工程专业评估委员会、第五届住房和城乡建设部高等教育工程管理专业评估委员会任期届满。根据评估委员会章程，我部组建了第六届住房和城乡建设部高等教育城乡规划专业评估委员会、第五届住房和城乡建设部高等教育给排水科学与工程专业评估委员会、第六届住房和城乡建设部高等教育工程管理专业评估委员会，任期4年。现将三个评估委员会组成人员名单印发给你们，请委员所在单位对委员开展工作提供必要的支持。

附件1 第六届住房和城乡建设部高等教育城乡规划专业评估委员会组成人员名单

主任委员：

　　彭震伟　同济大学教授

副主任委员：（共3人，按姓氏笔画排序）

　　何兴华　中国城市规划学会高级工程师

　　张　悦　清华大学教授

　　袁锦富　江苏省城市规划设计研究院教授级高级城市规划师

委员：（共23人，按姓氏笔画排序）

　　马向明　广东省城乡规划设计研究院有限责任公司教授级高级工程师

　　王树声　西安建筑科技大学教授

　　史怀昱　陕西省城乡规划设计研究院正高级工程师

　　冯长春　北京大学教授

　　刘奇志　武汉市自然资源和规划局正高级工程师

　　许　槟（女）　北京市城市规划设计研究院教授级高级工程师

　　　　阳建强　东南大学教授

　　　　李王鸣（女）　浙江大学教授

　　　　李和平　重庆大学教授

　　　　冷　红（女）　哈尔滨工业大学教授

　　　　张立鹏　辽宁省城乡建设规划设计院有限责任公司教授级高级工程师

　　　　张军民　山东建筑大学教授

　　　　张尚武　上海同济城市规划设计研究院有限公司教授

　　　　张　菁（女）　中国城市规划设计研究院教授级高级城市规划师

　　　　罗江帆　重庆市规划设计研究院正高级工程师

　　　　金忠民　上海市城市规划设计研究院教授级高级工程师

　　　　周剑云　华南理工大学教授

　　　　袁　昕　中国城市规划协会高级工程师

　　　　袁敬诚　沈阳建筑大学教授

　　　　耿　虹（女）　华中科技大学教授

　　　　曾　鹏　天津大学教授

　　　　谢英挺（女）　厦门市城市规划设计研究院教授级高级城市规划师

　　　　翟国方　南京大学教授

　　秘书长：

　　　　住房和城乡建设部人事司人员担任

　　附件 2　第五届住房和城乡建设部高等教育给排水科学与工程专业评估委员会组成
　　　　人员名单

　　主任委员：

　　　　崔福义　重庆大学教授

　　副主任委员：（共 4 人，按姓氏笔画排序）

　　　　刘书明　清华大学教授

　　　　李伟光　哈尔滨工业大学教授

　　　　张金松　深圳市水务（集团）有限公司教授级高级工程师

　　　　黄晓家　中国中元国际工程有限公司教授级高级工程师

委员：（共 22 人，按姓氏笔画排序）

马小蕾（女）　中国市政工程西北设计研究院有限公司教授级高级工程师

王宗平　华中科技大学教授

王冠军　军事科学院国防工程研究院正高级工程师

仇付国　北京建筑大学教授

孔彦鸿（女）　中国城市规划设计研究院教授级高级工程师

邓慧萍（女）　同济大学教授

卢金锁　西安建筑科技大学教授

刘　鹏　中国建筑设计研究院教授级高级工程师

刘巍荣　中国五洲工程设计集团有限公司教授级高级工程师

许嘉炯　上海市政工程设计研究总院（集团）有限公司教授级高级工程师

李大鹏　苏州科技大学教授

李向东　中国电力工程顾问集团东北电力设计院有限公司教授级高级工程师

李国洪　中国市政工程中南设计研究总院有限公司教授级高级工程师

张学洪　桂林理工大学教授

林　涛　河海大学教授

岳秀萍（女）　太原理工大学教授

荣宏伟　广州大学教授

柴靖宇　电力规划设计总院教授级高级工程师

高守有　北京市市政工程设计研究总院教授级高级工程师

黄云松（女）　中国寰球工程有限公司教授级高级工程师

黄显怀　安徽建筑大学教授

蒋　勇　北京城市排水集团有限责任公司教授级高级工程师

秘书长：

住房和城乡建设部人事司人员担任

附件 3　第六届住房和城乡建设部高等教育工程管理专业评估委员会组成人员名单

主任委员：

刘晓君（女）　西安建筑科技大学教授

副主任委员：（共 4 人，按姓氏笔画排序）

　　乐　云　同济大学教授

　　刘贵文　重庆大学教授

　　吴佐民　北京广惠创研科技中心教授级高级工程师

　　景　万　中国建筑业协会教授级高级工程师

委员：（共 25 人，按姓氏笔画排序）

　　王中和　中国建设工程造价管理协会正高级工程师

　　王家远　深圳大学教授

　　石　萌　北京建工集团有限责任公司正高级工程师

　　刘　嘉　上海申元工程投资咨询有限公司高级工程师

　　刘伊生　北京交通大学教授

　　刘武君　中国民航机场建设集团教授级高级工程师

　　刘继才　西南交通大学教授

　　李　伟　北京方圆工程监理有限公司教授级高级工程师

　　李小冬　清华大学研究员

　　李明安　中国土木工程学会教授级高级工程师

　　杨晓冬（女）　哈尔滨工业大学教授

　　吴泽斌　江西理工大学教授

　　宋维佳（女）　东北财经大学教授

　　张　宏　浙江大学教授

　　张　琨　中国建筑第三工程局有限公司教授级高级工程师

　　张连营　天津大学教授

　　陈　群（女）　福建工程学院教授

　　陈大川　湖南大学教授

　　金　睿　浙江省建工集团有限责任公司教授级高级工程师

　　庞　涛　南京大地建设集团有限责任公司教授级高级工程师

　　骆汉宾　华中科技大学教授

　　袁竞峰　东南大学教授

　　贾定祎　中铁三局集团有限公司教授级高级工程师

彭　锋　中国铁建股份有限公司正高级工程师

薛小龙　广州大学教授

秘书长：

住房和城乡建设部人事司人员担任

6.3.3　高等教育职业教育住房和城乡建设领域学科专业"十四五"规划教材选题

2021年9月8日，住房和城乡建设部以建人函〔2021〕36号下发了关于印发高等教育职业教育住房和城乡建设领域学科专业"十四五"规划教材选题的通知。通知主要内容如下。

有关学校、有关单位：

为进一步加强高等教育、职业教育住房和城乡建设领域学科专业教材建设工作，提高住房和城乡建设行业人才培养质量，我部组织开展了住房和城乡建设领域学科专业"十四五"规划教材选题申报和评选工作。经过单位申报、专家评审，确定《中国建筑史》等512项住房和城乡建设领域学科专业"十四五"规划教材（以下简称规划教材）选题，现予以发布（详见附件），并就有关事项通知如下。

一、规划教材编著者要根据《住房和城乡建设领域学科专业"十四五"规划教材申请书》中的立项目标、申报依据、工作安排及进度，高质量完成教材编写工作。

二、规划教材编著者所在单位要落实《住房和城乡建设领域学科专业"十四五"规划教材申请书》中的学校保证计划实施的主要条件，支持编著者按计划完成教材编写工作。

三、高等学校土木建筑类专业课程教材与教学资源专家委员会（以下简称教材委）、全国住房和城乡建设职业教育教学指导委员会（以下简称行指委）、住房和城乡建设部中等职业教育专业指导委员会要做好"十四五"规划教材编写的指导、协调和审稿等工作，保证编写质量。

四、对新工科、新课程、高职本科等教学急需的新专业和新课程教材选题，住房和城乡建设部"十四五"规划教材办公室可会同行指委和教材委在"十四五"期间按程序审核后列入住房和城乡建设领域学科专业"十四五"规划教材。

五、规划教材出版单位要积极配合做好教材编辑、出版、发行等工作。规划教材封面和书脊可标注"住房和城乡建设部'十四五'规划教材"字样和统一标识。

六、规划教材编著者或其所在单位会同出版单位从规划教材公布第 2 年起，每年 10 月底前将教材编写进展情况或已出版教材样书 2 套报送住房和城乡建设部"十四五"规划教材办公室。

七、规划教材原则上应在"十四五"期间完成出版，规划教材编著者应在 2025 年 6 月底前完成书稿并提交相关出版单位。逾期未完成的，不再作为住房和城乡建设领域学科专业"十四五"规划教材。

各有关学校、有关单位要高度重视住房和城乡建设领域学科专业教材建设工作，做好规划教材的编写、出版和过程管理，为提高住房和城乡建设领域高等教育、职业教育教学质量和人才培养质量作出贡献。

附件：1. 高等教育住房和城乡建设领域学科专业"十四五"规划教材选题

2. 高等职业教育住房和城乡建设领域学科专业"十四五"规划教材选题

3. 中等职业教育住房和城乡建设领域学科专业"十四五"规划教材选题